土壤环境监测

SOIL ENVIRONMENTAL MONITORING

新方法标准化研究

Research on Standardization of New Methods

中国环境监测总站　编著

中国环境出版集团·北京

图书在版编目（CIP）数据

土壤环境监测新方法标准化研究 / 中国环境监测
总站编著 . —北京：中国环境出版集团，2023.11
ISBN 978-7-5111-5546-7

Ⅰ . ①土… Ⅱ . ①中… Ⅲ . ①土壤环境—土壤
监测—研究 Ⅳ . ① X833

中国国家版本馆 CIP 数据核字（2023）第 115136 号

出 版 人 武德凯
责任编辑 曲 婷
封面设计 彭 杉

出版发行 中国环境出版集团
（100062 北京市东城区广渠门内大街 16 号）
网 址：http : //www.cesp.com.cn
电子邮箱：bjgl@cesp.com.cn
联系电话：010-67112765（编辑管理部）
010-67112736（第五分社）
发行热线：010-67125803，010-67113405（传真）
印 刷 北京中科印刷有限公司
经 销 各地新华书店
版 次 2023 年 11 月第 1 版
印 次 2023 年 11 月第 1 次印刷
开 本 787×960 1/16
印 张 26
字 数 400 千字
定 价 120.00 元

中国环境出版集团郑重承诺：
中国环境出版集团合作的印刷单位、材料单位均具有中国环境标志产品认证。

编 委 会

编写人员

第一章 土壤 有机质的测定 石墨消解滴定法

编写人员：陈 燕　　李名升　　姜晓旭　　林海兰
　　　　　吴宇峰　　封 雪　　刘 沛

第二章 土壤 氨氮、亚硝酸盐氮、硝酸盐氮的测定 气相分子
　　　 吸收光谱法

编写人员：贺小敏　　游狄杰　　湖杨莹　　张华静
　　　　　陈 英　　杨 登

第三章 土壤和沉积物 多环芳烃的测定 微波萃取 – 高效液相色
　　　 谱法

编写人员：刘 睿　　赵 普　　麦方方　　张军伟
　　　　　刘 俊　　马琳琳　　李名升

第四章 土壤和沉积物 阿特拉津的测定 气相色谱 – 质谱法

编写人员：陈 莹　　王伟华　　白 昕　　赵小学
　　　　　郝桂媛　　颜 焱　　王雅辉　　李名升

第五章 土壤 麝香类化合物的测定 气相色谱 – 质谱法

编写人员：王艳丽　　崔连喜　　王记鲁　　刘 跃

姜晓旭　　李名升　　孙东越　　吴宇峰

第六章　土壤　银、硼、锡、铜、铅、锌、钼、镍、钴的测定　交流电弧－发射光谱法

编写人员：李　策　　马景治　　贺小敏　　汪　岸

曲少鹏　　张响荣　　李名升　　姜晓旭

第七章　土壤和沉积物　砷、锑和铋的测定　水浴消解／电感耦合等离子体质谱法

编写人员：姜晓旭　　李名升　　赵小学　　赵林林

成永霞　　吴志霞　　成　洁　　刘　睿

第八章　土壤和沉积物　镉的测定　微波消解／石墨炉原子吸收分光光度法

编写人员：刘珠琳　　靳晓学　　王海霞　　赵小学

蔡　雅　　宋　鹏　　倪昭慧　　杨　楠

第九章　土壤和沉积物　总汞的测定　微波消解／冷原子吸收法

编写人员：刘　宏　　赵小学　　李海霞　　付淑惠

田志仁　　吴宇峰　　封　雪

第十章　土壤和沉积物　砷、铋、汞、锑、硒的测定　水浴消解／原子荧光光谱法

编写人员：周笑白　　姜晓旭　　赵林林　　赵小学

赵宗生　　成　洁　　吴志霞　　刘　睿

封　雪

前　言

　　土壤生态环境保护关系"米袋子""菜篮子""水缸子"安全，关系美丽中国建设。2016年，国务院印发《土壤污染防治行动计划》，明确要求完成土壤环境监测等技术规范制修订、形成土壤环境监测能力等工作任务。2021年，生态环境部印发《"十四五"生态环境监测规划》，提出要推进管理迫切需求的有毒有害物质、VOCs等监测标准出台。2023年，生态环境部印发《国家生态环境监测标准预研究工作细则（试行）》，提出要开展生态环境监测标准预研究相关工作，强化国家生态环境监测标准技术储备，有力支撑环境质量、污染物排放和风险管控标准实施。

　　为响应国家生态环境监测标准前期研究和技术储备的工作部署，更好地支撑土壤监测方法标准制修订工作，中国环境监测总站组织10余家监测机构组成研究团队，针对经过土壤环境监测实际工作检验具备科学性和可行性的新方法开展监测方法前期研究，本书即是本项研究成果的凝练和总结。

　　本书共10章，主要内容包括10类新方法的研究报告和方法标准文本，涉及的测试项目涵盖理化指标、无机污染物和有机污染物，主要包括有机质、氨氮、亚硝酸盐、硝酸盐氮、阿特拉津、多环芳烃、麝香类化合物、银、砷、硼、铋、锡、镉、钴、铜、汞、钼、镍、铅、锑、硒、锌等。

本书可供土壤监测人员和分析测试方法开发人员在监测工作过程中参照使用，也可供其他土壤环境监测技术人员参考。

由于编写时间有限，书中疏漏和不当之处在所难免，恳请读者批评指正。

编者

2023 年 10 月

目 录

《土壤 有机质的测定 石墨消解器消解滴定法》方法研究报告

1 方法研究的必要性和创新性

1.1 理化性质和作用

土壤有机质是土壤的重要物质成分，是指存在于土壤中的所有含碳的有机物质，包括各种动植物残体、微生物及在微生物作用下分解和合成的各种有机物质。土壤有机质包含有机碳，两者存在换算关系，即有机质是有机碳的 1.724 倍。尽管土壤有机质的含量只占土壤总量的很小一部分，但它对土壤构成、土壤肥力、土壤重金属有效性、土壤保水性能、土壤抗逆能力、土壤通气状况和土壤温度，以及环境保护和农林业可持续发展等都有极其重要的作用和意义。

第一，土壤有机质可以提供作物所需养分，是衡量土壤肥力的重要指标，是土壤肥力的基础，对土壤物理、化学和生物学性状有非常重要的影响。

第二，土壤有机质具有疏松、多孔的结构，且具有亲水胶体的性能，能吸附进入土壤的大量水分，有保水、保肥和缓冲酸碱性变化的作用。因此土壤有机质在植物生长、产量和品质等多方面发挥着重要的作用，并且对土壤微生物的生长繁殖及群落结构等方面也有重要的影响。

第三，土壤有机质有固定重金属的作用，因为它能参与重金属元素的络合与螯合作用，影响重金属的积累，从而影响各形态重金属的迁移转化，进而影响土壤重金属的有效性。

第四，土壤有机质有利于土壤团粒结构的形成，从而改善土壤物理性质。有机质在土壤微生物的作用下分解产生的腐殖质在土壤中主要以胶膜形式包在矿质土粒的外表，黏结力比沙粒强，从而促进团粒结构形成；另外，由于有机质疏松多孔，其黏结力比黏粒土壤弱，所以黏结力较强的土粒被有机质包裹后就会形成相对疏松的团粒结构，使土壤疏松软解，有利于作物种子萌发和生根。

此外，有机质对全球碳平衡起着决定性的作用，被认为是影响全球温室效应的主要因素。随着社会的快速发展，土壤环境问题越来越突出，对土壤有机质的测定越发重要。

1.2 相关环保标准和环保工作的需要

2016年5月28日国务院印发的《土壤污染防治行动计划》（"土十条"）是当前及今后一个时期全国土壤污染防治工作的行动纲领。在"十一五"土壤环境质量调查、第三次全国土壤普查，以及"十三五"全国土壤普查等工作中都对土壤有机质这一指标进行了监测。目前，国家土壤环境监测网已经建成，实现了全国所有县（市、区）全覆盖。无论是全国土壤普查还是国家网土壤环境监测，土壤有机质都是必测项目之一。因此，选择合适的土壤有机质分析方法至关重要。

2 国内相关分析方法研究

2.1 国内相关标准分析方法

经查询，国内测定有机质的相关标准分析方法不多，主要有重量法、容量法、比色法和灼烧法。目前，国内外普遍采用容量法。国内现在已有农业、林业、环境等行业标准和地方标准。国内标准大多采用不同前处理消解方式的滴定法，也有地方标准采用了分光光度法。其中《有机无机复混肥料》（GB/T 18877—2020）中有机无机复混肥料技术指标对有机质含量进行了规定，其测定方法采用水浴加热进行前处理，方法原理与农业、林业等行业标准一致，均用一定量的重铬酸钾溶液及硫酸，在加热条件下，使样品中的有机碳氧化，剩余的重铬酸钾溶液用硫酸亚铁（或硫酸亚铁铵）标准滴定溶液滴定，同时做空白实验，根据氧化前后氧化剂消耗量，计算出有机碳含量，将有机碳含量乘以经验常数 1.724 换算出有机质含量。相关分析方法具体见表 1-1。

表 1-1 国内土壤有机质相关分析方法

方法名称	标准类别	发布日期	适用范围	加热方式
《有机无机复混肥料》6.4 有机质含量（GB/T 18877—2020）	国家标准	2020-11-19	本标准适用于以人及畜禽粪便、动植物残体、农产品加工下脚料等有机物料经过发酵，进行无害化处理后，添加无机肥料制成的有机无机复混肥料	水浴加热
《土壤有机质测定法》（NY/T 85—1988）	行业标准—农业	1988-06-30（现行）	适用于有机质含量在 15% 以下的土壤	油浴锅
《土壤检测 第 6 部分：土壤有机质的测定》（NY/T1121.6—2006）	行业标准—农业	2006-07-10（现行）	本部分适用于有机质含量在 15% 以下的土壤	油浴锅
《固体废物 有机质的测定 灼烧减量法》（HJ 761—2015）	行业标准—环境	2015-10-22（现行）	适用于农业废物、生活垃圾、餐厨废物、污泥等固体废物中有机质含量的测定	马弗炉灼烧

续表

方法名称	标准类别	发布日期	适用范围	加热方式
《森林土壤有机质的测定及碳氮比的计算》（LY/T 1237—1999）	行业标准—林业	1999-07-15（现行）	本标准规定了采用重铬酸钾氧化—外加热法测定森林土壤有机质的方法。本标准适用于森林土壤有机质的测定	油浴锅
《水溶肥料　有机质含量的测定》（NY/T 1976—2010）	行业标准—农业	2010-12-23（现行）	本标准适用于液体和固体水溶肥料中有机质含量的测定	电砂浴
《森林土壤有机质的测定　分光光度法》（DB42/T 1086—2015）	地方标准—湖北省	2015-08-04（现行）	适用于森林土壤的测定，不适用于含有氯化物土壤的有机质测定	—
《土壤中有机质含量的测定　直接加热法》（DB12/T 961—2020）	地方标准—天津市	2020-08-18（现行）	适用于有机质含量在 150 g/kg 以下的土壤	多孔消煮炉

2.2　国内文献报道的分析方法

中国环境监测总站编写的《土壤元素的近代分析方法》（1992 年）中"有机质　油浴外加热—重铬酸钾容量法"和国家环境保护总局编著的《水和废水监测分析方法》（第四版）（2002 年）中"有机质　重铬酸钾容量法"均采用的是油浴法消解测定土壤中的有机质。国内关于土壤有机质测定方法的文献研究较多，主要是对前处理方法的改进，如使用微波消解、电热板消解、沸水浴消解、石墨消解等消解方式代替传统的油浴法消解。有学者研究表明，烘箱法、恒温电加热法测定土壤标准样品有机质与传统油浴法无显著差异，且烘箱法与电加热法在测定结果的精密度和安全性等方面均优于油浴法。余跑兰等改进消解方式，将土壤标准样品置于三角瓶中，在 180 ℃烘箱内加热 15 min，测定结果与传统油浴法无显著差异。黎冬容、陆燕等选取土壤标准样品和耕地提质改造样品进行水浴消解，加热 55 min、氧化校正系数 1.27，与传统油浴法比较，获得满意的结果。

采用石墨消解处理土壤样品测定有机质的研究较少，张士秀、何文静等采用石墨消解器，消解程序为加热温度 175 ℃，升温时间 10 min，保持时间 3 min。该方法的优点是实现了消解过程自动化，能够同时消解大批量样品，并克服了油浴法污染空气、温度难调控、难清洗等缺点。许桂芝等应用石墨消化器加热法测定土壤有机质含量，结果表明该方法精密度高、温度均匀、工作效率高，适合大批量土壤样品的测定，值得大力推广。

2.3　国内相关分析方法与本方法的关系

与国内测定土壤有机质的分析方法相比，本方法改进了土壤有机质前处理方式，采用石墨消解器消解样品，再进行滴定。另外国产土壤有机质分析仪，实现了石墨消解和滴定一体化，当土壤样品经石墨消解后，仪器自动对样品进行滴定并计算。本方法消解过程温控精准，整个分析过程无须转移，仪器操作简便、安全可靠，测定结果精密度高、准确性好，而且自动化程度高，适合大批量土壤有机质的测定。另外，本方法填补了环境行业在土壤有机质测定标准方法上的空白，为环境监测人员提供了便捷、快速又安全的分析方法。

3　方法研究报告

3.1　研究缘由

目前，生态环境监测领域没有土壤有机质测定的行业标准，国内土壤有机质测定还是沿用多年的经典方法，即农业部 2006 年 10 月 10 日发布的《土壤检测　第 6 部分：土壤有机质的测定》（NY/T 1121.6—2006）。该方法存在诸多缺点：

（1）加热时甘油或石蜡的挥发会导致实验室空气污染和样品污染，并对人体健康带来危害；

（2）温度波动性较大，消解温度不易调控；

（3）消解管放入油浴锅后沸腾时间难以把握；

（4）该方法步骤烦琐，转移过程中容易造成损失及交叉污染，结果准确度和精密度难以满足要求；

（5）消解管外壁附着油污难以清洗等。

在每年的国家网土壤环境质量监测任务中，有机质分析样品量大，操作步骤烦琐，特别是油浴锅里沸腾的液体容易溅出烫伤皮肤，存在较大的安全隐患。因此，亟须研究和制定更合适的土壤有机质分析方法以适应新形势下环境管理的需求。课题组为完善生态环境监测行业标准体系，解决土壤有机质分析存在的诸多问题，对土壤有机质前处理方式进行改进，选择了更简便、更安全、精密性更高的石墨消解法来代替油浴锅消解，进行土壤有机质的测定，并开展了一系列的研究。

本方法温控精准，分析过程无须转移，具有操作简便、消解时间更短、污染少、精密度高、准确性好等优点，极大地保证了检测人员的人身安全，并适合大批量土壤样品有机质的测定，能大大减少工作量，提高土壤理化指标分析的工作效率。同时，填补了环境行业在有机质测定方法上的空白，为环境监测分析人员提供便捷、快速又安全的方法参考。制定本标准方法，可有效改善土壤环境质量，保障人体健康，促进生态环境监测的高质量发展，作为土壤有机质测定的标准方法，建议在环境监测领域推广普及。

近几年国内土壤有机质分析仪开始发展起来，生产厂家主要有上海净信实业发展有限公司和上海仪乐仪器有限公司等。土壤有机质分析仪依据NY/T 1121.6—2006、LY/T 1237—1999 等标准方法研制而成，主要由加液系统、石墨消解系统、自动滴定系统和计算机软件系统组成。其方法原理与传统方法一致，既适用于有机质含量为 15% 以下的土壤，也适用于有机质含量更高的森林土壤、水系沉积物和土壤环境中有机质的测定。这类仪器无须人工值守，可逐渐取代人工，完成整个分析过程，实现了包括加试剂（重铬酸钾、硫酸溶液）、消解、冷却、冲洗、颜色判定、滴定终点等整个过程的自动化精准检测。近些年开始广泛应用于环境监测、农业、林业、地矿、第三方检测等领域。

3.2　研究目标

本研究选择石墨消解器消解滴定法进行土壤中有机质的测定，选用国内已有的土壤有机质分析仪对石墨消解器消解时间和消解温度等进行程序优化，并利用优化后的方法进行精密度、正确度等方法指标参数的研究，同时开展方法比对实验和方法验证，建立石墨消解器消解滴定法测定土壤有机质的新标准方法，使土壤有机质测定自动化技术在生态环境监测行业乃至其他行业得到推广使用。

3.3　实验部分

3.3.1　方法原理

在土壤样品中加入过量的重铬酸钾－硫酸溶液，在加热条件下氧化土壤中的有机碳，使有机质中的碳氧化成二氧化碳，而重铬酸根离子被还原成三价铬离子，多余的重铬酸钾用硫酸亚铁标准溶液滴定，由消耗的重铬酸钾量按氧化校正系数计算出有机碳量，再乘以常数 1.724，即为土壤有机质含量。

3.3.2　试剂和材料

按照 HJ 168—2020《环境监测分析方法标准制订技术导则》（后文简称 HJ 168）的要求，列出了本方法所需要的试剂和标准溶液。除非另有说明，分析时均使用符合国家标准的分析纯化学试剂，实验用水为电阻率≥ 18 MΩ·cm（25 ℃）的去离子水。

3.3.2.1　硫酸（H_2SO_4）：$\rho = 1.84$ g/mL，优级纯。

3.3.2.2　重铬酸钾（$K_2Cr_2O_7$）：基准试剂。

3.3.2.3　七水合硫酸亚铁（$FeSO_4 \cdot 7H_2O$）。

3.3.2.4　硫酸亚铁铵 [（NH_4）$_2SO_4 \cdot FeSO_4 \cdot 6H_2O$]。

3.3.2.5　0.4 mol/L 重铬酸钾－硫酸溶液。

3.3.2.6　0.1 mol/L 硫酸亚铁标准溶液。

3.3.2.7　0.100 0 mol/L 重铬酸钾标准溶液。

3.3.2.8　邻菲罗啉指示剂溶液。

3.3.3　仪器和设备

本方法研究涉及的必要仪器和设备有带有加热孔位的石墨消解器、耐高温的玻璃消解瓶、油浴锅、TS-8200 和 JX-S7078 型号的土壤有机质分析仪、感量为 0.000 1 的分析天平、酸式滴定管等。

3.3.4　样品采集和保存

按照《土壤环境监测技术规范》（HJ/T 166）的相关规定进行土壤样品的采集和保存；采集后的样品应保存于洁净的玻璃容器中。

3.3.5　干物质含量的测定

土壤样品干物质含量按照《土壤　干物质和水分的测定　重量法》（HJ 613）测定。

3.3.6　试样的制备

将样品置于风干盘中，平摊成 2～3 cm 厚的薄层，先剔除异物，适时压碎和翻动，自然风干。

按四分法取混匀的风干样品，研磨，过 2 mm（10 目）尼龙筛，得到粗磨样品。取粗磨样品研磨，过 0.25 mm（60 目）尼龙筛，装入样品袋或聚乙烯样品瓶中，备用。

3.3.7　空白试样的制备

用经过灼烧的浮石粉或经过灼烧的土壤代替土样，按照与试样的制备
（3.3.6）相同的步骤制备空白试样。

3.3.8　分析步骤

准确称取通过 0.25 mm 孔径筛风干试样 0.05～0.5 g（精确至
0.000 1 g，称样量根据土壤有机质含量范围而定），放入消解杯中，设置
好仪器参数，消解温度为 180 ℃，消解时间 5 min（沸腾开始计时，仪器
设置时间参照操作说明）。按照消解杯对应位置选择样品模式，输入称样
量和样品名称等信息，即可开始运行，仪器自动加入 10 mL 的 0.4 mol/L
重铬酸钾－硫酸溶液，消解完成后仪器利用风冷进行冷却，然后进行自动
滴定，利用颜色传感器进行终点的判断，溶液经蓝绿色变成棕红色停止滴
定，最后仪器根据滴定体积来计算土壤有机质的结果。

如果滴定所用硫酸亚铁溶液的毫升数不到下述空白实验所耗硫酸亚铁
溶液毫升数的 1/3，则应减少土壤称样量重测。

空白实验的测定，取大约 0.2 g 灼烧浮石粉或土壤代替土样，其他步
骤与土壤测定相同。

如样品有机质含量超过 150 g/kg，但超出范围不大，可以采取加大重
铬酸钾－硫酸溶液浓度或增加其用量的方式进行样品的测定；如超出范围
过高，则除了加大重铬酸钾－硫酸溶液浓度或增加其用量外，还可以适当
延长消解时间以确保消解完全。

3.4　结果讨论

3.4.1　样品取样量的确定

通过查阅相关标准可以知道土壤有机质测定的取样量均根据其有机质
含量范围而不同。有机质含量高则取样量少，有机质含量低则可以适当增

加取样量。取样范围为 0.05～0.5 g，也可根据滴定时硫酸亚铁的消耗量确定取样量，如所用的硫酸亚铁毫升数达不到空白实验所耗硫酸亚铁溶液毫升数的 1/3，则应减少土壤称样量。

3.4.2　消解时间的选择

选取两种土壤标准样品（ASA-2a 标准值范围：13.2±0.6 g/kg；ASA-7 标准值范围：34.5±1.3 g/kg），称取 0.05～0.5 g（精确至 0.000 1 g，称样量根据有机质含量范围确定），消解温度为 180 ℃，测定不同消解时间下的有机质含量。为消除单次实验带来的误差，在不同消解时间下（从沸腾起开始计时）平行测定两次取平均值，以相对误差和所用时间均较小的结果来确定仪器最佳消解时间，所得结果见表 1-2。

表 1-2　不同消解时间对有机质测定结果的影响

样品编号	时间 / min	平行 1		平行 2		绝对相差 / (g/kg)	平均值 / (g/kg)	相对误差 / %
		称样量 / g	结果 / (g/kg)	称样量 / g	结果 / (g/kg)			
ASA-2a	3	0.404 2	13.2	0.399 7	12.3	0.9	12.8	-3.0
	4	0.406 0	12.8	0.402 7	13.1	0.3	13.0	-1.5
	5	0.401 4	13.0	0.405 0	13.5	0.5	13.3	0.8
	6	0.408 3	14.3	0.404 8	13.5	0.8	13.9	5.3
	7	0.402 0	14.4	0.407 0	14.1	0.3	14.2	7.6
ASA-7	3	0.302 9	32.2	0.310 1	32.0	0.2	32.1	-7.0
	4	0.303 8	33.0	0.307 8	33.4	0.4	33.2	-3.8
	5	0.308 0	33.5	0.301 0	33.3	0.2	33.4	-3.2
	6	0.302 2	33.9	0.301 2	34.2	0.3	34.0	-1.4
	7	0.305 7	34.4	0.305 0	34.7	0.3	34.6	0.3

根据 NY/T 1121.6—2006 关于精密度平行测定结果允许相差的要求，有机质含量为 10～40 g/kg 时，允许绝对相差≤1.0 g/kg。由表 1-2 数据可

知，平行测定结果绝对相差值为 0.2～0.9 g/kg，均满足要求。总体来说，在一定消解温度下，土壤有机质含量随着消解时间的增加而升高，呈明显的正相关性。

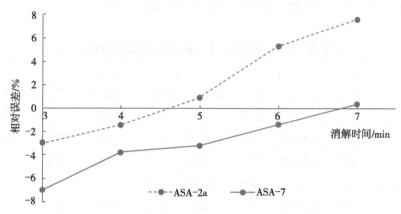

图 1-1　消解时间对土壤有机质含量测定结果的影响

以消解时间为横坐标，不同消解时间平行测定两次平均值的相对误差为纵坐标作图，如图 1-1 所示。对于有机质含量稍低的 ASA-2a 土壤标样，消解时间 3 min、4 min、5 min 得出的结果相对误差较低，满足要求，高于 5 min 时，结果相对误差大于 5.3%，超出标准值范围，且时间越长误差越大；而对于有机质含量稍高的 ASA-7 土壤标样，消解时间 5 min、6 min、7 min 得出的结果均满足要求，低于 5 min 时相对误差较大，超出标准值范围，时间过短，消解不完全。综合两种标准样品的结果分析，在一定消解温度下，5 min 为最理想的消解时间，故消解时间选择为 5 min。

3.4.3　消解温度的选择

由于 NY/T 1121.6—2006 是采取油浴加热方式，消解温度范围较大，且控温困难。相比之下石墨加热方式可以精确控温在 ±1 ℃，最终得出稳定的实验数据。本实验选取不同有机质含量的土壤标准样品（ASA-2a 标准值范围：13.2 ± 0.6 g/kg；ASA-7 标准值范围：34.5 ± 1.3 g/kg），称取适量样品，选择消解时间 5 min，测定不同消解温度下的有机质含量。为消除单次实验带来的误差，对两种标准样品在不同温度下平行测定两次，计算其平均值及相对误差，以相对误差确定最佳消解温度，所得结果见表 1-3。

表 1-3   不同消解温度对土壤有机质测定结果的影响

样品编号	消解温度 / ℃	平行 1		平行 2		绝对相差 / （g/kg）	平均值 / （g/kg）	相对误差 / %
		称样量 / g	结果 / （g/kg）	称样量 / g	结果 / （g/kg）			
ASA-2a	165	0.410 6	12.8	0.407 7	11.8	1.0	12.3	-6.8
	175	0.409 0	13.2	0.402 2	13.1	0.1	13.2	0
	180	0.401 4	13.0	0.405 0	13.5	0.5	13.2	0
	185	0.403 6	14.0	0.408 9	13.6	0.4	13.8	4.5
	190	0.404 7	14.4	0.406 8	14.4	0	14.4	9.1
ASA-7	165	0.305 0	31.6	0.301 6	32.0	0.4	31.8	-7.8
	175	0.302 2	32.8	0.302 4	33.1	0.3	33.0	-4.3
	180	0.308 0	33.5	0.301 0	33.3	0.2	33.4	-3.2
	185	0.305 8	33.9	0.308 4	33.6	0.3	33.8	-2.0
	190	0.302 4	34.8	0.303 3	35.8	1.0	35.3	2.3

由表 1-3 数据可知，平行测定结果绝对相差值为 0～1.0 g/kg，均满足 NY/T 1121.6—2006 关于精密度平行测定结果允许相差要求。在一定消解温度下，有机质测定结果呈随着温度升高而上升的趋势，当温度为 165～175 ℃时，较高含量标准样品测定结果不在标准值范围内；当温度大于 185 ℃时，较低含量标准样品测定值偏高；当温度为 180 ℃时，能同时满足两种标准样品的测定要求。以温度为横坐标，测定结果的相对误差为纵坐标作曲线，如图 1-2 所示。

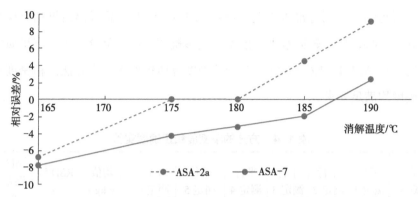

图 1-2　测定结果相对误差随消解温度变化

两种标准样品测定值为 175～185 ℃时，相对误差较小，消解温度为中间值 180 ℃时，能同时满足不同标准样品正确度要求，在确保正确度满足要求的前提下，尽量减少相对误差，充分考虑省时省电的环保性，选择此温度范围的中间值 180 ℃作为最终的消解温度。

3.4.4　方法的检出限、精密度和正确度

3.4.4.1　检出限

根据仪器滴定所产生的最小液滴体积、滴定液的浓度、样品的称样量计算检出限。本方法所用仪器产生的最小液滴体积为 0.100 1 mL，硫酸亚铁标准溶液浓度为 0.100 0 mol/L，最大取样量 0.5 g，计算本方法的检出限为 $0.100\ 0 \times 0.100\ 1 \times 0.003 \times 1.724 \times 1.10 \times 1\ 000/0.5 = 0.11$（g/kg）。

3.4.4.2　精密度和正确度

根据条件实验确定的时间和温度参数，选取 3 种不同有机质含量的土壤实际样品和 7 种标准样品（标样标准值范围分别为标样 1：7.3 ± 0.5g/kg；标样 2：13.2 ± 0.6 g/kg；标样 3：34.5 ± 1.3 g/kg；标样 4：9.9 ± 0.6 g/kg；标样 5：12.5 ± 1.2 g/kg；标样 6：26 ± 1.2 g/kg；标样 7：17.0 ± 0.7 g/kg），每个样品平行测定 6 次，进行精密度和正确度实验，结果见表 1-4。土壤实际

样品所得结果相对标准偏差为 0.4%～4.3%，标准样品所得结果相对误差为 0～2.3%，处于较低水平。依据《土壤检测　第 6 部分：土壤有机质的测定》（NY/T 1121.6—2006）关于精密度等质控要求，本方法的精密度和正确度均满足要求。

表 1-4　方法的精密度和正确度实验

样品编号	平行测定 1	平行测定 2	平行测定 3	平行测定 4	平行测定 5	平行测定 6	平均值/（g/kg）	RSD[①]/%	相对误差/%
土样 1	6.27	6.69	7.00	6.34	6.86	6.94	6.68	4.3	—
土样 2	18.0	17.9	17.9	17.9	18.1	17.9	18.0	0.4	—
土样 3	15.9	15.7	16.0	15.8	16.0	15.9	159	0.7	—
标样 1	7.50	7.01	7.73	7.64	7.25	7.11	7.37	3.6	1.0
标样 2	13.7	13.1	13.6	13.6	13.4	13.6	13.5	1.5	2.3
标样 3	34.7	34.3	34.8	34.8	34.2	34.3	34.5	0.7	0.0
标样 4	10.1	9.87	10.2	9.92	10.1	10.2	10.0	1.3	1.0
标样 5	12.4	12.9	12.4	12.5	12.4	12.6	12.5	1.4	0.0
标样 6	26.3	25.9	26.0	26.1	25.9	25.7	26.1	0.7	0.4
标样 7	17.4	17.0	17.1	17.0	17.2	17.0	17.1	0.9	0.6

注：① RSD 为相对标准偏差。

3.5　方法对比实验

目前我国现行的土壤有机质测定标准方法如表 1-1 所示，其中《土壤检测　第 6 部分：土壤有机质的测定》（NY/T 1121.6—2006）为公认的经典方法，且是相关土壤环境质量检测专项工作推荐使用的方法，且此方法技术原理与本方法技术原理相近，故选取这一方法与本方法进行方法比对研究。

按照 HJ 168 标准的要求，对不少于 7 种浓度水平的实际样品开展方法比对，根据配对样本 t 检验法判定两种方法测得结果是否具有显著差异，所得结果见表 1-5。

表 1-5　石墨消解法与经典油浴法比对结果

样品编号	石墨消解器消解滴定法 / （g/kg）	NY/T 1121.6—2006/ （g/kg）	配对差值 / （g/kg）
样品 1	14.7	14.1	0.6
样品 2	15.6	15.3	0.3
样品 3	15.1	15.3	−0.2
样品 4	15.8	15.7	0.1
样品 5	16.8	17.0	−0.2
样品 6	34.1	33.4	0.7
样品 7	29.5	28.8	0.7
样品 8	9.95	9.76	0.19
样品 9	35.7	36.2	−0.5
样品 10	12.5	12.6	−0.1
样品 11	36.2	36.1	0.1
样品 12	18.4	18.6	−0.2
样品 13	15.0	14.4	0.6
样品 14	15.2	15.1	0.1
样品 15	19.6	18.7	0.9
样品 16	16.0	15.6	0.4

由表 1-5 计算所得数据计算得出配对差值的算术平均值为 0.22 g/kg，配对差值的标准偏差为 0.40，计算双侧检验统计量 t 值和为 0.94，大于显著性水平 0.05，表明两种方法无显著差异，石墨消解器消解滴定法同样能准确测定土壤中有机质含量。

3.6 实验结论及注意事项

采用土壤有机质分析仪，进行石墨消解—滴定自动化测定土壤有机质，选择消解温度为 180 ℃，消解时间 5 min，测定结果精密度和正确度均满足要求，仪器测定方法检出限为 0.11 g/kg。与经典法 NY/T 1121.6—2006 相比，本方法解决了传统油浴法易交叉污染、温度波动大、难以清洗等缺点，能实现温度精准控制，方便、快速、准确测定土壤中有机质，更简便、更安全，并适合大批量土壤样品有机质的测定，能够大大提高土壤有机质测定工作效率，可作为环境监测行业土壤有机质测定标准方法普及推广。

本方法注意事项如下：

（1）氧化时，若加 0.1 g 硫酸银粉末，氧化校正系数取 1.08。

（2）测定土壤有机质必须采用风干样品。因为水稻土及一些长期渍水的土壤，由于有较多的还原性物质存在，可消耗重铬酸钾，使结果偏高。

（3）由于 Cl⁻ 会消耗重铬酸钾，使结果偏高，本方法不宜用于测定含氯化物的土壤，如土样中含 Cl⁻ 量不高，加些硫酸银可以消除部分干扰，但效果并不理想。凡遇到含 Cl⁻ 高的土壤，可考虑用水洗的办法来克服。经水洗处理后测得的土壤有机质含量不包括水溶性有机质组分，应加以说明。

（4）根据要求选择适宜的玻璃器皿，且避免器皿间的接触，防止交叉污染。

（5）加热时，最初产生的较明显的二氧化碳气泡不是真正的沸腾，只有在真正沸腾时（气泡比较细密、均匀）才能开始计时。

参考文献

[1] 中华人民共和国农业部 . 土壤检测 第 6 部分：土壤有机质的测定：NY/T 1121.6—2006 [S] . 2006.

［2］陈燕，林海兰，余涛，等．石墨炉消解－滴定法全自动测定土壤有机质［J］．分析仪器，2021，5: 35-38.

［3］国家林业局．森林土壤有机质的测定及碳氮比的计算: LY/T 1237—1999［S］．1999.

［4］天津市市场监督管理局．土壤中有机质含量的测定 直接加热法［S］．2020.

［5］张明怡，杜庆伟，刘颖，等．三种常用土壤有机质测定方法的比较［J］．黑龙江农业科学，2014(12): 163.

［6］夏莺．土壤有机质测定方法加热条件对比研究［J］．现代农业科技，2014(18): 221-222.

［7］余跑兰，肖小军，段彬林，等．油浴法测定土壤有机质消煮方式的改进研究［J］．江苏农业科学．2018(46): 19, 328-330.

［8］黎冬容，陆燕．沸水浴法测定土壤中的有机质［J］．云南化工，2021，48(3): 83-84.

［9］张士秀，何文静．石墨消解仪消解——容量法测定土壤有机质［J］．环境保护与循环经济，2018，38(7): 56-57.

［10］许桂芝，欧俊，黄玉芬，等．石墨消化炉加热法测定土壤有机质含量研究［J］．现代农业科技，2015(14): 216-217.

［11］宁梅．土壤有机质含量测定方法研究［J］．环境保护与循环经济，2011: 130-133.

［12］李国栋，解成岩，赵永哲．土样制备对土壤有机质测定的影响［J］．黑龙江环境通报，2018(42): 16-18.

［13］周伟峰，朱岩岩，张喜凤．土壤中有机质含量测定方法研究［J］．河南科学，2019，37(2): 270-274.

《土壤　有机质的测定　石墨消解器消解滴定法》方法文本

1　适用范围

本方法规定了测定土壤中有机质的石墨消解滴定法。

本方法适用于土壤中有机质的测定。

本方法适用范围为含量在 150 g/kg 以下的土壤。

2　规范性引用文件

本方法内容引用了下列文件或其中的条款。凡是不注明日期的引用文件，其有效版本适用于本方法。

HJ/T 166　土壤环境监测技术规范

HJ 613　土壤　干物质和水分的测定　重量法

3　方法原理

在土壤样品中加入过量的重铬酸钾－硫酸溶液，在加热条件下氧化土壤中的有机碳，使有机质中的碳氧化成二氧化碳，而重铬酸根离子被还原成三价铬离子，多余的重铬酸钾用硫酸亚铁标准溶液滴定，由消耗的重铬酸钾量按氧化校正系数计算出有机碳量，再乘以常数 1.724，即为土壤有机质含量。相关的化学反应如下：

氧化反应：$2K_2Cr_2O_7 + 8H_2SO_4 + 3C \longrightarrow 2Cr(SO_4)_3 + 2K_2SO_4 + 3CO_2 + 8H_2O$

滴定反应：$K_2Cr_2O_7 + 6FeSO_4 + 7H_2SO_4 \longrightarrow Cr(SO_4)_3 + 3Fe_2(SO_4)_3 + K_2SO_4 + 7H_2O$

4　试剂和材料

除非另有说明，分析时均使用符合国家标准的分析纯化学试剂，实验用水为电阻率 $\geqslant 18\ M\Omega \cdot cm$（25 ℃）的去离子水。

4.1 硫酸（H_2SO_4）：$\rho = 1.84$ g/mL，优级纯

4.2 重铬酸钾（$K_2Cr_2O_7$）：基准试剂，取适量重铬酸钾在 105 ℃ 烘箱中干燥至恒重

4.3 0.4 mol/L 重铬酸钾－硫酸溶液

称取 40.0 g 重铬酸钾溶于 600～800 mL 水中，另取 1 L 浓硫酸，缓慢地倒入重铬酸钾水溶液中，并不断搅动。为避免溶液急剧升温，每加 100 mL 浓硫酸后可稍停片刻，并把烧杯置于冷水中冷却，当溶液温度降到不烫手时再加另一份浓硫酸，直到全部加完为止。此溶液浓度为 C（1/6 $K_2Cr_2O_7$）= 0.4 mol/L。

4.4 重铬酸钾标准溶液

准确称取 130 ℃ 烘 2～3 h 的重铬酸钾 4.904 g，先用少量水溶解，然后全部转移至 1 000 mL 容量瓶中，用水定容，此标准溶液浓度为 C（1/6 $K_2Cr_2O_7$）= 0.100 0 mol/L。

4.5 七水合硫酸亚铁（$FeSO_4 \cdot 7H_2O$）

4.6 硫酸亚铁铵〔$(NH_4)_2SO_4 \cdot FeSO_4 \cdot 6H_2O$〕

4.7 邻菲罗啉（$C_{12}HgN_2 \cdot H_2O$）

4.8 邻菲罗啉指示剂溶液

溶解 0.70 g $FeSO_4 \cdot 7H_2O$ 或 1.00 g $(NH_4)_2SO_4 \cdot FeSO_4 \cdot 6H_2O$ 于 50 mL 水中，加入 1.49 g 邻菲罗啉，搅拌至溶解，稀释至 100 mL。此指示剂易变质，应密闭保存于棕色瓶中。

4.9 0.1 mol/L 硫酸亚铁标准溶液

称取 28.0 g 硫酸亚铁或 40.0 g 硫酸亚铁铵溶解于 600～800 mL 水中，加浓硫酸 20 mL 搅拌均匀，静置片刻后转移至 1 L 容量瓶内，待溶液冷却后用纯水定容。此溶液易被空气氧化而致浓度下降，每次使用时应标定其准确浓度，标定时应做平行双样。

取 20.00 mL 重铬酸钾标准溶液置于锥形瓶中，缓慢加入浓硫酸 3～5 mL，冷却后加入 3 滴（约 0.15 mL）试亚铁灵指示剂，用硫酸亚铁溶液滴定，溶液的颜色由黄绿色经蓝绿色变为红褐色即为终点，记录硫酸亚铁的消耗量 V（mL），根据消耗量即可计算出硫酸亚铁溶液的准确浓度。硫酸亚铁标准溶液浓度按公式（1）计算。

$$C\left(mol\,/\,L\right)=\frac{20.00\ mL\times0.100\ 0\ mL}{V} \qquad （1）$$

5 仪器和设备

5.1 带有石墨消解器的土壤有机质分析仪。

5.2 玻璃消解杯。

5.3 分析天平：感量为 0.000 1 g。

5.4 一般实验室常用仪器和设备。

6 样品

6.1 样品采集和保存

按照 HJ/T 166 的相关规定进行土壤样品的采集和保存；采集后的样品保存于洁净的玻璃容器中。

6.2 样品的制备

将样品置于风干盘中，平摊成 2～3 cm 厚的薄层，先剔除异物，适时压碎和翻动，自然风干。

按四分法取混匀的风干样品，研磨，过 2 mm（10 目）尼龙筛，得到粗磨样品。取粗磨样品研磨，过 0.25 mm（60 目）尼龙筛，装入样品袋或聚乙烯样品瓶中，备用。

7 分析步骤

7.1 仪器参考条件

7.1.1 仪器主要实验条件

土壤有机质分析仪（5.1）主要仪器参数见表 1。

表 1　有机质测定仪实验条件参考

仪器参数	参考条件
消解温度	180 ℃
消解时长	480 s
沸腾时长	300 s
加水前冷却时长	300 s
加水后冷却时长	450 s
消解间隔时长	180 s

7.1.2　仪器主要技术参数

7.1.2.1　取样：采用机械臂抓手，软件发送指令，精准移取样品杯到指定位置。

7.1.2.2　加液：用高精度柱塞泵进行重铬酸钾溶液加液操作。用不同型号的蠕动泵进行指示剂、水的加液操作。

7.1.2.3　消解：采用一体化石墨加热，加热稳定；安装温控探头，精准控温。

7.1.2.4　滴定：采用陶瓷泵进行滴定操作，滴定体积稳定且精准。搅拌器设置在滴定位正下方。通过图像传感器观察溶液颜色变化，自动判断滴定终点。

7.2　试样测定

按照试剂配制要求以及仪器说明，准备好所需重铬酸钾-硫酸溶液（4.3）、重铬酸钾标准溶液（4.4）、邻菲罗啉指示剂溶液（4.8）和硫酸亚铁标准溶液（4.9），并对应仪器试剂管装入仪器专用试剂瓶。

准确称取通过 0.25 mm 孔径筛风干样品 0.05～0.5 g（精确至 0.000 1 g，称样量根据土壤有机质含量范围而定），放入玻璃消解杯（5.2）中，设置好仪器参数，消解温度为 180 ℃，消解时间 5 min（沸腾开始计时，仪器设置时间参照操作说明）。按照消解杯对应位置，选择消解位样品类型，输入称样量和样品名称等信息，点击软件开始运行按钮，仪器机械臂每次抓取一个样品转移至加液位，自动加入 10 mL 的 0.4 mol/L 重铬酸钾－硫酸溶液（4.3），再将样品转移至消解位，盖上回流盖，开始消解。样品消解完成后仪器自动完成冷却、加水定容、滴定和硫酸亚铁标准溶液的标定等样品分析过程，记录所得样品结果。

如果滴定所用的硫酸亚铁体积达不到下述空白实验所耗硫酸亚铁溶液体积的 1/3，则应减少土壤称样量重新测定。

7.3 空白实验

每批分析时，同时做两个空白实验，即取大约 0.2 g 的灼烧浮石粉或石英砂代替土样，其他步骤与土壤样品测定相同。取两次空白实验滴定体积的平均值 V_0 参与计算。

7.4 干物质含量的测定

土壤样品干物质含量的测定按照 HJ 613 执行。

8 结果计算与表示

8.1 结果计算

仪器按照公式（2）计算样品结果。

$$OM = \frac{C \times (V_0 - V) \times 0.003 \times 1.724 \times 1.10 \times 1\,000}{m \times W_{dm}} \tag{2}$$

式中，OM——土壤有机质的质量分数，g/kg；

V_0——空白实验所消耗硫酸亚铁标准溶液体积，mL；

V——试样测定所消耗硫酸亚铁标准溶液体积，mL；

C——硫酸亚铁标准溶液的浓度，mol/L；

0.003——1/4 碳原子的毫摩尔质量，g；

1.724——由有机碳换算成有机质的系数；

1.10——氧化校正系数；

m——称取风干土壤样品的质量，g；

W_{dm}——土壤样品干物质含量，%；

1 000——换算成每千克含量。

8.2 结果表示

平行测定结果用算术平均值表示，结果保留 3 位有效数字。

9 准确度

9.1 精密度

选取不同有机质含量的土壤实际样品，每个样品平行测定 6 次，进行精密度实验，样品所得结果相对标准偏差为 0.4%～4.3%。

9.2 正确度

选取不同有机质含量的标准样品进行正确度实验，标准样品所得结果相对误差为 0～2.3%。

10 质量控制和质量保证

10.1 空白实验

每批样品至少做两个空白实验。

10.2 精密度

每批样品建议至少做 20% 的平行双样，见表 2。

表 2 平行测定结果允许绝对相差

有机质含量 /（g/kg）	允许绝对相差 /（g/kg）
＜10.0	≤0.5
10.0～40.0	≤1.0
40.0～70.0	≤3.0
＞70.0	≤5.0

10.3　正确度

每 20 个样品或每批次（少于 20 个样品 / 批时）应同时测定 1 个有证标准样品，测定结果应在样品保证值范围内。

11　废物处理

实验室产生的废液应统一收集，委托有资质的单位集中处理。

12　注意事项

（1）氧化时，若加 0.1 g 硫酸银粉末，氧化校正系数取 1.08。

（2）测定土壤有机质必须采用风干样品。因为水稻土及一些长期渍水的土壤存在较多的还原性物质，可消耗重铬酸钾，使结果偏高。

（3）本方法不宜用于测定含氯化物较高的土壤有机质。

（4）根据要求选择适宜的玻璃器皿，且避免器皿间的接触，防止交叉污染。

（5）加热时，产生的二氧化碳气泡不是真正沸腾，只有在真正沸腾时才能开始计算时间。

（6）如样品有机质含量超过 150 g/kg，可以采取加大重铬酸钾‒硫酸溶液浓度或者增加其用量的方式进行测定。

《土壤 氨氮、亚硝酸盐氮、硝酸盐氮的测定 气相分子吸收光谱法》方法研究报告

1 方法研究的必要性和创新性

1.1 理化性质和环境危害

土壤中氮素形态可分为无机态和有机态两大类，土壤气体中存在的气态氮一般不计算在土壤氮素之内。土壤中的氮含量高低可以在一定程度上反映土壤对水体富营养化和污染的贡献。有机氮是土壤氮的主要形式，土壤有机氮一般可占全氮量的 95% 以上。无机氮也称矿质氮，无机氮最容易被植物吸收，具有重要的农业意义。它们的含量取决于矿化、生物滞留、铵固定和释放、硝化作用、植物吸收和氨挥发、脱氮和浸出等因素，对环境的影响较大。土壤中的无机氮主要包括固定铵、可交换铵和一些含氮气体，固定铵是无机氮的最大组分，其含量主要取决于黏土矿物的类型，黏土矿物的类型取决于土壤母质的类型及其风化程度。可交换铵主要包括氨氮、硝酸盐氮、亚硝酸盐氮和一氧化二氮。有效氮主要包括氨氮、硝酸盐氮、亚硝酸盐氮和可分解的有机含氮化合物等可以直接被植物吸收利用的氮。

土壤氨氮可分为土壤溶液中的铵、交换性铵和黏土矿物固定态铵。土壤溶液中的铵溶于土壤水、可被植物直接吸收，但数量极少。它与交换性铵通过阳离子交换反应而处于平衡之中，又与土壤溶液中的氨存在化学平

衡，并可被硝化微生物转化成亚硝酸盐氮和硝酸盐氮。

交换性铵是指吸附于土壤胶体表面，可以进行阳离子交换的铵离子。它通过解吸进入土壤溶液，可直接或经过转化成硝态氮被植物根系所吸收，也可通过根系的接触吸收而直接被植物利用。交换性铵的含量处于不断变化之中，一方面，它得到土壤有机氮矿化、黏土矿物固定铵的释放以及施肥的补充；另一方面，它又被植物吸收、硝化作用、生物固持作用、黏土矿物固定作用以及转变为氨后的挥发消耗。在通气良好的旱田里含量较少，因为旱地通气条件良好，很容易被氧化成硝态氮，在水田里则含量较多而且较稳定。

黏土矿物固定态铵简称固定态铵，存在于 2 : 1 型黏土矿物晶层间，一般不能发生阳离子交换反应，属于无效态或难效态氮。其数量取决于土壤的黏土矿物类型和土壤质地。

土壤亚硝酸盐氮是铵硝化作用的中间产物。在一般土壤中，它迅速被硝化微生物转化为硝酸盐氮，因而其含量极低，但在大量施用液氨、尿素等氮肥时，会因局部的强碱性而导致明显积累。

土壤硝酸盐氮一般存在于土壤溶液中，移动性大，在具有可变电荷的土壤中，一部分被土壤颗粒表面的正电荷吸附。硝酸盐氮可直接被植物根系吸收。在通气不良的土壤中，数量极少，并可通过反硝化作用而损失，可随水运动，易移出根区，发生淋失。土壤溶液中的铵、交换性铵和硝酸盐氮因能直接被植物根系吸收，常被总称为速效态氮。

土壤中过量无机氮会对水体造成污染，当土壤氮含量达到一定值时，一部分无机氮会发生迁移转化和淋溶流失现象。土壤中的氮部分转化为溶解性硝酸盐氮、氨氮，进入河流、湖泊等地表水，导致水体中氨氮、硝酸盐氮含量升高，从而造成水体的富营养化，水中藻类等浮游生物异常增殖，破坏了水体的生态平衡，水体也失去了原来的正常功能，居民生活饮用水得不到安全保障，因而给城市生态环境带来危害并给经济发展造成巨大损失。

在农业方面，氮肥施入土壤后，在化学和土壤微生物等的作用下，转化成可供作物吸收利用的氨氮、硝酸盐氮等不同形态的氮素，其中以硝酸盐氮为主，氨氮次之。由于土壤胶体带有负电荷，对铵根离子具有较强的吸附能力，而硝酸盐氮的化学性质决定了其不易被吸附，易随水迁移，导致其在深层土壤中大量累积甚至进入浅层地下水，而氨氮则主要集中分布在土壤表层，但当土壤对氨氮的吸附达到饱和时，氨氮同样会被淋洗而进入水体，造成地表水体富营养化。相关资料显示，全世界施用于土壤的肥料有 30%～50% 经淋溶进入地下水，我国大多数地区的地下水在不同程度上都遭到硝态氮污染。土壤长期过量施用氮肥不仅使地面水体富营养化，而且也导致地下水和饮用水被硝酸盐污染。

硝酸盐摄入过量会对人体的健康造成影响。据统计，人类摄入的硝酸盐 70%～80% 来自蔬菜，硝酸盐本身对人体没有毒害，但在人体内经硝酸还原菌作用后被还原为亚硝酸盐，毒性加大，亚硝酸盐与体内的血红蛋白反应产生强致癌物质，从而危害身体。由于盲目施肥，中国一些大城市的蔬菜，硝酸盐和亚硝酸的含量偏高，有的高达 3 000～4 000 mg/kg。植物通过根部从土壤中吸收的氮素，大部分为硝酸盐氮，一部分为氨氮。除水稻外，大多数植物以硝酸盐氮为主要形式。含高浓度硝酸盐的植物被动物食用后，硝酸盐产生的亚硝酸盐会毒害动物。研究表明，饮用水和食品中所含的过量硝酸盐会导致高铁血红蛋白血症，并有致癌作用，而我国许多地区地下水和饮用水硝酸盐已超标，这与土壤氮源污染有很大的关系，并且地下水源的自然更新周期长，一旦土壤中的污染转移到地下水中，将严重威胁人类的健康。

1.2　相关环保标准和环保工作的需要

氮素是植物生长所需最多的元素之一，氮素含量的高低是衡量土壤肥力的重要依据。土壤有效态氮，包括氨氮、硝态氮、氨基酸、酰胺等，是反映土壤近期内氮素供应情况的重要指标，是土壤的养分指标，也是重要的环境评价指标，用于评价面源污染风险。由于我国农业生产中氮肥使用存在过量问题，大量的氨氮和硝酸盐氮流入地表水和地下水中，导致水体富营养化等问题，残留在土壤中的氮肥会随着雨水灌溉下渗，转移至土壤下层甚至地下水中，从而造成氮素污染。近年来，土壤中氨氮和硝酸盐氮污染严重，其中硝酸盐氮作为农田地下水污染的主要污染物受到广泛关注，土壤中硝酸盐氮过多会影响农产品质量安全，食用后危害人体健康，还会直接导致土壤次生盐渍化、养分供应失衡等一系列问题，并且污染周边的水质。因此，对土壤氨氮、亚硝酸盐氮及硝酸盐氮进行监测可以有效地指导氮肥施用量并掌握其污染状况，土壤中这 3 种物质检测方法的建立势在必行。

2　国内外相关分析方法研究

2.1　主要国家、地区及国际组织相关分析方法研究

2.1.1　国外相关标准分析方法

国际标准《土壤质量　用氯化钙溶液做提取剂测定风干土壤中的硝酸盐氮、氨氮和总溶解氮》（ISO 14255—1998）写明提取条件：使用 0.01 mol/L 的 $CaCl_2$ 溶液，以土液比 1:10（m/V）在 20 ± 1 ℃ 的条件下提取土壤中的硝酸盐氮、氨氮和总溶解氮，静置 2 h 平衡以进行下一步检测。特别指出，温度会影响提取效果，如果气候不同，室内常温发生变化，需要记录当时的提取温度。

国际标准《土壤质量　硝酸盐氮、亚硝酸盐氮、氨氮的测定　氯化钾溶液提取法》（ISO/TS 14256-1—2003）中关于提取部分写道，使用 1 mol/L 的 KCl 溶液以土液比 1:5（m/V）在 20 ± 2 ℃ 的条件下对户外土壤提取 1 h，其上清液可用来测定无机氮。特别指出，温度会影响提取效果，如果气候不同，室内常温发生变化，需要记录当时的提取温度。本法测新鲜土壤的

硝酸盐、亚硝酸盐和氨，如果 3 天内完成分析，样品可冷藏保存；如需保存时间更久，样品宜冷冻保存。

2.1.2 国外文献报道的分析方法

2019 年，学者吕保玉在 *Chemical Engineer* 上发表文章《氯化钾提取—气相分子吸收光谱法测定土壤中的氨氮》提到以 1 mol/L 的 KCl 溶液作为提取液提取新鲜土壤中的氨氮，分别用气相分子吸收光谱法和行标苯酚显色法，前者相对标准偏差为 1.7%～2.5%；加标回收率为 94.0%～101.5%，t 检验显示两种方法在精密度、准确度等方面均无显著差异，测定结果有较好的一致性。

2020 年，国外学者 J. S. SANTOS、C. REIS 等在 *The Journal of Engineering and Exact Sciences* 上发表的文章《基于与甲醛的反应测定食物、土壤、肥料和水样品中的氨氮》中提到，土壤样品通过消解后，消解液中的铵离子与甲醛发生反应，然后用氢氧化钠滴定，可检测土样中的铵离子含量。通过单变量分析对甲醛量和 EDTA 浓度等变量进行优化。在优化的条件下，该方法测定铵离子的检出限为 1.83 mg/L，上限为 6.11 mg/L，对于 0.400～3.773 mg/L 浓度的含铵离子的溶液，精密度为 0.5%～6.0%。通过使用凯氏定氮法进行验证，结果发现，在测定土壤样品中的铵离子时，上述方法获得的结果与凯氏定氮法验证的结果相比没有显著差异。

2.2 国内相关分析方法研究

2.2.1 国内相关标准分析方法

气相分子吸收光谱法是近年来新兴的一种分析技术，它可以通过特定的化学反应，将待测物转化为气体进行分析，可避免溶液色度和浑浊度对测定的影响，具有所需反应试剂易得、仪器操作过程简单以及测定结果准确等优点，已应用于水体中亚硝酸盐氮、氨氮、硝酸盐氮、总氮、硫化物等的测定，相关现行的标准有《水质 氨氮的测定 气相分子吸收光谱法》（HJ/T 195—2005）、《水质　凯氏氮的测定　气相分子吸收光谱法》（HJ/T 196—2005）、《水质　亚硝酸盐氮的测定　气相分子吸收光谱法》（HJ/T 197—2005）、《水质　硝酸盐氮的测定　气相分子吸收光谱法》（HJ/T 198—2005）、《水质　总氮的测定　气相分子吸收光谱法》（HJ/T 199—2005）、《水质　硫化物的测定　气相分子吸收光谱法》（HJ/T 200—2005），但其在土壤中的应用较少。

目前，现行土壤中氨氮和硝酸盐氮的标准分析方法主要是基于分光光度法的《土壤　氨氮、亚硝酸盐氮、硝酸盐氮的测定　氯化钾溶液提取－分光光度法》（HJ 634—2012）和《土壤　硝态氮的测定　紫外分光光度法》（GB/T 32737—2016）。

《土壤　氨氮、亚硝酸盐氮、硝酸盐氮的测定　氯化钾溶液提取－分光光度法》（HJ 634—2012）中以土液比 1∶5 加入 1 mol/L 氯化钾溶液，在 20±2 ℃的条件下恒温振荡提取 1 h 后，将提取液在 3 000 r/min 的条件下离心分离 10 min，利用分光光度法测定试液。氨氮的测定，是通过氯化钾溶液提取土壤中的氨氮，在碱性条件下，提取液中的铵离子在有次氯酸根离子存在时与苯酚反应生成蓝色靛酚染料，在 630 nm 波长具有最大吸收。在一定浓度范围内，氨氮浓度与吸光度值符合朗伯－比尔定律。亚硝酸盐氮的测定，是通过氯化钾溶液提取土壤中的亚硝酸盐氮，在酸性条件下，提取液中的亚硝酸盐氮与磺胺反应生成重氮盐，再与盐酸 N−（1−萘基）−乙二胺偶联生成红色染料，在 543 nm 波长下具有最大吸收。在一定浓度范围内，亚硝酸盐氮浓度与吸光度值符合朗伯－比尔定律。硝酸盐氮的测定，是通过氯化钾溶液提取土壤中的硝酸盐氮和亚硝酸盐氮，提取液通过还原柱，将硝酸盐氮还原为亚硝酸盐氮，在酸性条件下，亚硝酸盐氮与磺胺反应生成重氮盐，再与盐酸 N−（1−萘基）−乙二胺偶联生成红色染料，在 543 nm 波长下具有最大吸收，测定硝酸盐氮和亚硝酸盐氮总量。

硝酸盐氮和亚硝酸盐氮总量与亚硝酸盐氮含量之差即为硝酸盐氮含量。当样品量为 40.0 g 时，该方法测定土壤中氨氮、亚硝酸盐氮、硝酸盐氮的检出限分别为 0.10 mg/kg、0.15 mg/kg、0.25 mg/kg，测定下限分别为 0.40 mg/kg、0.60 mg/kg、1.00 mg/kg。

《土壤 硝态氮的测定 紫外分光光度法》（GB/T 32737—2016）中是通过氯化钾提取土壤中的硝态氮，利用土壤浸出液中硝酸根离子在 220 nm 波长附近有明显吸收且吸光度大小与硝酸根成正比的特性，对硝态氮含量进行定量测定。利用溶解的有机物在 220 nm 和 275 nm 处的吸光度正因数（f 值）以消除有机质吸收 220 nm 波长而造成的干扰。该方法对土壤硝态氮的检出限为 0.5 mg/kg，定量限为 1 mg/kg。

2.2.2　国内文献报道的分析方法

国内已有部分学者使用气相分子吸收光谱法测定土壤中氨氮、亚硝酸盐氮和硝酸盐氮，普遍采用氯化钾溶液作为提取液，使用超声或振荡的方式提取目标化合物，实验结果表明该方法的精密度、正确度和方法检出限都较为理想，详细内容见表 2-1。

表 2-1　国内土壤三氮气相分子吸收光谱法相关检测信息

序号	土壤状态	目标物	提取方式	提取液	相对标准偏差 /%	加标回收率 / %	检出限 / （mg/kg）	参考文献
1	风干土	氨氮和硝酸盐氮	室温振荡 1 h	1 mol/L KCl	0.06～0.37	氨氮：96.3～99.9；硝酸盐氮：98.5～100.7	氨氮：0.013；硝酸盐氮：0.002	岩矿测试 - 吴昊 - 2021
2	风干土	硝态氮	超声提取 30 min	1 mol/L KCl	2.31～4.11	85～105	0.16	广州化工 - 王海妹 - 2020

续表

序号	土壤状态	目标物	提取方式	提取液	相对标准偏差 /%	加标回收率 /%	检出限 / (mg/kg)	参考文献
3	新鲜土	氨氮	20 ℃振荡提取 1 h	1 mol/L KCl	1.7～2.5	94.0～101.5	0.065	化学工程师 - 吕保玉 -2019
4	新鲜土	亚硝酸盐氮	20 ℃振荡提取 1 h	1 mol/L KCl	1.32	93.0～97.0	0.05	化学分析计量 - 蓝月存 -2019

2.2.3　国内相关分析方法与本方法的关系

本方法研究过程中严格遵守《环境监测分析方法标准制订技术导则》（HJ 168—2020），以下为本标准制修订的基本原则：

（1）参考国内外现有的土壤介质中三氮的监测分析技术，吸取了《土壤　氨氮、亚硝酸盐氮、硝酸盐氮的测定　氯化钾溶液提取 - 分光光度法》（HJ 634—2012）中氨氮、亚硝酸盐氮、硝酸盐氮的提取方式，又考虑国内现有监测机构的监测能力和实际情况，方法的检出限达到国内外同类方法的同等水平，是国家标准《土壤　氨氮、亚硝酸盐氮、硝酸盐氮的测定　氯化钾溶液提取 - 分光光度法》（HJ 634—2012）的一个补充。

（2）方法准确可靠，能够满足各项特性指标的要求。方法标准具有一定的先进性、可行性与可操作性，易于推广使用。

3　方法研究报告

3.1　研究缘由

分光光度法是目前应用最广的土壤中氨氮、亚硝酸盐氮和硝酸盐氮测定手段。但该技术最终试液测定时易受颜色、浑浊度和其他离子等干扰，必须进行脱色等前处理操作，而不能直接测定。此外，该方法测试步骤需要手工操作，自动化程度和监测工作效率较低。随着生态事业的快速发展，尤其是新时期土壤污染监测工作的开展，对于土壤氨氮、亚硝酸盐氮、硝酸盐氮的监测亟须建立快速、高效、准确、自动化程度高、干扰影响少的监测分析方法。气相分子吸收光谱法自动化程度高、不易受浊度和色度影响，是一种快速、高效的测试方法，因而本研究围绕土壤中氨氮、亚硝酸盐氮、硝酸盐氮的气相分子吸收光谱法展开研究。

3.2　研究目标

本标准适用于土壤中氨氮、亚硝酸盐氮、硝酸盐氮的测定。本标准规定了土壤中氨氮、亚硝酸盐氮和硝酸盐氮的氯化钾溶液提取—气相分子吸收光谱法，包括适用范围、方法原理、干扰和消除、实验材料和试剂、仪器和设备、样品采集和保存、样品制备、定性定量方法、结果的表示、质量控制和质量保证等几个方面的内容，研究的主要目的在于建立既适应当前环境保护工作的需求，又满足当前实验室仪器设备要求的标准分析方法。技术路线如图 2-1 所示。

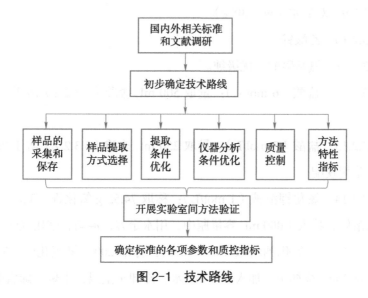

图 2-1　技术路线

3.3 实验部分

3.3.1 仪器设备及分析条件

气相分子吸收光谱仪：配备氘灯或锌空心阴极灯、自动进样器、自动稀释器、恒温水平振荡器。

3.3.2 试剂和材料

除非另有规定，所用试剂均为分析纯。

3.3.2.1 水：GB/T 6682 规定的一级水。

3.3.2.2 盐酸：优级纯。

3.3.2.3 氯化钾：优级纯。

3.3.2.4 溴酸钾。

3.3.2.5 溴化钾。

3.3.2.6 氢氧化钠。

3.3.2.7 无水乙醇：优级纯。

3.3.2.8 三氯化钛溶液（质量范围：15.0%～20.0%），避光贮存。

3.3.2.9 双氧水（$w = 30\%$）。

3.3.2.10 乙酸锌。

3.3.2.11 氨基磺酸：优级纯。

3.3.2.12 盐酸（6 mol/L）：量取 500 mL 盐酸（3.3.2.2）溶于 500 mL 水中。

3.3.2.13 盐酸（3 mol/L）：量取 250 mL 盐酸（3.3.2.2）溶于 750 mL 水中，临用现配。

3.3.2.14 氯化钾溶液（1 mol/L）：称取 74.55 g 氯化钾（3.3.2.3），用适量水溶解，移入 1 000 mL 容量瓶中，用水定容，混匀，临用现配。

3.3.2.15 氢氧化钠溶液（$w = 40\%$）：称取 200 g 氢氧化钠（3.3.2.6）置于 1 000 mL 烧杯中，加入 500 mL 水，冷却至室温，于聚乙烯瓶中密闭保存，使用有效期为 30 天。

　　3.3.2.16　次溴酸盐氧化剂：称取 2.81 g 溴酸钾（3.3.2.4）及 30 g 溴化钾（3.3.2.5），溶于 500 mL 水中，摇匀，贮存于玻璃瓶中。此溶液为贮备液，低温密封条件下有效期为 90 天。

　　3.3.2.17　氨氮氧化剂：吸取 12 mL 次溴酸盐氧化剂（3.3.2.16）于棕色磨口试剂瓶中，加入 400 mL 水及 24 mL 盐酸（3.3.2.12），立即密塞，充分摇匀，于暗处放置 10～20 min，加入 200 mL 氢氧化钠溶液（3.3.2.15），充分摇匀，静置 2 h 以上。配制时，所用试剂、水和室内温度应在 18～30 ℃，低温密封遮光条件下有效期为 15 天。

　　3.3.2.18　氨氮载流液：量取 500 mL 盐酸（3.3.2.12），先加入 150 mL 乙醇（3.3.2.7），再加入 350 mL 水，充分摇匀，静置 2 h 以上，低温密封遮光条件下有效期为 30 天。

　　3.3.2.19　氨氮标准贮备液（500 mg/L）：购买市售有证标准溶液，按照证书要求进行保存。

　　3.3.2.20　氨氮标准使用液（2.0 mg/L）：量取 1.0 mL 氨氮标准贮备液（3.3.2.19），置于 250 mL 容量瓶中，用水定容至标线，混匀，临用现配。

　　3.3.2.21　亚硝酸盐载流液：分别量取 800 mL 盐酸（3.3.2.13）和 160 mL 无水乙醇（3.3.2.7），充分混合摇匀或超声，静置 2 h 以上，低温密封遮光条件下有效期为 30 天。

　　3.3.2.22　亚硝酸盐氮标准贮备液（100 mg/L）：购买市售有证标准溶液，按照证书要求进行保存。

　　3.3.2.23　亚硝酸盐氮标准使用液（2.0 mg/L）：量取 2 mL 亚硝酸盐氮标准贮备液（3.3.2.22），置于 100 mL 容量瓶中，用水定容至标线，混匀，临用现配。

　　3.3.2.24　硝酸盐氮载流液：量取 600 mL 盐酸（3.3.2.13）加入 300 mL

三氯化钛（3.3.2.8），再加入 100 mL 无水乙醇（3.3.2.7），充分混合摇匀或超声，静置 2 h 以上，低温密封遮光条件下有效期为 15 天。

3.3.2.25 硝酸盐氮标准贮备液（500 mg/L）：购买市售有证标准溶液，按照证书要求进行保存。

3.3.2.26 硝酸盐氮标准使用液（2.0 mg/L）：量取 1.0 mL 硝酸盐氮标准贮备液（3.3.2.25），置于 100 mL 容量瓶中，用水定容，混匀，临时现配。

3.3.2.27 氢氧化钠溶液（$w = 10\%$）：量取 5 mL 40% 的氢氧化钠溶液（3.3.2.15），置于 100 mL 容量瓶中，用水定容并混匀。

3.3.2.28 双氧水（$w = 3\%$）：分别量取 100 mL 双氧水（3.3.2.9）和约 900 mL 水，充分摇匀或超声，静置 2 h 以上，低温密封遮光条件下有效期为 7 天。

3.3.2.29 清洗液：分别量取 500 mL 双氧水（3.3.2.28）和 25 mL 氢氧化钠（3.3.2.15），充分摇匀或超声，静置 2 h 以上，低温密封遮光条件下保存。

3.3.2.30 乙酸锌溶液（1 mol/L）：称取 18.35 g 乙酸锌（3.3.2.10），用适量水溶解，移入 100 mL 容量瓶中，用水定容，混匀，临用现配。

3.3.2.31 氨基磺酸溶液（10.0 mg/L）：称取 10 mg 氨基磺酸（3.3.2.11），用适量水溶解，在 100 mL 容量瓶定容，混匀，临用现配。

3.3.2.32 硅藻土：粒径 150～250 μm（100～60 目），市售。

3.3.2.33 氮气：纯度≥99.999%。

3.3.3 样品

3.3.3.1 样品采集和保存

土壤样品的采集按照《土壤环境监测技术规范》（HJ/T 166—2004）的要求进行。采集表层土，采样深度 0～20 cm。样品采集后在 4 ℃条件下运输和保存，并在 3 日内完成分析，否则应于 -20 ℃下保存，样品中氨氮、亚硝酸盐氮和硝酸盐氮可保存数周。

3.3.3.2　样品前处理

将采集后的土壤样品去除杂物，手工或用仪器混匀，过样品筛。在进行手工混合时应戴橡胶手套。过筛后样品分成两份，一份用于测定干物质含量，测定方法参见 HJ 613；另一份用于测定待测组分含量。

称取 30.0 g 土壤样品于 250 mL 聚乙烯瓶中，加入 150 mL 氯化钾溶液（1 mol/L），室温下置于振荡器中振荡 30 min，转移约 100 mL 提取液至 100 mL 聚乙烯离心管中，在 3 000 r/min 的条件下离心分离 10 min，移取上清液 90 mL，分成 3 份（各约 30 mL），上机分别测试氨氮、亚硝酸盐氮和硝酸盐氮。

3.3.3.3　样品测定

3.3.3.3.1　仪器参考条件

气相分子光谱仪开机预热，按照仪器使用说明书设定灯电流、负高压、载气流量等参数，参考条件见表 2-2。

表 2-2　仪器参考条件

光源	氘灯	空心阴极灯
载气	空气 / 氮气	空气 / 氮气
载气流量	0.1～0.2 L/min	0.1～0.2 L/min
载气输出压力	0.3～0.4 MPa	0.3～0.4 MPa
测量方式	峰高 / 峰面积，积分时间 不小于 60 s	峰高 / 峰面积，积分时间 不小于 60 s
灯电流	50 mA（200～300 mA）	3～10 mA（0.5～5 mA）
负高压	235 V（200～300 V）	200～500 V
狭缝	2.0 nm	1.0 nm
加热温度	60～90 ℃	60～90 ℃

氘灯是连续光源，其发出的光是波长范围一般为190～400 nm的连续光谱带。空心阴极灯是锐线光源，其发出的光波长范围不连续，且发出的波长与配备的金属元素有关。氘灯对应的氨氮、亚硝酸盐氮和硝酸盐氮检测波长为响应强度最大的波长。如配备空心阴极灯，选择的波长为相应金属元素下，最接近最强响应信号的波长；如配备氘灯作为光源，检测氨氮和亚硝酸盐氮的吸收波长设置为214.7 nm，检测硝酸盐氮的吸收波长设置为214.6 nm；如配备锌空心阴极灯作为光源，可检测氨氮和亚硝酸盐氮，设置吸收波长为213.9 nm；如配备镉空心阴极灯作为光源，可检测硝酸盐氮，设置吸收波长为214.4 nm。

3.3.3.3.2　氨氮

（1）绘制标准曲线

量取一定量氨氮标准使用液（2 mg/L）于进样管中，在气相分子吸收软件界面设置标准曲线各浓度点为0.00 mg/L、0.10 mg/L、0.20 mg/L、0.50 mg/L、1.00 mg/L、2.00 mg/L，然后勾选"自动配置上表中各浓度的标准样品"，输入母液浓度及位置号，点击"保存配置"。

（2）测定

经前处理后的样品放置于对应进样盘，设置样品稀释倍数，选择指定倍数稀释或自动选择倍数稀释。将氨氮载流液、氧化剂、稀释水管路分别插入对应试剂瓶中，点击软件主界面"测量样品"，仪器开始依次测定样品。

3.3.3.3.3　硝酸盐氮

（1）绘制标准曲线

量取一定量硝酸盐氮标准使用液（2 mg/L）于进样管中，在气相分子吸收软件界面设置标准曲线各浓度点为0.00 mg/L、0.10 mg/L、0.20 mg/L、

0.50 mg/L、1.00 mg/L、2.00 mg/L，然后勾选"自动配置上表中各浓度的标准样品"，输入母液浓度及位置号，点击"保存配置"。

（2）测定

经前处理后的样品放置于对应进样盘，设置样品稀释倍数，选择指定倍数稀释或自动选择倍数稀释。将硝酸盐氮载流液、清洗液、稀释水管路分别插入对应试剂瓶中，点击软件主界面"测量样品"，仪器开始依次测定样品。

3.3.3.3.4　亚硝酸盐氮

（1）绘制标准曲线

量取一定量亚硝酸盐氮标准使用液（2 mg/L）于进样管中，在气相分子吸收软件界面设置标准曲线各浓度点为 0.00 mg/L、0.10 mg/L、0.20 mg/L、0.50 mg/L、1.00 mg/L、2.00 mg/L，然后勾选"自动配置上表中各浓度的标准样品"，输入母液浓度及位置号，点击"保存配置"。

（2）测定

经前处理后的样品放置于对应进样盘，设置样品稀释倍数，选择指定倍数稀释或自动选择倍数稀释。将亚硝酸盐氮载流液、清洗液、稀释水管路分别插入对应试剂瓶中，点击软件主界面"测量样品"，仪器开始依次测定样品。

3.4　结果讨论

3.4.1　载气与载气流量的选择

选取相同稀释浓度的标准使用液，分别选择相同流速的空气、氮气作为载气，测试铵态氮及硝态氮的吸收值，结果如图 2-2 所示，两种载气均符合分析实验基线低、信号稳定的要求。

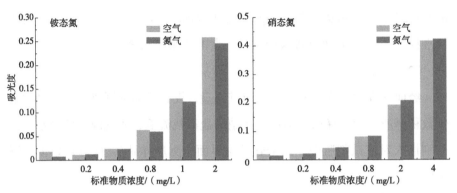

图 2-2　空气和氮气作为载气对铵态氮和硝态氮测定的影响

　　采用相同浓度的标准溶液，在 0.10～0.13 L/min 载气流量范围内，考察载气流量对铵态氮及硝态氮测定的影响。在 213.9 nm 和 214.4 nm 测试波长下，对 1mg/L 铵态氮及硝态氮标准溶液进行 3 次平行测试，结果如图 2-3 所示。在所选载气流量范围内，铵态氮及硝态氮分析灵敏度随载气流量变大而降低。同时，在实验过程中发现，载气流量过低时，铵态氮及硝态氮测试峰形平台太短，不易掌握读数时间。因此经过综合考虑，选择载气流量为 0.12 L/min。

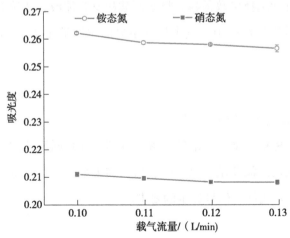

图 2-3　载气流量对铵态氮及硝态氮测定灵敏度的影响

3.4.2　试样提取研究

目前，已知的标准和文献报道的土壤三氮的提取方法一般为振荡提取法和超声提取法，提取溶液效率较高的有 KCl 溶液和 $CaCl_2$ 溶液，但是这些文献中溶液浓度并不一致，而且土壤量、土液比、提取温度、提取时间等都是影响提取效果的因素。在保证节约物料、结果准确的前提下，为探索土壤三氮最佳提取条件，将土壤量定为 20 g，分别用不同浓度的 KCl 溶液和 $CaCl_2$ 溶液与不同土液比、提取温度和提取时间做下列实验。

3.4.2.1　提取溶液种类的选择

现行标准《土壤质量　用氯化钙溶液做提取剂测定风干土壤中的硝酸盐氮、氨氮和总溶解氮》（ISO 14255—1998）和《土壤质量　硝酸盐氮、亚硝酸盐氮、氨氮的测定　氯化钾溶液提取法》（ISO/TS 14256-1—2003）分别使用 0.01 mol/L $CaCl_2$ 溶液和 1 mol/L KCl 溶液提取土壤中氨氮、亚硝酸盐氮、硝酸盐氮。为选择提取效果更好的提取液，以 0.005 mol/L、0.01 mol/L、0.02 mol/L、0.05 mol/L $CaCl_2$ 溶液和 1 mol/L KCl 溶液为提取液，称取 20.0 g 土壤样品，分别加入上述提取液 100 mL，在 25 ℃恒温条件下，在 150 r/min 转速下振荡提取 60 min，经过滤后测定，提取效果见图 2-4～图 2-6。

结果表明，不同提取液在 25 ℃恒温条件下对土壤样品氨氮、亚硝酸盐氮和硝酸盐氮的提取效果基本优于 20 ℃的提取效果，且 KCl 提取液在 25 ℃恒温条件下对土壤样品氨氮、亚硝酸盐氮和硝酸盐氮的提取效果优于 $CaCl_2$ 各浓度提取液。因此，确定提取液为 KCl 溶液。

参考《土壤　氨氮、亚硝酸盐氮、硝酸盐氮的测定　氯化钾溶液提取‑分光光度法》（HJ 634—2012），确定提取液为 KCl 溶液。

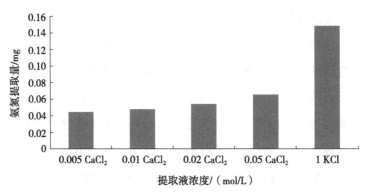

图2-4 不同提取液对土壤样品氨氮的提取效果

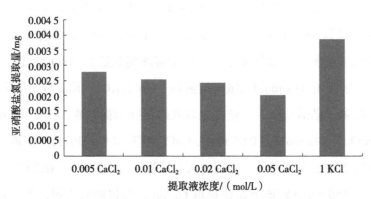

图2-5 不同提取液对土壤样品亚硝酸盐氮的提取效果

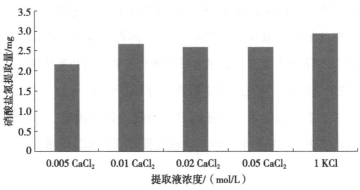

图2-6 不同提取液对土壤样品硝酸盐氮的提取效果

3.4.2.2 土壤样品提取时间

为了解土壤样品在相同的温度、不同的提取时间下氨氮、亚硝酸盐氮、硝酸盐氮浓度的变化趋势，分别对提取 30 min、60 min、90 min 的样品在相同实验条件下进行了测量（表 2-3）。

表 2-3 不同提取时间下的测定结果

名称	氨氮结果 /（mg/L）	亚硝酸盐氮结果 /（mg/L）	硝酸盐氮结果 /（mg/L）
30 min 空白	< DL	< DL	< DL
60 min 空白	< DL	< DL	< DL
90 min 空白	0.02	< DL	< DL
30 min 样品	2.19	0.15	50.26
30 min 样品	2.25	0.15	46.61
60 min 样品	1.95	0.13	39.54
60 min 样品	1.84	0.14	39.29
90 min 样品	1.94	0.14	45.91
90 min 样品	2.08	0.14	45.00

3 个时间段的氨氮监测结果测量范围为 1.84～2.25 mg/L，无显著性区别，但 30 min 的结果略高于 60 min 和 90 min。结果显示在 25 ℃条件下，用氯化钾溶液提取 30 min，土壤中的氨氮提取效率较高。随着提取时间延长，提取液中氨氮有部分又被吸附回去，60 min 基本到达峰底，继续延长提取时间至 90 min，提取液中氨氮浓度基本与 30 min 持平。因此，在分析土壤中的氨氮时，建议在 25 ℃条件下，提取 30 min。

3 个时间段的亚硝酸盐氮结果测量范围为 0.13～0.15 mg/L，无显著性区别，但 30 min 的结果略高于 60 min 和 90 min。结果显示在 25 ℃条件下，用氯化钾溶液提取 30 min，土壤中的亚硝酸盐氮提取效率较高。延长提取时间，提取液中的亚硝酸盐氮有一部分又被吸附回去，60 min 基本到达峰底，延长时间至 90 min，提取液中的亚硝酸盐氮浓度基本与 30 min 持平。因此，在分析土壤中的亚硝酸盐氮时，建议在 25 ℃条件下，提取 30 min。

3 个时间段的硝酸盐氮结果测量范围为 39.29～50.26 mg/L，结果有差异，但无显著性区别，最大值与最小值的绝对偏差在 10% 左右。30 min 的结果略高于 60 min 和 90 min。结果显示在 25 ℃条件下，用氯化钾提取液提取 30 min，土壤中的硝酸盐氮提取效率较高。随着提取时间延长，提取液中硝酸盐氮有一部分又被吸附回去，60 min 基本到达峰底，延长时间至 90 min，土壤中的硝酸盐氮的浓度基本与 30 min 持平。因此，在分析土壤中的硝酸盐氮时，建议在 25 ℃条件下，提取 30 min。

3.4.2.3 提取液 KCl 浓度对土壤三氮提取的影响

在提取时间和固液比不变的条件下，在 25 ℃温度下，用浓度为 0.5 mol/L、1.0 mol/L、1.5 mol/L、2.0 mol/L 的 KCl 提取液提取土样，分析测试氨氮、亚硝酸盐氮、硝酸盐氮的浓度，做出不同浓度 KCl 提取液对土壤三氮提取影响趋势图，如图 2-7～图 2-9 所示。

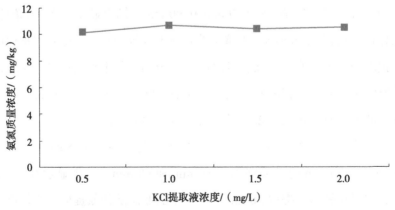

图 2-7　不同浓度提取液对土壤氨氮的影响

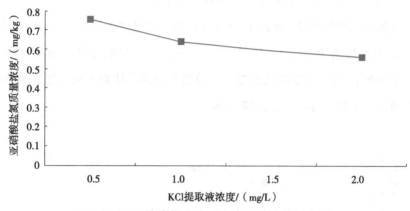

图 2-8　不同浓度提取液对土壤亚硝酸盐氮的影响

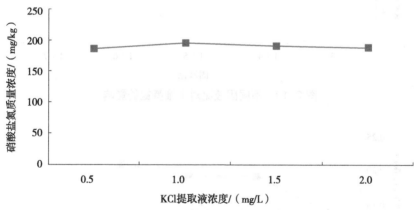

图 2-9　不同浓度提取液对土壤硝酸盐氮的影响

　　在温度为 25 ℃时，1.0 mol/L 的 KCl 提取液对土壤氨氮和硝酸盐氮的
提取效果最好。0.5 mol/L 的 KCl 提取液对土壤亚硝酸盐氮的提取效果最好，
因土壤中硝酸盐氮和氨氮含量占比更大，亚硝酸盐氮含量占比较小，确定
KCl 提取液最佳提取浓度为 1 mol/L。

3.4.2.4　不同固液比对土壤三氮提取的影响

在振荡提取时间为 60 min、1 mol/L KCl 提取液条件下，于 25 ℃温度下，以固液比为 1∶3、1∶4、1∶5、1∶6、1∶7 提取土样，分析测试氨氮、亚硝酸盐氮、硝酸盐氮的浓度，做出不同固液比对土壤三氮提取影响的趋势图，如图 2-10～图 2-12 所示。

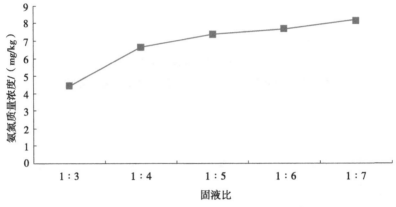

图 2-10　不同固液比对土壤氨氮的影响

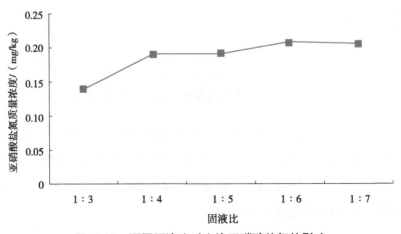

图 2-11　不同固液比对土壤亚硝酸盐氮的影响

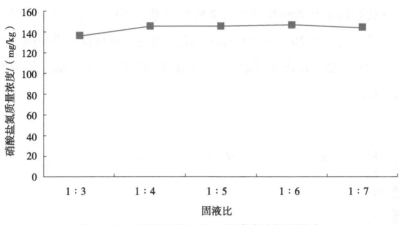

图 2-12 不同固液比对土壤硝酸盐氮的影响

不同的固液比对硝酸盐氮的提取效果影响较小，对氨氮和亚硝酸盐氮的提取效果影响相对较大。固液比为 1∶5～1∶7 时，三氮提取量趋于稳定，其中氨氮和亚硝酸盐氮提取量小幅提高，硝酸盐氮提取量小幅下降，波动很小可忽略不计。

依据《土壤 氨氮、亚硝酸盐氮、硝酸盐氮的测定 氯化钾溶液提取－分光光度法》（HJ 634—2012），提取液的固液比确定为 1∶5，20.0 g 土壤样品，加入 100 mL 提取液进行提取。

3.4.2.5 提取温度的选择

土壤氨氮、亚硝酸盐氮和硝酸盐氮都是植物氮的最主要来源，而植物生长及微生物繁殖适宜的土壤温度为 10～38 ℃，不超过 40 ℃。称取 20.0 g 土壤样品，加入 1 mol/L 的 KCl 溶液 100 mL，分别在 15 ℃、20 ℃、25 ℃、30 ℃下振荡提取 30 min。提取效果见图 2-13～图 2-15。20 ℃氨氮提取量略多于 25 ℃氨氮提取量，25 ℃硝酸盐氮提取量略多于 20 ℃硝酸盐氮提取量，但误差不到 0.6 mg/kg。20 ℃对亚硝酸盐氮的提取效果优于 25 ℃，误差不超过 0.01 mg/kg。两种温度下测定值都极为接近，且氨氮、亚硝酸盐氮和硝酸盐氮合起来的总误差不超过 1 mg/kg，此误差在可接受范围内，且 20 ℃和 25 ℃对土壤三氮的提取总量几乎相同。因此 20 ℃和 25 ℃都可以作为提取温度。因操作便利，本方法确定提取温度为 25 ℃。

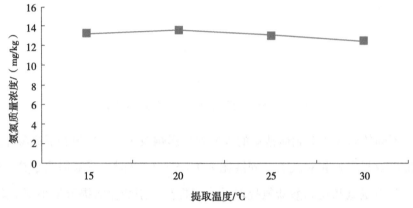

图 2-13　不同提取温度对土壤氨氮的提取效果

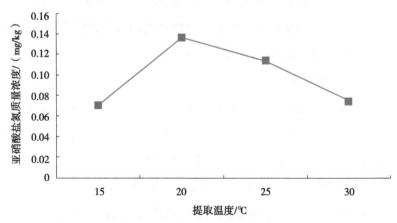

图 2-14　不同提取温度对土壤亚硝酸盐氮的提取效果

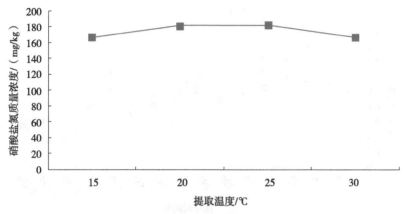

图 2-15　不同提取温度对土壤硝酸盐氮的提取效果

3.4.3　土壤样品保存时间

按照《土壤环境监测技术规范》（HJ/T 166—2004）中的相关要求进行土壤样品的采集、处理和贮存，在采样和制备中避免交叉污染，土壤样品磨细后过 2 mm（10 目）尼龙筛，分别称取 180 份 30 g 新鲜土壤样品和 180 份 30 g 风干土壤样品（风干土壤样品取自同一地区），分别在常温 25 ℃、冷藏 4 ℃、冷冻 -20 ℃下保存土壤样品，每隔一段时间，分别在不同保存条件下各取两份共 6 份样品分析测定，做出浓度随时间变化的曲线。

由于土壤的复杂性，土壤本身难以混合均匀，每份土壤中三氮含量（氨氮、亚硝酸盐氮和硝酸盐氮各自的含量）客观上存在波动，反映在作图上会呈现数值波动的情况。随着保存时间的延长，可以观察土壤中三氮含量的变化趋势，这种趋势不受数值波动的影响。图中纵坐标为保存时间内所测三氮浓度（氨氮、亚硝酸盐氮和硝酸盐氮各自的浓度）与初始浓度的比值。

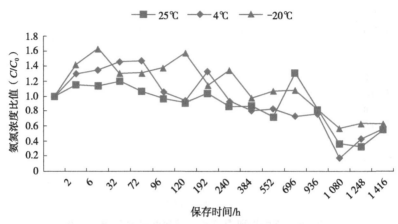

图 2-16　新鲜土壤氨氮随时间变化趋势

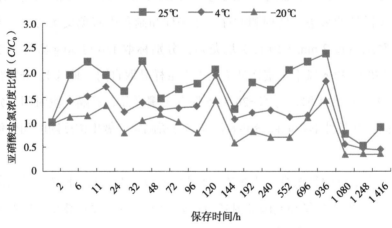

图 2-17　新鲜土壤亚硝酸盐氮随时间变化趋势

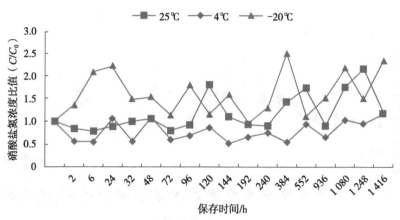

图 2-18　新鲜土壤硝酸盐氮随时间变化趋势

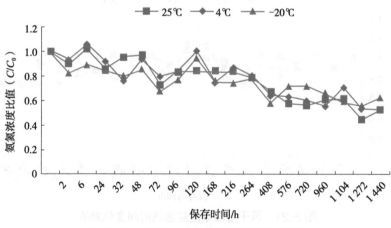

图 2-19　风干土壤氨氮随时间变化趋势

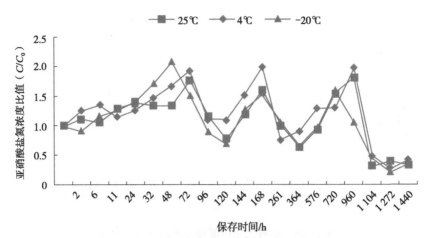

图 2-20　风干土壤亚硝酸盐氮随时间变化趋势

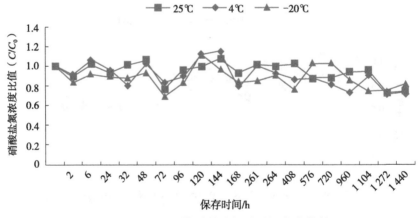

图 2-21　风干土壤硝酸盐氮随时间变化趋势

对比图 2-16～图 2-21 可知，冷冻保存可以有效保持新鲜土壤中氨氮和硝酸盐氮的含量，新鲜土壤中的亚硝酸盐氮情况相反，其在常温 25 ℃条件下含量更多，而在冷冻 -20 ℃条件下含量最少。风干土壤中的三氮含量在常温、冷藏和冷冻保存条件下没有明显差别。新鲜土壤和风干土壤中的氨氮含量随着保存时间的延长而缓慢下降，风干土壤在保存时间为120 h（5天）时，氨氮含量基本无变化，保存时间在264 h（11天）时，氨氮含量降为初始浓度值的80%，保存408 h（17天）时，其氨氮含量降为初始浓度值的60%，之后风干土壤中氨氮含量趋于稳定；新鲜土壤在保存时间为72 h（3天）时，氨氮含量基本无变化；保存936 h（39天）时，其氨氮含量降为初始浓度值的80%。风干土壤中的硝酸盐氮含量随着保存时间的延长无明显变化，新鲜土壤中的硝酸盐氮含量随着保存时间的延长有略微上升的趋势，这可能是在土壤生化反应和微生物新陈代谢作用下导致的氮的转化。新鲜土壤和风干土壤中亚硝酸盐氮变化没有明显规律。因此，应在土壤样品采集后在4 ℃条件下冷藏运输并在3天内分析完毕，否则应在 -20 ℃（冷冻）条件下保存，土壤样品中氨氮和硝酸盐氮含量可保存约6周；对于风干土壤样品，应在5天内分析完毕，否则应在 -20 ℃（冷冻）条件下保存，风干土壤样品中氨氮和硝酸盐氮的含量可保存约10天。

3.4.4　干扰消除

在测试氨氮项目时，向提取液中加入 1 mL 盐酸及 0.2 mL 无水乙醇，加热煮沸 2～3 min，可消除 NO_2^-、SO_3^{2-}、S^{2-} 的影响。土壤中含 I^-、SCN^- 或存在可被次溴酸盐氧化成亚硝酸盐的有机胺时，应按 HJ 535—2009 第 6.2.3 节，对提取液进行预蒸馏后再行测定。

在测试硝酸盐氮项目时，向提取液中滴加 2 滴 10% 氨基磺酸水溶液使之分解生成 N_2 而消除 SO_3^{2-}。

3.4.4.1　典型干扰物对三氮检测的影响

选取硫化物、甲醛、VOC（含三氯甲烷、四氯化碳、苯、三氯乙烯、甲苯、四氯乙烯、乙苯、对二甲苯、间二甲苯、邻二甲苯以上 10 种）、乙草胺、丙烯酰胺、尿素作为典型干扰物，考察还原性物质、挥发性有机物和有机胺对土壤三氮检测的影响。对硫化物和 VOC 做了干扰去除实验。为凸显干扰效果，三氮溶液均配制低浓度 0.5 mg/L（以土壤浓度计为 2.5 mg/kg），以 1 mol/L KCl 为基质还原提取液环境。结果见图 2-22～图 2-39。

　　结果显示，当土壤中硫化物浓度为三氮浓度 1 倍时，对氨氮、亚硝酸盐氮和硝酸盐氮测定值相对偏差分别达到 -8%、24% 和 38%。三氮硫化物的去除方法有所不同。在氨氮的测定中，硫化物干扰去除方法：在待测溶液中加入 1 mL 6mol/L 盐酸和 0.2 mL 无水乙醇煮沸 2～3 min，冷却后定容至原体积。当硫化物浓度为氨氮浓度 50 倍时，测定值相对偏差达到 -50%，使用去除方法后，测定值相对偏差为 0，去除效果显著。在亚硝酸盐氮的测定中，硫化物干扰去除方法为：配置乙酸锌＋乙酸钠溶液（50 g 乙酸锌 +12.5 g 乙酸钠，溶于 1 000 mL 纯水）和 1 mol/L NaOH 溶液（4 g NaOH 溶于 100 mL 纯水），在待测溶液中加入 1 mL 乙酸锌＋乙酸钠溶液，再加入 1 mol/L NaOH 溶液调为弱碱性，沉淀静置 20 min 后取上清液分析，计算考虑体积变化。当硫化物浓度为亚硝酸盐氮浓度的 5 倍时，测定值相对偏差达到 71%，使用去除方法后，测定值相对偏差为 3.0%，去除效果显著。在硝酸盐氮测定中硫化物干扰的去除方法与亚硝酸盐氮相同，当硫化物浓度为硝酸盐氮浓度的 5 倍时，测定值相对偏差达到 274%，因干扰强度较大，将乙酸锌溶液体积增至 2 mL，使用去除方法后，测定值相对偏差为 5.5%，去除效果显著。

　　当土壤中 VOC（10 种混标）浓度分别为氨氮、亚硝酸盐氮、硝酸盐氮浓度的 2.5 倍、0.1 倍、0.2 倍时，相应测定值相对偏差分别达到 -12.1%、11%、50%。对于氨氮中的 VOC，去除方法和硫化物一致，在待测溶液中加入 1 mL 6mol/L 盐酸和 0.2 mL 无水乙醇煮沸 3 min，冷却后定容至原体积。当 VOC 浓度为氨氮浓度的 2.5 倍时，测定值相对偏差

达到 -12.1%，使用去除方法后，测定值相对偏差为 0.5%，去除效果显著。在亚硝酸盐氮和硝酸盐氮测定中，VOC 干扰去除的方法为：加热煮沸 3～5 min，冷却后定容至原体积。当 VOC 浓度分别为亚硝酸盐氮和硝酸盐氮的 1 倍时，测定值相对偏差分别达到 57% 和 351%，加热煮沸 5 min，测定值相对偏差分别为 -1.9% 和 0.5%，去除效果显著。《水质　亚硝酸盐氮的测定　气相分子吸收光谱法》（HJ/T 197—2005）和《水质　硝酸盐氮的测定　气相分子吸收光谱法》（HJ/T 198—2005）中，对于挥发性有机物的干扰去除方法为加入细颗粒状活性炭搅拌吸附 30 min。经本研究组验证，上述两种方法无法有效减少亚硝酸盐氮和硝酸盐氮中 VOC 干扰影响。

当土壤中乙草胺浓度分别为氨氮和硝酸盐氮的 5 倍和 100 倍时，相应的测定值相对偏差分别为 -6.8% 和 12.2%；当土壤中乙草胺浓度为亚硝酸盐氮的 100 倍时，测定值相对偏差为 -2.4%。由此可见乙草胺对三氮总体干扰程度较轻。

当土壤中丙烯酰胺浓度分别为氨氮、亚硝酸盐氮和硝酸盐氮的 20 倍、5 倍、10 倍时，相应的测定值相对偏差分别为 4.3%、-4.4%、-6.8%。

当土壤中甲醛浓度分别为氨氮、亚硝酸盐氮的 50 倍、10 倍时，相应的测定值相对偏差分别为 -9.43%、-5.8%。当土壤中甲醛浓度分别为硝酸盐氮的 40 倍和 60 倍时，相应的测定相对偏差分别为 -2.4% 和 1.9%，存在甲醛浓度不同导致检测结果由负干扰转变为正干扰的情况。

当土壤中尿素浓度分别为氨氮、亚硝酸盐氮和硝酸盐氮的 100 倍、100 倍和 200 倍时，相应的测定相对偏差分别为 -9.3%、5.5% 和 6%。

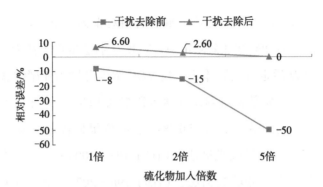

图 2-22　硫化物对氨氮测定的干扰

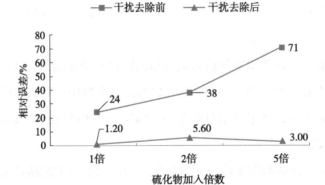

图 2-23　硫化物对亚硝酸盐氮测定的干扰

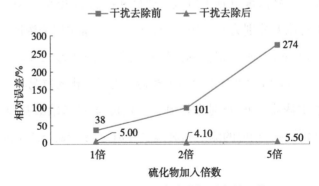

图 2-24　硫化物对硝酸盐氮测定的干扰

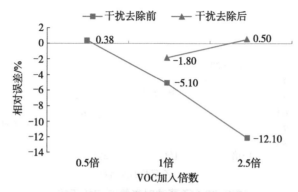

图 2-25　VOC 对氨氮测定的干扰

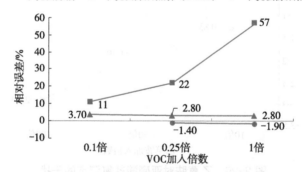

图 2-26　VOC 对亚硝酸盐氮测定的干扰

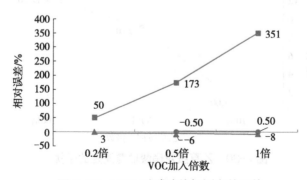

图 2-27　VOC 对硝酸盐氮测定的干扰

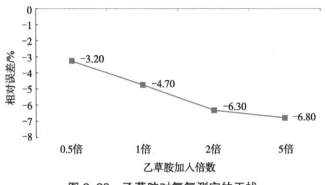

图 2-28　乙草胺对氨氮测定的干扰

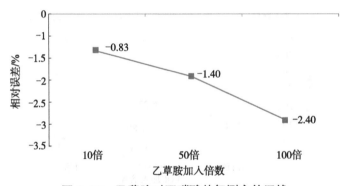

图 2-29　乙草胺对亚硝酸盐氮测定的干扰

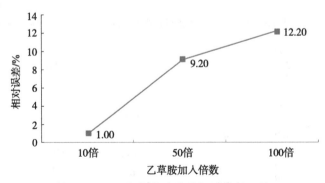

图 2-30　乙草胺对硝酸盐氮测定的干扰

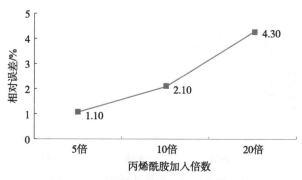

图 2-31　丙烯酰胺对氨氮测定的干扰

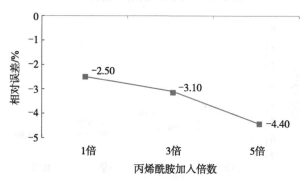

图 2-32　丙烯酰胺对亚硝酸盐氮测定的干扰

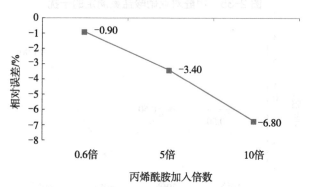

图 2-33　丙烯酰胺对硝酸盐氮测定的干扰

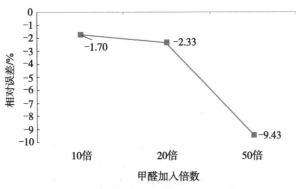

图 2-34　甲醛对氨氮测定的干扰

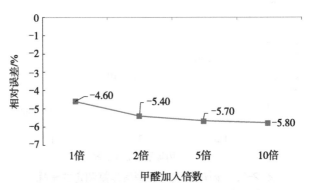

图 2-35　甲醛对亚硝酸盐氮测定的干扰

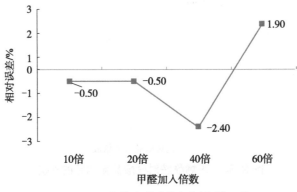

图 2-36　甲醛对硝酸盐氮测定的干扰

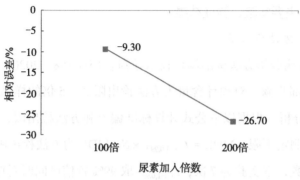

图 2-37　尿素对氨氮测定的干扰

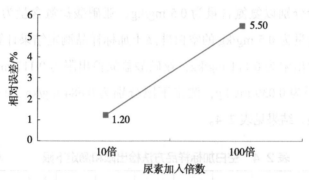

图 2-38　尿素对亚硝酸盐氮测定的干扰

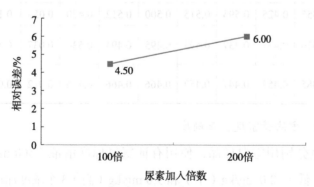

图 2-39　尿素对硝酸盐氮测定的干扰

3.4.5　主要实验、验证结果

3.4.5.1　方法检出限

《环境监测分析方法标准制订技术导则》（HJ 168—2020）规定，按照样品分析全部步骤，对预计含量为方法检出限2～5倍的样品进行不少于7次的平行分析，根据以下公式计算标准偏差和方法检出限，以4倍方法检出限作为测定下限。$MDL = t_{(n-1,0.99)} \times S$：$MDL$ 为方法检出限；n 为样品平行测定次数，本实验为7次；$t_{(n-1,0.99)}$ 取99%置信区间时对应自由度下 t 值，本实验自由度为6，t 值取3.143；S 为平行测定结果的标准偏差。

本实验分别以氨氮含量为 0.5 mg/kg、亚硝酸盐氮含量为 0.5 mg/kg、硝酸盐氮含量为 0.5 mg/kg 的空白硅藻土加标样品测定结果计算方法检出限。氨氮检出限为 0.171 mg/kg，亚硝酸盐氮检出限为 0.117 mg/kg，硝酸盐氮检出限为 0.039 mg/kg，测定下限分别为 0.684 mg/kg、0.468 mg/kg、0.156 mg/kg。结果见表2-4。

表2-4　空白加标样品方法检出限和测定下限　　　　单位：mg/kg

化合物名称	1	2	3	4	5	6	7	标准偏差	检出限	测定下限
氨氮	0.455	0.425	0.595	0.515	0.500	0.512	0.470	0.055	0.171	0.684
亚硝酸盐氮	0.516	0.437	0.437	0.493	0.495	0.494	0.536	0.037	0.117	0.468
硝酸盐氮	0.485	0.457	0.447	0.452	0.466	0.466	0.466	0.012	0.039	0.156

3.4.5.2　方法精密度、正确度

实验室分别用空白样品，使用有证氨氮标准溶液（500 mg/L）进行 0.5 mg/kg（低）、2.0 mg/kg（中）和 9.0 mg/kg（高）3个浓度加标测定；使用有证亚硝酸盐氮标准溶液（100 mg/L）进行 0.5 mg/kg（低）、2.0 mg/kg（中）和 5.0 mg/kg（高）3个浓度加标测定；使用有证硝酸盐氮标准溶液

（500 mg/L）进行 0.5 mg/kg（低）、2.0 mg/kg（中）和 9.0 mg/kg（高）3 个
浓度加标测定，验证本方法精密度和正确度，结果见表 2-5 和表 2-6。

低浓度加标，氨氮（0.5 mg/kg）平均加标回收率为 107.8%，相对标准
偏差为 3.5%；亚硝酸盐氮（0.5 mg/kg）平均加标回收率为 99.2%，相对标
准偏差为 3.6%；硝酸盐氮（0.5 mg/kg）平均加标回收率为 105.2%，相对
标准偏差为 2.0%。

中浓度加标，氨氮（2.0 mg/kg）平均加标回收率为 92.0%，相对标准
偏差为 4.4%；亚硝酸盐氮（2.0 mg/kg）平均加标回收率为 96.0%，相对标
准偏差为 2.7%；硝酸盐氮（2.0 mg/kg）平均加标回收率为 107.0%，相对
标准偏差为 3.0%。

高浓度加标，氨氮（9.0 mg/kg）平均加标回收率为 86.5%，相对标准
偏差为 3.9%；亚硝酸盐氮（5.0 mg/kg）平均加标回收率为 101.7%，相对
标准偏差为 3.3%；硝酸盐氮（9.0 mg/kg）平均加标回收率为 83.5%，相对
标准偏差为 0.3%。

表 2-5 空白加标样品精密度测定结果

类型	加标浓度 / （mg/kg）	测定结果 / （mg/kg）						平均值 / （mg/kg）	相对标准偏差 /%
		1	2	3	4	5	6		
氨氮	0.5	0.532	0.546	0.573	0.518	0.537	0.528	0.539	3.5
	2.0	1.748	1.787	1.768	1.905	1.923	1.914	1.841	4.4
	9.0	7.430	7.502	7.695	7.787	8.174	8.104	7.782	3.9
亚硝酸盐氮	0.5	0.516	0.517	0.493	0.490	0.491	0.469	0.496	3.6
	2.0	1.890	1.898	1.875	1.881	1.989	1.983	1.919	2.7
	5.0	4.949	4.949	5.006	4.997	5.313	5.285	5.083	3.3
硝酸盐氮	0.5	0.528	0.509	0.538	0.528	0.533	0.519	0.526	2.0
	2.0	2.137	2.192	2.078	2.046	2.192	2.192	2.139	3.0
	9.0	7.556	7.514	7.535	7.509	7.499	7.504	7.519	0.3

表 2-6　空白加标样品正确度测定结果

类型	加标浓度 / （mg/kg）	测定结果 / （mg/kg）						回收率平均值 / %
		1	2	3	4	5	6	
氨氮	0.5	106.4	109.1	114.6	103.6	107.3	105.5	107.8
	2.0	87.4	89.4	88.4	95.3	96.1	95.7	92.0
	9.0	82.6	83.4	85.5	86.5	90.8	90.0	86.5
亚硝酸盐氮	0.5	103.1	103.4	98.5	97.9	98.2	93.8	99.2
	2.0	94.5	94.9	93.7	94.0	99.4	99.2	96.0
	5.0	99.0	99.0	100.1	100.0	106.3	105.7	101.7
硝酸盐氮	0.5	105.6	101.8	107.7	105.6	106.6	103.7	105.2
	2.0	106.9	109.6	103.9	102.3	109.6	109.6	107.0
	9.0	84.0	83.5	83.7	83.4	83.3	83.4	83.5

3.4.5.3　方法验证结果及质量控制要求的确定

（1）方法检出限

按照《土壤中氨氮、亚硝酸盐氮和硝酸盐氮的测定　气相分子吸收光谱法》（草案）中样品分析的全部步骤，进行 7 次平行测定。计算 7 次平行测定的标准偏差，计算方法检出限，当自由度为 6，置信度为 99% 时，t 值取 3.143。实验室 1 为湖北省生态环境监测中心站，实验室 2 为湖北省生态环境厅荆门生态环境监测中心，实验室 3 为湖北省生态环境厅恩施州生态环境监测中心。3 家实验室对方法检出限和测定下限进行了验证。方法检出限（MDL）和测定下限（RQL）的汇总情况见表 2-7。

表 2-7　方法检出限、测定下限汇总　　　　　　单位：mg/kg

化合物名称	实验室编号						MDL	RQL
	1		2		3			
	MDL	RQL	MDL	RQL	MDL	RQL		
氨氮	0.09	0.36	0.17	0.68	0.20	0.80	0.20	0.80

续表

化合物名称	实验室编号						MDL	RQL
	1		2		3			
	MDL	RQL	MDL	RQL	MDL	RQL		
亚硝酸盐氮	0.12	0.48	0.06	0.24	0.1	0.4	0.12	0.48
硝酸盐氮	0.05	0.2	0.06	0.24	0.04	0.16	0.06	0.24

结果表明，3 家实验室按照《土壤中氨氮、亚硝酸盐氮和硝酸盐氮的测定　气相分子吸收光谱法》（草案）中样品分析的全部步骤进行分析，按 HJ 168—2010 中检出限的计算公式得出方法检出限及测定下限。该标准的检出限为各实验室所得检出限数据的最高值：氨氮测定方法检出限为 0.09～0.20 mg/kg，测定下限为 0.36～0.80 mg/kg；亚硝酸盐氮测定方法检出限为 0.06～0.12 mg/kg，测定下限为 0.24～0.48 mg/kg；硝酸盐氮测定方法检出限为 0.04～0.06 mg/kg，测定下限为 0.16～0.24 mg/kg。

（2）精密度

按照《土壤中氨氮、亚硝酸盐氮和硝酸盐氮的测定　气相分子吸收光谱法》（草案）中样品分析的全部步骤，进行 6 次平行测定，计算 6 次平行测定的标准偏差。3 家实验室进行了方法精密度的验证。实验室 1 为湖北省生态环境监测中心站，实验室 2 为湖北省生态环境厅荆门生态环境监测中心，实验室 3 为湖北省生态环境厅恩施州生态环境监测中心。数据见表 2-8。

实验室内相对标准偏差分别为氨氮 0.6%～12.7%、亚硝酸盐氮 3.4%～13.8%、硝酸盐氮 2.2%～15.3%。

实验室间相对标准偏差分别为氨氮 0.9%～11.0%、亚硝酸盐氮 1.4%～4.8%、硝酸盐氮 4.7%～13.3%。

表2-8　精密度数据汇总

序号	化合物名称	加标浓度 /（mg/kg）	实验室内相对标准偏差 /%	实验室间相对标准偏差 /%
1	氨氮	15.0	2.6～6.1	11.0
		10.0	1.1～12.7	0.9
		4.0	0.6～4.6	5.5
2	亚硝酸盐氮	0.1	3.4～13.8	4.7
		0.4	8.0～11.0	4.8
		0.1	8.0～11.3	1.4
3	硝酸盐氮	100.0	4.3～13.2	4.7
		175.0	7.8～15.3	7.0
		2.0	2.2～6.3	13.3

（3）正确度

3家实验室进行了方法正确度的验证工作。实验室1为湖北省生态环境监测中心站，实验室2为湖北省生态环境厅荆门生态环境监测中心，实验室3为湖北省生态环境厅恩施州生态环境监测中心。3家实验室对加标质量浓度、加标回收率测定数据见表2-9。

实验室加标回收率平均值分别为氨氮60.0%～98.7%、亚硝酸盐氮70.7%～82.0%、硝酸盐氮67.4%～117.6%。

表2-9　正确度数据汇总

序号	化合物名称	加标浓度 /（mg/kg）	加标回收率 /%	加标回收率平均值 /%
1	氨氮	15.0	77.0～105.9	92.7
		10.0	52.9～67.8	60.0
		4.0	82.5～119.2	98.7
2	亚硝酸盐氮	0.1	73.5～96.5	82.0
		0.4	69.4～94.3	81.6
		0.1	56.5～78.0	70.7

续表

序号	化合物名称	加标浓度 / (mg/kg)	加标回收率 /%	加标回收率平均值 /%
3	硝酸盐氮	100.0	55.6～83.8	117.6
		175.0	83.8～137.0	67.4
		2.0	84.0～118.9	101.3

3.5　实验结论及注意事项

3.5.1　实验结论

3.5.1.1　分析测试简便易行、自动化程度高

《土壤　氨氮、亚硝酸盐氮、硝酸盐氮的测定　氯化钾溶液提取 – 分光光度法》（HJ 634—2012）采用传统的比色法，其所需试剂多且毒性较大，易造成二次环境污染、显色时间长（氨氮为至少 5 h，硝酸盐氮显色时长 1 h 至 1 h 30 min），容易受浸提液中色度和浊度影响，整个过程受人为影响较大。气相分子吸收光谱法通过特定化学反应，将氨氮、亚硝酸盐氮和硝酸盐氮分别转化成 NO_2 和 NO 气体，运用气体分子的特征光谱吸收，进行定量检测，不受水体中色度和浊度的影响。本方法采用的气相分子吸收光谱仪能够进行自动进样、自动配置标准曲线各浓度点，具有批量分析速度快（单个样品氨氮与硝酸盐氮项目测试时间均仅为 3 min）、试剂和样品消耗少、结果自动计算、报告格式自行设计便于编辑等优点。

3.5.1.2　检出限良好

本方法的检出限分别为氨氮 0.20 mg/kg、亚硝酸盐氮 0.12 mg/kg、硝酸盐氮 0.06 mg/kg，较之基于分光光度法的国家标准方法 HJ 634—2012 中土壤氨氮的检出限（0.10 mg/kg）、亚硝酸盐氮检出限（0.15 mg/kg）和硝酸盐氮的检出限（0.25 mg/kg），本方法的检出限表现良好。

3.5.1.3　测试中方法与仪器稳定性较好

气相分子吸收光谱法测定氨氮方法检出限为 0.09～0.20 mg/kg，测定下

限为 0.36～0.80 mg/kg；测定亚硝酸盐氮方法检出限为 0.06～0.12 mg/kg，测定下限为 0.24～0.48 mg/kg；测定硝酸盐氮方法检出限为 0.04～0.06 mg/kg，测定下限为 0.16～0.24 mg/kg。实验室内相对标准偏差分别为氨氮 0.6%～12.7%、亚硝酸盐氮 3.4%～13.8%、硝酸盐氮 2.2%～15.3%。实验室间相对标准偏差分别为氨氮 0.9%～11.0%、亚硝酸盐氮 1.4%～4.8%、硝酸盐氮 4.7%～13.3%。实验室加标回收率平均值分别为氨氮 60.0%～98.7%、亚硝酸盐氮 70.7%～82.0%、硝酸盐氮 67.4%～117.6%。结果表明，应用气相分析吸收光谱仪，采用该方法，能够实现氨氮、亚硝酸盐氮和硝酸盐氮的稳定测试。

3.5.1.4 测试成本较低、易推广

本方法应用于土壤中氨氮、硝酸盐氮的测定，所需要的化学试剂品目较少，且较易获得。以氨氮为例，气相分析吸收光谱法试剂成本分析见表 2-10。气相分子吸收光谱仪维护方便，测试成本较低。

表 2-10　气相分子吸收光谱法成本分析

单个样品试剂消耗	用量/（mL 或 g）	市售价格/元	折算单个样品价格/元
盐酸（12 mol/L）	3	35/500 mL	0.21
乙醇（无水）	6	15/500 mL	0.18
氢氧化钠	0.8	25/500 g	0.04
溴酸钾	0.001	55/100 g	0.000 5
溴化钾	0.01	58/100 g	0.006
氯化钾	3.75	30/500 g	0.225
去离子水	20	22/19 L 桶装水	0.02
氨氮标准溶液	45	按批次 90 个样品计算	0.5
合计			1.181 5

采用建立的《土壤 氨氮、亚硝酸盐氮、硝酸盐氮的测定 气相分子吸收光谱法》，已完成湖北省内百余份土壤样品检测，能够满足土壤样品氨氮、亚硝酸盐氮和硝酸盐氮的分析测试。

3.5.2 注意事项

（1）气相分子吸收光谱仪的吸光管应保持清洁、干燥。

（2）实验环境应避免挥发性有机化合物对测试的干扰，实验室应避免放置氨水等含氮试剂。

（3）长时间测定或者切换至测定其他项目前，吸光管及反应气输送管等仪器部件中会残留少量的氨氮、亚硝酸盐氮、硝酸盐氮，使空白增高，吸光度不稳定，应使用载流液清洗气相分子吸收光谱仪的吸光管和自动进样器输送管等，并用水洗净，干燥备用。

参考文献

[1] 吕保玉，潘艳，蓝月存，等.氯化钾提取－气相分子吸收光谱法测定土壤中的氨氮[J].化学工程师，2019，33(9): 28-30.

[2] Santos J S, Reis C, Reis E L, et al. Determinação de nitrogênio amoniacal em amostras de alimentos, solo, fertilizantes e água baseado na reação com formaldeído [J]. The Journal of Engineering and Exact Sciences, 2020, 6(5): 647–654.

[3] 蓝月存，潘艳，吕保玉，等.气相分子吸收光谱法快速测定土壤中亚硝酸盐氮[J].化学分析计量，2019，28(6): 82-84.

[4] 王海妹，莫孙伟，张鸣珊，等.超声提取－气相分子吸收光谱法测定土壤中硝酸盐氮[J].广州化工，2020，(16): 94-96.

[5] 吴昊，朱红霞，袁懋，等.气相分子吸收光谱法测定土壤中铵态氮和硝态氮的含量[J].岩矿测试，2021，40(1): 165-171.

《土壤　氨氮、亚硝酸盐氮、硝酸盐氮的测定气相分子吸收光谱法》方法文本

1　范围

本文件规定了土壤中氨氮、亚硝酸盐氮和硝酸盐氮的气相分子吸收光谱测定方法。

本文件适用于土壤中氨氮、亚硝酸盐氮和硝酸盐氮的测定。

本文件氨氮、亚硝酸盐氮和硝酸盐氮的方法检出限分别为 0.20 mg/kg、0.12 mg/kg 和 0.06 mg/kg，测定下限分别为 0.80 mg/kg、0.48 mg/kg 和 0.24 mg/kg。详细内容见附录 A。

2　规范性引用文件

下列文件中的内容通过文中的规范性引用而构成本文件必不可少的条款。其中，注明日期的引用文件，仅该日期对应的版本适用于本文件；不注日期的引用文件，其最新版本（包括所有的修改单）适用于本文件。

GB/T 6682　分析实验室用水规格和实验方法

HJ/T 166　土壤环境监测技术规范

HJ 613　土壤　干物质和水分的测定　重量法

HJ 634—2012　土壤　氨氮、亚硝酸盐氮、硝酸盐氮的测定　氯化钾溶液提取—分光光度法

3　术语和定义

本文件没有需要界定的术语和定义。

4　方法原理

4.1　氨氮

以氯化钾溶液作为提取液，用恒温振荡法提取土壤中的氨氮。使用次溴酸盐氧化法将氨氮快速氧化为亚硝酸盐氮，以亚硝酸盐氮的形式采用气

相分子吸收光谱法在 214.7 nm 波长（氖灯作为光源）处或 213.9 nm（锌空心阴极灯作为光源）处测定氨氮含量，进而得出土壤中氨氮的含量。

4.2 亚硝酸盐氮

以氯化钾溶液作为提取液，用恒温振荡法提取土壤中的亚硝酸盐氮。在酸性介质中，加入乙醇作为催化剂，将亚硝酸盐瞬间转化为 NO_2 气体，气相分子吸收光谱仪于 NO_2 特征吸收峰 214.7 nm 波长（氖灯作为光源）处或 213.9 nm（锌空心阴极灯作为光源）处进行检测，在一定浓度范围内，亚硝酸盐氮含量与吸光度值成正比，标准曲线校准定量，进而得出土壤中亚硝酸盐氮的含量。

4.3 硝酸盐氮

以氯化钾溶液作为提取液，用恒温振荡法提取土壤中的硝酸盐氮。在酸性介质中，加入乙醇和三氯化钛溶液，迅速将硝酸盐还原分解生成 NO 气体，气相分子吸收光谱仪于 NO 特征吸收峰 214.6 nm 波长（氖灯作为光源）处或 214.4 nm 波长（镉空心阴极灯作为光源）处进行检测，在一定浓度范围内，硝酸盐氮含量与吸光度值成正比，标准曲线校准定量，进而得出土壤中硝酸盐氮的含量。

5 试剂和材料

警告：实验室中所用的盐酸，具有强挥发性和腐蚀性。试剂配制应在通风橱内进行，操作时应按要求佩戴防护器具，避免吸入呼吸道或接触皮肤和衣物。

除非另有规定，所用试剂均为分析纯。

5.1 水：GB/T 6682 规定的一级水。

5.2 盐酸：优级纯。

5.3 氯化钾：优级纯。

5.4 溴酸钾。

5.5 溴化钾。

5.6 氢氧化钠。

5.7 无水乙醇：优级纯。

5.8 三氯化钛溶液（质量范围：15.0%～20.0%），避光贮存。

5.9 双氧水（$w = 30\%$）。

5.10 乙酸锌。

5.11 氨基磺酸：优级纯。

5.12 盐酸（6 mol/L）：量取 500 mL 盐酸（5.2）溶于 500 mL 水中。

5.13 盐酸（3 mol/L）：量取 250 mL 盐酸（5.2）溶于 750 mL 水中，临用现配。

5.14 氯化钾溶液（1 mol/L）：称取 74.55 g 氯化钾（5.3），用适量水溶解，移入 1 000 mL 容量瓶中，用水定容，混匀，临用现配。

5.15 氢氧化钠溶液（$w = 40\%$）：称取 200 g 氢氧化钠（5.6）置于 1 000 mL 烧杯中，加入 500 mL 水，冷却至室温，于聚乙烯瓶中密闭保存，使用有效期为 30 天。

5.16 次溴酸盐氧化剂：称取 2.81 g 溴酸钾（5.4）及 30 g 溴化钾（5.5），溶于 500 mL 水中，摇匀，贮存于玻璃瓶中。此溶液为贮备液，低温密封条件下有效期为 90 天。

5.17 氨氮氧化剂：吸取 12 mL 次溴酸盐氧化剂（5.16）于棕色磨口试剂瓶中，加入 400 mL 水及 24 mL 盐酸（5.12），立即密塞，充分摇匀，于暗处放置 10～20 min，加入 200 mL 氢氧化钠溶液（5.15），充分摇匀，静置 2 h 以上。配制时，所用试剂、水和室内温度应在 18～30 ℃，低温密封遮光条件下有效期为 15 天。

5.18 氨氮载流液：量取 500 mL 盐酸（5.12），先加入 150 mL 乙醇（5.7），再加入 350 mL 水，充分摇匀，静置 2 h 以上，低温密封遮光条件下有效期为 30 天。

5.19　氨氮标准贮备液（500 mg/L）：购买市售有证标准溶液，按照证书要求进行保存。

5.20　氨氮标准使用液（2.0 mg/L）：量取 1.0 mL 氨氮标准贮备液（5.19），置于 250 mL 容量瓶中，用水定容至标线，混匀，临用现配。

5.21　亚硝酸盐载流液：分别量取 800 mL 盐酸（5.13）和 160 mL 无水乙醇（5.7），充分混合摇匀或超声，静置 2 h 以上，低温密封遮光条件下有效期为 30 天。

5.22　亚硝酸盐氮标准贮备液（100 mg/L）：购买市售有证标准溶液，按照证书要求进行保存。

5.23　亚硝酸盐氮标准使用液（2.0 mg/L）：量取 2 mL 亚硝酸盐氮标准贮备液（5.22），置于 100 mL 容量瓶中，用水定容至标线，混匀，临用现配。

5.24　硝酸盐氮载流液：量取 600 mL 盐酸（5.13）加入 300 mL 三氯化钛（5.8），再加入 100 mL 无水乙醇（5.7），充分混合摇匀或超声，静置 2 h 以上，低温密封遮光条件下有效期为 15 天。

5.25　硝酸盐氮标准贮备液（500 mg/L）：购买市售有证标准溶液，按照证书要求进行保存。

5.26　硝酸盐氮标准使用液（2.0 mg/L）：量取 1.0 mL 硝酸盐氮标准贮备液（5.25）于 100 mL 容量瓶中，用水定容，混匀，临用现配。

5.27　氢氧化钠溶液（$w = 10\%$）：量取 5 mL 40% 氢氧化钠溶液（5.15）于 100 mL 容量瓶中，用水定容并混匀。

5.28　双氧水（$w = 3\%$）：分别量取 100 mL 双氧水（5.9）和约 900 mL 水，充分摇匀或超声，静置 2 h 以上，低温密封遮光条件下有效期为 7 天。

5.29　清洗液：分别量取 500 mL 双氧水（5.28）和 25 mL 氢氧化钠（5.15），充分摇匀或超声，静置 2 h 以上，低温密封遮光条件下保存。

5.30 乙酸锌溶液（1 mol/L）：称取 18.35 g 乙酸锌（5.10），用适量水溶解，移入 100mL 容量瓶中，用水定容，混匀，临用现配。

5.31 氨基磺酸溶液（10.0 mg/L）：称取 10 mg 氨基磺酸（5.11），用适量水溶解，在 100 mL 容量瓶定容，混匀，临用现配。

5.32 硅藻土：粒径为 150～250 μm（100～60 目）：市售。

5.33 氮气：纯度 ≥ 99.999%。

6 仪器和设备

6.1 气相分子吸收光谱仪：配备氘灯或锌、镉空心阴极灯、自动进样器等。

6.2 电子天平：感量 0.01 g、0.001 g。

6.3 恒温振荡器：温度为 10～50 ℃，振动频率最大 300 r/min。

6.4 离心机：最大转速 5 000 r/min。

6.5 超声波清洗仪。

6.6 一般实验室常用仪器和设备。

7 样品

7.1 样品的采集和保存

按照 HJ/T 166 的相关规定进行土壤样品的采集。

参考 HJ 634—2012 的相关规定进行土壤样品保存。样品采集后于 4 ℃运输并保存，并在 3 天内分析完毕。否则，应在 -20 ℃（深度冷冻）保存，样品中氨氮和硝酸盐氮可以保存约 6 周。风干土壤应在 5 天内分析完毕，或者于 -20 ℃（深度冷冻）下保存，样品中氨氮和硝酸盐氮可以保存约 10 天。

当测定深度冷冻的硝酸盐氮和氨氮含量时，应控制解冻的温度和时间。室温（约 25 ℃）环境下解冻时，需在 4 h 内完成样品解冻、匀质化和提取；如果在 4 ℃条件下解冻，解冻时间不应超过 48 h。（注：为了缩短样品的解冻时间，应在样品被冷冻前，将其敲碎成小颗粒状。）

7.2 干物质的测定

按照 HJ 613 测定土壤样品的干物质含量。

7.3 样品的制备

将采集后的土壤样品去除杂物，手工或仪器混匀，过 2 mm 样品筛。在进行手工混合时应戴橡胶手套。过筛后样品分成两份，一份用于测定干物质含量，测定方法参见 HJ 613；另一份用于测定待测组分含量。

7.4 试样的制备

称取 20.0 g 样品（7.3），放入 150 mL 玻璃锥形瓶中，加入 100 mL 氯化钾溶液（5.14），在室温下以 150 r/min 振荡提取 30 min，提取液经该滤纸过滤后，得到过滤液；或将提取液转移至聚乙烯离心管中，在 3 000 r/min 的条件下离心分离 10 min。将过滤液或离心上清液转移至 50 mL 进样管中，摇匀，制得试样。

7.5 空白试样的制备

用硅藻土（5.32）代替实际样品，按照与试样的制备（7.4）相同步骤进行空白试样制备。

8 分析步骤

8.1 仪器参考条件

气相分子光谱仪开机预热，按照仪器使用说明书设定灯电流、负高压、载气流量、工作波长等参数。

如配备氘灯作为光源，检测氨氮和亚硝酸盐氮的吸收波长设置为 214.7 nm，检测硝酸盐氮的吸收波长设置为 241.6 nm。

如配备锌空心阴极灯作为光源，可检测氨氮和亚硝酸盐氮，设置吸收波长为 213.9 nm。如配备镉空心阴极灯作为光源，可检测硝酸盐氮，设置吸收波长为 214.4 nm。

载气使用氮气，载气流量 0.1 ～ 0.2 L/min。

8.2 校准曲线的绘制

8.2.1 氨氮

使用氨氮标准使用液（5.20）配制 0.00 mg/L、0.10 mg/L、0.20 mg/L、0.50 mg/L、1.00 mg/L、2.00 mg/L 标准系列溶液。可根据样品的实际情况适当调整标准系列范围（最大浓度 ≤ 10 mg/L）。按照仪器参考条件，从低浓度到高浓度依次测量吸光度。以标准系列的质量浓度（mg/L）为横坐标，以相对应的吸光度为纵坐标，建立标准曲线。

8.2.2 亚硝酸盐氮

使用亚硝酸盐氮标准使用液（5.23）配制 0.00 mg/L、0.10 mg/L、0.20 mg/L、0.50 mg/L、1.00 mg/L、2.00 mg/L 标准系列溶液。可根据样品的实际情况适当调整标准系列范围（最大浓度 ≤ 10 mg/L）。按照仪器参考条件，从低浓度到高浓度依次测量吸光度。以标准系列的质量浓度（mg/L）为横坐标，以相对应的吸光度为纵坐标，建立标准曲线。

8.2.3 硝酸盐氮

使用硝酸盐氮标准使用液（5.26）配制 0.00 mg/L、0.10 mg/L、0.20 mg/L、0.50 mg/L、1.00 mg/L、2.00 mg/L 标准系列溶液。可根据样品的实际情况适当调整标准系列范围（最大浓度 ≤ 4 mg/L）。按照仪器参考条件，从低浓度到高浓度依次测量吸光度。以标准系列的质量浓度（mg/L）为横坐标，以相对应的吸光度为纵坐标，建立标准曲线。

8.3 试样测定

将试样（7.4）放置于自动进样器的样品盘上，按照与绘制校准曲线（8.2）相同的条件，进行试样的测定。浓度高的样品可适当稀释后再行测试。

8.4 空白实验

按照与试样测定（8.3）相同的条件进行空白试样（7.5）的测定。

9 结果计算与表示

9.1 结果计算

（1）试样中的氨氮、亚硝酸盐氮、硝酸盐氮的浓度 ρ_N（mg/L）按照公式（1）进行计算。

$$\rho_N = \frac{(A - A_0 - d)}{k} \times f \tag{1}$$

式中，ρ_N——试样中氨氮（亚硝酸盐氮或硝酸盐氮）的质量浓度，mg/L；

A——由校准曲线得到的试样中氨氮（亚硝酸盐氮或硝酸盐氮）的质量浓度，mg/L；

A_0——由校准曲线得到的空白试样中氨氮（亚硝酸盐氮或硝酸盐氮）的质量浓度，mg/L；

d——校准曲线的截距；

k——校准曲线的斜率；

f——试样稀释倍数。

（2）试样中氨氮（亚硝酸盐氮或硝酸盐氮）的质量浓度 W（mg/kg）按照公式（2）进行计算。

$$W = \frac{\rho_N \times V}{m \times w_{dm}} \tag{2}$$

式中，W——试样中氨氮（亚硝酸盐氮或硝酸盐氮）的质量浓度，mg/kg；

ρ_N——试样中氨氮（亚硝酸盐氮或硝酸盐氮）的质量浓度，mg/L；

V——提取液体积，mL；

m——土壤试样量，g；

w_{dm}——样品中干物质含量，%。

9.2 结果表示

测定结果小数点后位数与方法检出限一致，最多保留 3 位有效数字。

10 精密度和正确度

10.1 精密度

3 家实验室对氨氮加标质量浓度分别为 4.0 mg/kg、10.0 mg/kg、15.0 mg/kg 的实际土壤样品进行了 6 次重复测定和统计。实验室内相对标准偏差分别为 0.6%～4.6%、1.1%～12.7%、2.6%～6.1%；实验室间相对标准偏差分别为 5.5%、0.9%、11.0%。

3 家实验室对亚硝酸盐氮加标质量浓度分别为 0.1 mg/kg、0.1 mg/kg、0.4 mg/kg 的实际土壤样品进行了 6 次重复测定和统计。实验室内相对标准偏差分别为 3.4%～13.8%、8.0%～11.3%、8.0%～11.0%；实验室间相对标准偏差分别为 4.7%、1.4%、4.8%。

3 家实验室对硝酸盐氮加标质量浓度分别为 2.0 mg/kg 、100.0 mg/kg、175.0 mg/kg 的实际土壤样品进行了 6 次重复测定和统计。实验室内相对标准偏差分别为 2.2%～6.3%、4.3%～13.2%、7.8%～15.3%；实验室间相对标准偏差分别为 13.3%、4.7%、7.0%。

详细内容见附录 B。

10.2 正确度

3 家实验室对氨氮加标质量浓度分别为 4.0 mg/kg、10.0 mg/kg、15.0 mg/kg 的实际土壤样品进行了 6 次重复测定和统计。实验室加标回收率分别为 82.5%～119.2%、52.9%～67.8%、77.0%～105.9%。

3 家实验室对亚硝酸盐氮加标质量浓度分别为 0.1 mg/kg、0.1 mg/kg、

0.4 mg/kg 的实际土壤样品进行了 6 次重复测定和统计。实验室加标回收率分别为 73.5%～96.5%、56.5%～78.0%、69.4%～94.3%。

3 家实验室对硝酸盐氮加标质量浓度分别为 2.0 mg/kg、100.0 mg/kg、175.0 mg/kg 的实际土壤样品进行了 6 次重复测定和统计。实验室加标回收率分别为 84.0～118.9%、55.6%～83.8%、83.8%～137.0%。

详细内容见附录 B。

11 质量保证和质量控制

11.1 空白实验

每批样品（不超过 20 个）至少分析两个实验室空白样品，其目标化合物的测定值不得高于方法检出限。否则，应检查试剂空白、仪器系统以及前处理过程。

11.2 校准

标准曲线的相关系数应≥0.999，否则，应重新绘制校准曲线。

每批样品（不超过 20 个）需用标准曲线的中间浓度点进行 1 次校准。校准的相对误差应在 ±15% 之内，否则应重新建立标准曲线。

11.3 平行样品

每批样品（不超过 20 个）应至少分析 1 对平行样品。平行双样测定结果的相对偏差应≤30%。

11.4 基体加标

每批样品（不超过 20 个）应至少分析 1 个基体加标样品，各组分的加标回收率应为 60%～140%。

12 废物处理

实验中产生的所有废液和废物应分类收集，置于密闭容器中集中保管，粘贴明显标识，委托有资质的单位处置。

13 注意事项

13.1 气相分子吸收光谱仪的吸光管应保持清洁、干燥。

13.2 干扰物质的影响和消除

氨氮、亚硝酸盐氮和硝酸盐氮的检测均涉及氧化还原反应，干扰物质种类包括：还原性物质如 NO_2^-、SO_3^{2-}、S^{2-}、$S_2O_3^{2-}$、I^-、SCN^-、CN^-、Fe^{2+}等，可能影响检测时发生的氧化还原反应；挥发性有机物如甲醛、VOC等，可能因挥发而影响光谱信号识别；有机胺如乙草胺、丙烯酰胺等，可能参与氧化还原反应并释放氨基影响氨氮的检测。

13.2.1 氨氮测定的干扰消除

试样中加入 1 mL 盐酸（5.12）和 0.2 mL 无水乙醇（5.7），加热煮沸 2～3 min，可消除 NO_2^-、SO_3^{2-}、硫化物、$S_2O_3^{2-}$ 以及 10 种 VOC（三氯甲烷、四氯化碳、苯、三氯乙烯、甲苯、四氯乙烯、乙苯、对二甲苯、间二甲苯、邻二甲苯）的影响。溶液冷却后，用提取液定容到原来的体积。

13.2.2 亚硝酸盐氮测定的干扰消除

对于硫化物干扰，在试样中加入 1 mL 乙酸锌溶液（5.30），再加入 1 mol/L 氢氧化钠溶液（5.15）调为弱碱性。沉淀 20 min 取上清液上机分析，计算浓度时需考虑溶液体积变化。

对于 VOC 干扰，可将试样加热煮沸 3～5 min，溶液冷却后用氯化钾溶液（5.14）定容到原来的体积。

13.2.3 硝酸盐氮测定的干扰消除

对于硫化物干扰，试样中加入 1 mL 乙酸锌溶液（5.30），再加入 1 mol/L 氢氧化钠溶液（5.15）调为弱碱性。沉淀 20 min 取上清液上机分析，计算浓度时需考虑溶液体积变化。

对于 VOC 干扰，可将试样加热煮沸 3 min，溶液冷却后用提取液定容到原来的体积。

13.3 长时间测定或者切换至测定其他项目前，吸光管及反应气输送管等仪器部件中会残留少量的氨氮、亚硝酸盐氮、硝酸盐氮，使空白增高，吸光度不稳定，应使用载流液清洗气相分子吸收光谱仪的吸光管和自动进样器输送管等，并用水洗净，干燥备用。

附录 A

（资料性附录）

方法的检出限和测定下限

表 A.1 给出了样品量为 20.0 g，1 mol/L 氯化钾提取液体积为 100 mL，在 25 ℃温度下恒温振荡提取 30 min 时，土壤中氨氮、亚硝酸盐氮和硝酸盐氮的方法检出限、测定下限要求。

表 A.1　方法检出限和测定下限

序号	目标化合物	检出限／（mg/kg）	测定下限／（mg/kg）
1	氨氮	0.20	0.80
2	亚硝酸盐氮	0.12	0.48
3	硝酸盐氮	0.06	0.24

附录 B

（资料性附录）

方法的精密度和正确度

表 B.1 和表 B.2 中列出了方法的精密度和正确度。

表 B.1　方法的精密度汇总

序号	化合物名称	加标浓度 /（mg/kg）	实验室内相对标准偏差 /%	实验室间相对标准偏差 /%
1	氨氮	15.0	2.6～6.1	11.0
		10.0	1.1～12.7	0.9
		4.0	0.6～4.6	5.5
2	亚硝酸盐氮	0.1	3.4～13.8	4.7
		0.4	8.0～11.0	4.8
		0.1	8.0～11.3	1.4
3	硝酸盐氮	100.0	4.3～13.2	4.7
		175.0	7.8～15.3	7.0
		2.0	2.2～6.3	13.3

表 B.2　方法的正确度汇总

序号	化合物名称	加标浓度 /（mg/kg）	加标回收率 /%	加标回收率平均值 /%
1	氨氮	15.0	77.0～105.9	92.7
		10.0	52.9～67.8	60.0
		4.0	82.5～119.2	98.7
2	亚硝酸盐氮	0.1	73.5～96.5	82.0
		0.4	69.4～94.3	81.6
		0.1	56.5～78.0	70.7
3	硝酸盐氮	100.0	55.6～83.8	117.6
		175.0	83.8～137.0	67.4
		2.0	84.0～118.9	101.3

《土壤和沉积物　多环芳烃的测定　微波萃取—高效液相色谱法》方法研究报告

1　方法研究的必要性和创新性

1.1　理化性质和环境危害

多环芳烃类物质（PAHs）为分子中含有两个以上苯环的碳氢化合物，其结合方式主要有稠环型及非稠环型两种，包括萘、蒽、菲、芘等 150 余种化合物，有些还含有氮、硫和环戊烷，具有致畸、致癌、致突变和生物难降解的特性，是目前国际上关注的一类持久性有机污染物（POPs）。多环芳烃类物质大多为无色或淡黄色的晶体，个别颜色较深，沸点较高，蒸汽压低，不易溶于水，能溶于丙酮、苯、二氯甲烷等有机溶剂。该类物质性质稳定，极易吸附在固体颗粒物上，在环境中难降解，可在生物体内蓄积。另外，多环芳烃类物质很容易吸收太阳光中的可见光和紫外光，对紫外辐射引起的光化学反应尤为敏感。常见的 16 种多环芳烃类物质的基本理化性质见表 3-1。

表 3-1　16 种多环芳烃类物质及其基本理化性质

物质名称	苯环数	相对分子量	S/（μg/mL）	$logKow$	沸点/℃	致癌活性
萘	2	128.2	31.7	3.30	218	无
苊烯	3	152.2	3.93	4.07	275	无
苊	3	154.2	1.19	3.92～5.07	279	无

续表

物质名称	苯环数	相对分子量	S/（μg/mL）	logKow	沸点/℃	致癌活性
芴	3	166.2	1.68	4.18	298	无
菲	3	178.2	1.00	4.45～4.57	340	无
蒽	3	178.2	0.045	4.45	341	无
荧蒽	4	202.3	0.26	5.20	384	争议
芘	4	202.3	0.13	4.88	404	无
苯并［a］蒽	4	228.3	0.005 7	5.61	438	强
䓛	4	228.3	0.001 8	5.61	448	弱
苯并［b］荧蒽	5	252.3	0.014	6.06	481	强
苯并［k］荧蒽	5	252.3	0.004 3	6.06	481	强
苯并［a］芘	5	252.3	0.003 8	6.04	500	特强
二苯并［a,h］蒽	5	278.3	0.000 5	6.84	升华	特强
苯并［g,h,i］苝	6	276.3	0.000 26	7.04～7.10	542	争议
茚并［1,2,3-c,d］芘	6	276.3	0.000 53	6.58	530	特强

注：S 为 25 ℃时多环芳烃类物质在水中的溶解度；Kow 为辛醇／水分配系数。

环境中多环芳烃类物质的主要来源既有天然源，也有人为源。天然源主要是陆地和水生生物的合成（沉积物成岩过程、生物转化过程、焦油矿坑内气体）、森林和草原火灾、火山爆发等，在这些过程中均会产生PAHs。人为源包括化学工业污染源、交通运输污染源、生活污染源和其他人为源。木炭、原油、药物、染料、塑料、橡胶、农药（人为）等都存在多环芳烃类物质。在焦化煤气、有机化工、石油工业、炼钢炼铁等工业所排放的废弃物中有相当多的多环芳烃类物质，其中焦化厂是排放多环芳烃类物质最严重的一类工厂。在我国，部分工业行业产生的固体废物中多环芳烃类物质的污染程度较重，工业发达地区尤为突出，高含量的固体废物处理不当是水体与农作物多环芳烃类物质污染的一个重要来源。

绝大多数的多环芳烃类物质在环境中不是单独存在，它们往往是两个或更多的多环芳烃类物质的混合物。多环芳烃类物质大多是石油、煤等化石燃料、木材、天然气、汽油、重油、有机高分子化合物、纸张、作物秸秆以及烟草等含碳氢化合物的物质经不完全燃烧或在还原性介质中经热分解而生成的。PAHs 具有生物难降解性，进入自然界后，难以通过生物降解消除，大都随烟尘、废气排放到空气中，然后随空气沉降和迁移转化，进一步污染水体、土壤。

多环芳烃类物质对植物、动物均会产生不同程度的危害。多环芳烃类物质落在植物叶片上会堵塞叶片呼吸孔，使其变色、萎缩、卷曲直至脱落，影响植物的正常生长和结果。多环芳烃类物质的光致毒效应能对动物产生危害。动物实验证明：多环芳烃类物质对小白鼠有全身反应，如同时受日光作用，可加快小白鼠死亡。当多环芳烃类物质质量浓度为 0.01 mg/L 时，小白鼠条件反射活动有显著变化。

多环芳烃类物质平均潜伏期长，对人体能够产生化学致癌作用，主要危害部位是呼吸道和皮肤。人们长期处于被多环芳烃类物质污染的环境中，可引起急性或慢性伤害。常见的具有致癌作用的多环芳烃类物质多为四到六环的稠环化合物，是煤、石油、木材、烟草、有机高分子化合物等有机物不完全燃烧时产生的半挥发性碳氢化合物，是主要的环境和食品污染物。国际癌症研究中心（IARC）（1976 年）列出 94 种对实验动物致癌的化合物，其中 15 种属于多环芳烃类物质。苯并［a］芘是第一个被发现的环境化学致癌物，而且致癌性很强，故常以苯并［a］芘作为多环芳烃类物质的代表，它占全部致癌性多环芳烃类物质的 1%～20%。

1.2　相关环保标准

目前我国涉及土壤和沉积物中多环芳烃类物质的环境质量标准、土壤污染风险管控标准以及所采用的分析方法见表 3-2。

表 3-2 土壤污染风险管控标准对污染物项目的监测要求

相关环保标准	污染物项目	污染物浓度限值／(mg/kg)						分析方法
		风险筛选值						
《土壤环境质量 农用地土壤污染风险管控标准（试行）》（GB 15618—2018）	苯并[a]芘	0.55						《土壤和沉积物 多环芳烃的测定 气相色谱－质谱法》（HJ 805—2016）《土壤和沉积物 多环芳烃的测定 高效液相色谱法》（HJ 784—2016）《土壤和沉积物 半挥发性有机物的测定 气相色谱－质谱法》（HJ 834—2017）
	污染物项目	筛选值		管制值				
		第一类用地	第二类用地	第一类用地	第二类用地	第一类用地	第二类用地	
《土壤环境质量 建设用地土壤污染风险管控标准（试行）》（GB 36600—2018）	苯并[a]蒽	5.5	15	55	151			
	苯并[a]芘	0.55	1.5	5.5	15			
	苯并[b]荧蒽	5.5	15	55	151			
	苯并[k]荧蒽	55	151	550	1 500			
	䓛	490	1 293	4 900	12 900			
	二苯并[a,h]蒽	0.55	1.5	5.5	15			
	茚并[1,2,3-c,d]芘	5.5	15	55	151			
	萘	25	70	255	700			

87

1.3 方法研究的必要性和创新性

土壤是指地球表面的一层疏松的物质，由各种颗粒状矿物质、有机物质、水分、空气、微生物等组成，能生长植物，是宝贵的自然资源，也是人类生存的必要条件。沉积物通常是黏土、泥沙、有机质及各种矿物的混合物，经过长时间物理、化学及生物等作用，经水体传输而沉积于水体底部所形成。目前我国针对沉积物的专项调查研究相对较少，相关标准也是参照土壤的标准来执行。

根据《全国土壤污染状况调查公报》，全国土壤环境状况总体不容乐观，耕地土壤环境质量堪忧，工矿业废弃地土壤环境问题突出，土壤污染主要以多环芳烃类（PAHs）有机污染和重金属污染为主。随着土壤管理工作要求不断提高，多环芳烃类污染物的监测任务日趋增多，土壤保护研究工作也快速发展，针对多环芳烃类污染的修复工作逐渐成为热点。2018 年发布的《土壤环境质量　建设用地土壤污染风险管控标准（试行）》中多环芳烃类物质的管控标准已达 8 项。目前国内关于土壤和沉积物的环境保护标准方法也陆续出台，但是标准方法中的前处理大多采用索氏提取法和加压流体萃取法，样品的处理效率有限。因此，亟须研究一种快速、高效的前处理方法，以应对各项土壤或沉积物环境管理和修复研究的需要，对现有标准方法进行补充。

2 国内外相关分析方法研究

2.1 主要国家、地区及国际组织相关分析方法研究

目前发达国家和地区组织对于土壤和沉积物中多环芳烃类物质的测定标准，多采用高效液相色谱法（HPLC）和气相色谱－质谱法（GC-MS），见表 3-3。

表 3-3　国外土壤和沉积物中多环芳烃类物质相关分析方法标准

标准来源	标准号	标准描述
国际标准化组织（ISO）	ISO 18287—2006	振荡法提取，GC-MS 测定
	ISO 13877—1998	振荡法和索氏提取，HPLC 测定
美国国家环境保护局（EPA）	Method 8310	索氏提取、超声波萃取，HPLC 测定
	Method 8270D	超临界流体萃取，GC-MS 测定
法国	NF X31—170—2006	GC-MS 测定
德国	DIN 38414—23—2002	HPLC 测定
	DIN ISO 13877—2000	振荡法和索氏提取，HPLC 测定
	DIN ISO 18287—2006	振荡法提取，GC-MS 测定

2.2　国内相关分析方法研究

2.2.1　国内相关标准分析方法

目前国内对于土壤和沉积物中多环芳烃类物质的测定标准，多采用高效液相色谱法和气相色谱 – 质谱法，见表 3-4。

表 3-4　国内土壤和沉积物中多环芳烃类物质相关分析方法标准

标准名称	标准描述
《土壤和沉积物　多环芳烃的测定　气相色谱 – 质谱法》（HJ 805—2016）	采用索氏提取或加压流体萃取进行样品提取，GC-MS 测定
《土壤和沉积物　多环芳烃的测定　高效液相色谱法》（HJ 784—2016）	采用索氏提取或加压流体萃取进行样品提取，HPLC 测定
《土壤和沉积物　半挥发性有机物的测定　气相色谱 – 质谱法》（HJ 834—2017）	采用索氏提取或加压流体萃取进行样品提取，GC-MS 测定

2.2.2　国内文献报道的分析方法

现阶段国内分析方法中，土壤和沉积物中有机污染物的提取主要采用经典索氏提取法、加压流体萃取法、超声溶剂萃取法和微波萃取法。经典索氏提取法提取时间长，回收率高；加压流体萃取法提取时间较长，回收率较好；超声溶剂萃取法提取效率较低。微波萃取法批量处理能力高，回收率与前两者相当，且设备价格优于加压流体萃取法。

微波萃取法作为预处理的新技术，起步时间不长，但已有的研究成果足以显示其优越性。它突破了传统萃取方法的"瓶颈"，适用于从多种固体、半固体试样中提取有机物，逐步成为国内分析工作者普遍采用的预处理技术之一。

目前国内文献报道土壤中多环芳烃类物质的检测方法有目视比色法、荧光分光光度法、气相色谱－质谱法、高效液相色谱－荧光／紫外检测法。

目视比色法常用于对多环芳烃类物质含量进行测定，该方法的特点是快速简便，常被用于大规模的普查筛选，但正确度和精密度均不高；荧光分光光度法在测定多环芳烃类物质的过程中需要用到乙酸酐试剂和制作乙酰化滤纸，其中的乙酸酐试剂是一种易制毒的药品，危险性较大且购买手续烦琐；气相色谱－质谱法适用于地表水、地下水等水质中的多环芳烃类物质的检测，对于土壤样品的检测效果往往不够理想；高效液相色谱－荧光／紫外检测法是一种高精度、高准确度的检测方法，采用荧光、紫外连续检测的方式，有效地避免了以往采用高效液相色谱法对于某些对荧光信号不够敏感的物质无法检测的缺点，同时也一定程度上排除了对荧光信号敏感的物质对检测的干扰。

2.2.3 国内相关分析方法与本方法的关系

目前国内相关的分析方法和国内环境保护标准方法多采用加压流体萃取法或索氏提取法作为土壤和沉积物中多环芳烃类物质的前处理方法，采用高效液相色谱法或者气相色谱－质谱法作为分析方法。本方法参考《固体废物　有机物的提取　微波萃取法》（HJ 765—2015），研究微波萃取法作为土壤和沉积物中多环芳烃类物质的前处理方法的提取效果，采用高效液相色谱法对多环芳烃类物质进行分析测定。

3　方法研究报告

3.1　研究缘由

目前国内主要的环境标准方法多采用加压流体萃取法或索氏提取法作为土壤和沉积物中多环芳烃类物质的前处理方法。加压流体萃取装置价格较为昂贵，大多的检测实验室没有该设备，推广效果不太好；索氏提取法提取时间过长，不利于大量样品的分析。

目前土壤和沉积物中多环芳烃类物质的测定在国家网土壤环境质量监测及土壤污染风险管控监测中较为普遍，样品量非常大。本方法旨在研究一个适用范围广、仪器设备简单、分析速度快，且同时处理样品量多的前处理方法。微波萃取仪目前属于实验室常用设备，方法比较简单，易于推广，且能够同时处理几十个样品，萃取过程中使用的有机溶剂较少，提取效率较高，是理想的前处理方法。净化方法推荐凝胶色谱净化和硅胶柱（玻璃层析柱和固相萃取柱）净化，分析工作者也可以采用其他等效的净化方法。实验室采用高效液相色谱法对多环芳烃类物质进行测定。

3.2　研究目标

（1）研究样品处理量大、处理效率较高的土壤和沉积物中多环芳烃类物质的前处理方法。

（2）研究适合定性、定量检测土壤和沉积物中多环芳烃类物质的高效液相色谱法。

（3）研究分析方法中样品前处理的关键技术要点，编制内容完整、易于实行的标准方法文本，适应环境监测需要。

（4）本方法的设计目的是与其他在研或已经颁布的标准方法形成一个灵活分析方法框架，对现有标准方法进行补充。

3.3 实验部分

3.3.1 方法原理

土壤和沉积物样品中多环芳烃类物质采用微波萃取方法萃取，浓缩后的萃取液用硅胶柱或固相萃取柱等方式净化、浓缩、定容，用配备紫外和荧光检测器的高效液相色谱仪分离检测，以保留时间定性，外标法定量。

3.3.2 试剂和材料

列出了本方法所需要的试剂、有证标准物质及有机溶剂。除非另有说明，分析时均采用符合国家标准的分析纯试剂和实验用水。实验用水为新制备的去离子水或蒸馏水，并进行空白实验。

3.3.3 仪器和设备

列出了本方法涉及的必要仪器设备：高效液相色谱仪、微波萃取仪、固相萃取装置、分析天平及氮吹仪等。

3.3.4 样品采集和保存

参照《土壤环境监测技术规范》（HJ/T 166—2004）的相关要求采集有代表性的土壤样品，按照《海洋监测规范　第3部分：样品采集、贮存与运输》（GB 17378.3—2007）的相关要求采集有代表性的沉积物样品。保存在清洗干净的磨口棕色玻璃瓶中，棕色玻璃瓶应预先用有机溶剂处理，确保不存在干扰物。运输过程中应密封、避光、4 ℃以下冷藏保存，途中避免干扰引入或样品的破坏，尽快运回实验室进行分析。如不能及时分析，应在4 ℃以下冷藏保存，参考已有的环境保护标准，样品保存时间在7天或10天不等，考虑到多环芳烃类物质中某些物质性质较为不稳定，将样品保存时间定为7天。

3.3.5 水分的测定

土壤样品干物质含量测定按照《土壤　干物质和水分的测定　重量法》（HJ 613—2011）执行，沉积物样品含水率测定按照《海洋监测规范　第5部分：沉积物分析》（GB 17378.5—2007）执行。

3.3.6　试样的制备

称取一定量的新鲜土壤或沉积物样品，加入适量干燥剂于微波萃取罐中，选择合适的萃取溶剂进行萃取，完成萃取后进行初步浓缩，净化后浓缩定容。

本方法对样品的使用量、萃取溶剂的种类、萃取溶剂的混合比例、萃取溶剂的体积、萃取温度、萃取时间分别进行了研究，确定了高效、准确的萃取方法。浓缩和净化方法参照《土壤和沉积物　多环芳烃的测定　高效液相色谱法》（HJ 784—2016）的相关要求进行。

3.3.7　空白试样的制备

用石英砂代替实际样品，按照与试样的制备（3.3.6）相同的步骤制备空白试样。

3.3.8　分析步骤

3.3.8.1　仪器参考条件

本方法分别对色谱柱的选择、流动相梯度洗脱的条件及检测器的波长变化程序进行实验，优化了仪器参考条件。

3.3.8.2　校准曲线的绘制

配制至少 5 个浓度点的多环芳烃标准系列溶液，以目标物浓度为横坐标，以其对应的峰面积为纵坐标，建立校准曲线。校准曲线相关系数 ≥ 0.995，否则应重新绘制校准曲线。

3.3.8.3　标准样品的色谱图

在本方法推荐的仪器参考条件下，绘制 16 种多环芳烃类物质的色谱图。

3.3.9　测定

3.3.9.1　试样的测定

按照与绘制校准曲线相同的仪器条件（3.3.8.1）进行测定。

3.3.9.2 空白试样的测定

按照与试样的测定相同的仪器条件进行测定。

3.3.10 结果计算与表示

3.3.10.1 目标化合物的定性

以目标化合物的保留时间定性，必要时可采用标准样品添加法、不同波长下的吸收比或紫外谱图扫描等方法辅助定性。

3.3.10.2 结果计算

计算土壤干物质含量或沉积物含水率，采用外标法对目标化合物进行定量计算。

3.3.10.3 结果表示

当测定结果大于或等于 10 μg/kg 时，保留 3 位有效数字；当测定结果小于 10 μg/kg 时，保留至小数点后 1 位。苊烯保留整数位，最多保留 3 位有效数字。

3.4 结果讨论

3.4.1 萃取条件的选择

3.4.1.1 样品取样量的确定

通过查阅相关标准，美国 EPA 3546 微波萃取方法，土壤、沉积物或固废样品的取样量为 2～20 g，该方法是将土壤、沉积物或固废样品放在一个方法标准中。HJ 765 方法中样品的取样量为 5 g，该方法主要针对固体废物，样品中有机污染物浓度较高。HJ 783 方法中样品的取样量为 10～30 g。现行国内土壤和沉积物监测方法中绝大多数样品取样量均大于 10 g。我国在 2008 年国家土壤污染源普查及最近几年国家网土壤环境质量监测中，均将部分有机土壤样品的取样分析定为新鲜样品。但考虑取样代表性、现行方法的实际加标回收率、微波萃取罐实际大小等因素，将样品取样量设定为 10 g。

3.4.1.2　微波萃取溶剂的选择

极性分子可迅速吸收微波能量快速加热，因此微波萃取溶剂应具有极性，如乙醇、甲醇、丙酮及水等。非极性溶剂不吸收微波能，不能用100%的非极性溶剂作为微波萃取溶剂，一般在非极性溶剂中加入一定比例的极性溶剂作为混合萃取溶剂。常见的萃取溶剂体系有丙酮－正己烷（环己烷）、甲醇（乙醇）－二氯甲烷、苯（甲苯）－乙腈，其中丙酮－正己烷溶剂体系占主导，不同的溶剂体系对特定污染物的萃取效率稍有差异。综合考虑后两种溶剂体系的毒性大于第一种，对环境的危害较大，以及溶剂的价格因素，参考《固体废物　有机物的提取　微波萃取法》（HJ 765—2015），建议本方法采用丙酮－正己烷作为萃取溶剂。

3.4.1.3　萃取溶剂比例的选择

通过查阅相关标准及文献，选择采用不同混合比例的丙酮－正己烷萃取溶剂，研究对样品加标回收率的影响。

准确称取 3 个 10.0 g 石英砂样品为一组，分别在每组的 3 个样品中加入多环芳烃标准使用液（10 μg/mL）50 μL，最终浓度为 50 μg/kg。每组样品分别加入一定体积比的萃取溶剂进行萃取，按照测定方法（3.3.9）进行样品测定，计算每组样品的加标回收率平均值，见表 3-5。结果表明，丙酮－正己烷以 1：1 体积比混合的条件下，实验所得的加标回收率最好。

表 3-5　不同混合比例的丙酮－正己烷多环芳烃类物质的加标回收率

编号	物质名称	不同混合比例下的平均加标回收率 /%			
		丙酮－正己烷（9：1）	丙酮－正己烷（3：2）	丙酮－正己烷（1：1）	丙酮－正己烷（2：3）
1	萘	43.0	33.0	61.6	34.7
2	苊烯	50.4	38.7	101.0	42.6

续表

编号	物质名称	不同混合比例下的平均加标回收率 /%			
		丙酮－正己烷（9∶1）	丙酮－正己烷（3∶2）	丙酮－正己烷（1∶1）	丙酮－正己烷（2∶3）
3	苊	44.3	32.5	60.0	34.1
4	芴	49.7	34.6	70.2	37.2
5	菲	65.0	49.6	82.6	46.7
6	蒽	51.2	45.2	76.2	42.0
7	荧蒽	74.8	56.0	83.0	46.4
8	芘	74.6	56.0	82.3	46.3
9	苯并［a］蒽	73.1	55.7	83.1	45.6
10	䓛	77.2	57.5	83.0	46.4
11	苯并［b］荧蒽	76.8	55.9	83.2	45.3
12	苯并［k］荧蒽	75.9	55.3	83.0	44.9
13	苯并［a］芘	69.0	62.6	90.2	51.8
14	二苯并［a,h］蒽	74.4	53.6	83.0	44.7
15	苯并［g,h,i］苝	72.8	51.7	86.7	47.3
16	茚并［1,2,3-c,d］芘	67.9	46.5	85.0	46.6

3.4.1.4 萃取溶剂体积的选择

通过查阅相关标准及文献，选择采用不同体积的丙酮－正己烷（1∶1）萃取溶剂，研究对样品加标回收率的影响。

准确称取 3 个 10.0 g 石英砂样品为一组，分别在每组的 3 个样品中加入多环芳烃标准使用液（10 μg/mL）50 μL，最终浓度为 50 μg/kg。每组样品分别加入不同体积的萃取溶剂进行萃取，按照测定方法（3.3.9）进行样品测定，计算每组样品的加标回收率平均值，见表 3-6。结果表明，萃取溶剂体积为 20 mL 的条件下，实验所得的加标回收率最好。

表3-6　不同加入体积的萃取溶剂多环芳烃类物质的加标回收率

编号	物质名称	不同加入体积下的平均加标回收率 /%			
		10 mL	20 mL	30 mL	40 mL
1	萘	40.8	61.6	56.2	34.0
2	苊烯	75.8	101.0	128.1	25.4
3	苊	41.8	60.0	56.9	31.3
4	芴	46.2	70.2	62.7	36.8
5	菲	59.1	82.6	80.3	47.6
6	蒽	54.4	76.2	70.9	40.3
7	荧蒽	60.4	83.0	78.9	40.9
8	芘	60.2	82.3	78.1	35.8
9	苯并 [a] 蒽	60.5	83.1	78.2	11.0
10	䓛	61.4	83.0	79.0	39.6
11	苯并 [b] 荧蒽	60.4	83.2	78.4	37.4
12	苯并 [k] 荧蒽	60.3	83.0	78.2	34.2
13	苯并 [a] 芘	68.6	90.2	84.8	32.3
14	二苯并 [a,h] 蒽	60.8	83.0	79.1	30.4
15	苯并 [g,h,i] 苝	65.8	86.7	85.8	38.4
16	茚并 [1,2,3-c,d] 芘	64.6	85.0	85.2	39.7

3.4.1.5　萃取温度的选择

微波萃取法萃取土壤和沉积物中的有机物要注意控制溶剂温度，使其不沸腾或在使用温度下不分解待测物。查阅文献资料得出：温度过低，萃取不够完全，萃取效率不高；温度过高会造成多环芳烃类物质的挥发与降解，溶剂的挥发也会导致罐压力过高。因此应选择合适的温度进行萃取。采用不同的萃取温度，研究对样品加标回收率的影响。

准确称取 3 个 10.0 g 石英砂样品为一组，分别在每组的 3 个样品中加入多环芳烃标准使用液（10 μg/mL）50 μL，最终浓度为 50 μg/kg。每组样品分别在不同萃取温度下进行萃取，按照测定方法（3.3.9）进行样品测定，计算每组样品的加标回收率平均值，见表3-7。结果表明，萃取温度为90 ℃的条件下，实验所得的加标回收率最好。

表3-7 不同萃取温度多环芳烃类物质的加标回收率

编号	物质名称	不同萃取温度下的平均加标回收率 /%			
		50 ℃	70 ℃	90 ℃	110 ℃
1	萘	54.8	55.9	61.6	46.2
2	苊烯	68.6	60.3	101.0	54.6
3	苊	57.2	57.8	60.0	46.0
4	芴	56.0	55.6	70.2	50.0
5	菲	67.0	62.0	82.6	65.6
6	蒽	58.8	55.2	76.2	60.6
7	荧蒽	71.7	65.9	83.0	68.4
8	芘	60.2	54.7	82.3	68.1
9	苯并 [a] 蒽	75.1	68.7	83.1	69.4
10	䓛	63.5	59.2	83.0	69.3
11	苯并 [b] 荧蒽	67.2	61.8	83.2	69.1
12	苯并 [k] 荧蒽	69.5	63.9	83.0	68.9
13	苯并 [a] 芘	71.6	66.2	90.2	77.5
14	二苯并 [a,h] 蒽	61.0	55.6	83.0	69.6
15	苯并 [g,h,i] 苝	48.4	43.4	86.7	75.2
16	茚并 [1,2,3-c,d] 芘	71.9	67.7	85.0	73.9

3.4.1.6 萃取时间的选择

通过查阅相关标准及文献，选择采用不同的萃取时间，研究对样品加标回收率的影响。

准确称取3个10.0 g石英砂样品为一组，分别在每组的3个样品中加入多环芳烃标准使用液（10 μg/mL）50 μL，最终浓度为50 μg/kg。每组样品在不同的微波萃取时间下进行萃取，按照测定方法（3.3.9）进行样品测

定，计算每组样品的加标回收率平均值，见表3-8。结果表明，萃取时间
为 20 min 的条件下，实验所得的加标回收率最好。

表3-8 不同萃取时间多环芳烃类物质的加标回收率

编号	物质名称	不同萃取时间下的平均加标回收率 /%			
		5 min	10 min	20 min	30 min
1	萘	48.3	49.0	61.6	46.2
2	苊烯	57.4	54.9	101.0	54.6
3	苊	47.3	48.7	60.0	46.0
4	芴	51.5	52.3	70.2	50.0
5	菲	67.5	66.2	82.6	65.6
6	蒽	61.7	61.2	76.2	60.6
7	荧蒽	70.1	67.3	83.0	68.4
8	芘	69.6	66.9	82.3	68.1
9	苯并 [a] 蒽	71.2	68.0	83.1	69.4
10	䓛	70.2	67.7	83.0	69.3
11	苯并 [b] 荧蒽	70.5	67.7	83.2	69.1
12	苯并 [k] 荧蒽	70.5	67.5	83.0	68.9
13	苯并 [a] 芘	77.6	75.7	90.2	77.5
14	二苯并 [a,h] 蒽	71.1	67.8	83.0	69.6
15	苯并 [g,h,i] 苝	75.7	72.3	86.7	75.2
16	茚并 [1,2,3-c,d] 芘	75.4	71.5	85.0	73.9

3.4.2 色谱条件的选择

3.4.2.1 色谱柱的选择

本方法研究了普通 C_{18} 色谱柱（250 mm × 4.6 mm，5 μm）和经过特殊
处理的 C_{18} 多环芳烃分析柱（50 mm × 4.6 mm，3 μm）对多环芳烃测定谱
图分离效果的影响，见图3-1和图3-2。结果表明，多环芳烃分析柱对16
种多环芳烃类物质的分离效果较普通 C_{18} 色谱柱的分离效果好。

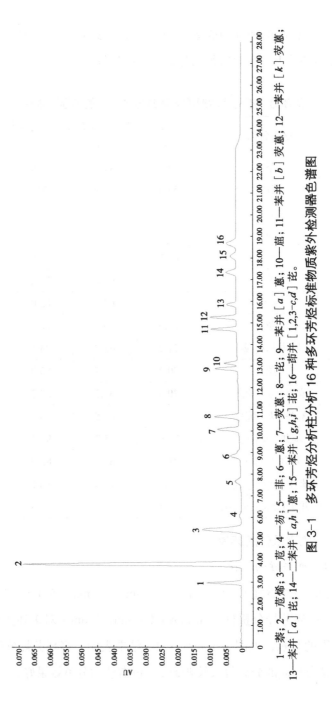

图 3-1 多环芳烃分析柱分析 16 种多环芳烃标准物质紫外检测器色谱图

1—萘；2—苊烯；3—苊；4—芴；5—菲；6—蒽；7—荧蒽；8—芘；9—苯并［a］蒽；10—䓛；11—苯并［b］荧蒽；12—苯并［k］荧蒽；13—苯并［a］芘；14—二苯并［a,h］蒽；15—苯并［g,h,i］苝；16—茚并［1,2,3-c,d］芘。

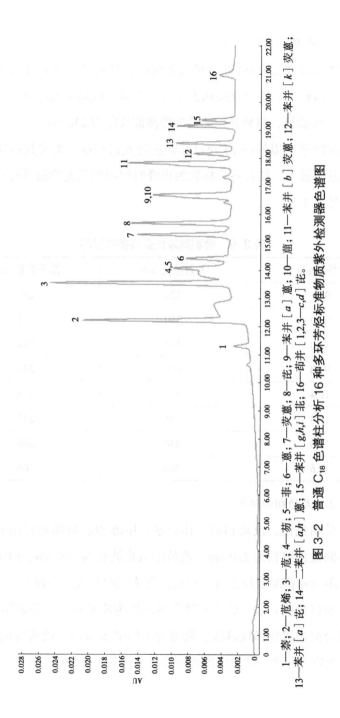

图 3-2　普通 C_{18} 色谱柱分析 16 种多环芳烃标准物质紫外检测器色谱图

1—萘；2—苊烯；3—苊；4—芴；5—菲；6—蒽；7—荧蒽；8—芘；9—苯并 [a] 蒽；10—䓛；11—苯并 [b] 荧蒽；12—苯并 [k] 荧蒽；13—苯并 [a] 芘；14—二苯并 [a,h] 蒽；15—苯并 [g,h,i] 苝；16—茚并 [1,2,3-c,d] 芘。

3.4.2.2　检测波长的选择

目标物苊烯在 229 nm 处有最大吸收峰，且苊烯的荧光性很弱，只能用紫外检测器检测。通过查阅相关标准及文献，苊烯的推荐紫外吸收波长为 230 nm，经验证，将紫外检测器的检测波长定为 230 nm。

通过对除苊烯以外的 15 种目标物进行光谱扫描，确定其最佳激发波长和最佳发射波长，结合各目标物的出峰时间编制荧光检测器波长变换参考程序。见表 3-9。

表 3-9　检测器波长变换参考程序

时间 /min	发射波长 /nm	激发波长 /nm
0.01	324	280
6.80	350	254
8.30	400	254
9.50	460	290
10.4	376	336
12.0	385	275
14.0	430	305
18.6	500	305

3.4.2.3　流动相的选择

对于反相色谱，流动相的主体为水，甲醇和乙腈都是常用的优选溶剂，甲醇的截止波长为 210 nm，乙腈的截止波长为 190 nm。由于甲醇的截止波长距紫外检测器检测波长较近，低浓度时基线波动较大，影响方法检出限，所以选择乙腈 / 水二元混合溶剂作为流动相。实验表明：乙腈 / 水二元混合溶剂进行梯度淋洗，流速为 1.5 mL/min 时，能很好地将 16 种多环芳烃类物质分离。梯度洗脱程序参考条件见表 3-10。

表 3-10　梯度洗脱程序参考条件

时间 /min	乙腈 /%	水 /%
0	45	55
6	45	55
14	77	23
22	77	23
22.5	45	55
28	45	55

3.4.3　方法检出限的测定

准确称取 10.0 g 石英砂样品，加入一定量的多环芳烃标准使用液（10 μg/mL），最终加标量为 1.0 μg/kg，参考 HJ 168，连续分析 7 次，并计算其平行测定的标准偏差，按公式（1）计算方法检出限。方法检出限的测试结果见表 3-11。

$$MDL = t_{(n-1,0.99)} \times S \qquad (1)$$

式中，MDL——方法检出限；

n——样品的平行测定次数；

t——自由度为 $n-1$，置信度为 99% 时的 t 分布（单侧）；

$n = 7$ 时，$t_{(6,0.99)} = 3.143$；

S——n 次平行测定的标准偏差。

表 3-11　方法检出限的测定结果

单位：μg/kg

物质名称	测定结果							标准偏差	检出限	测定下限
	1	2	3	4	5	6	7			
萘	0.61	0.57	0.56	0.56	0.75	0.52	0.72	0.07	0.22	0.88
苊烯	1.09	1.26	1.32	1.37	1.06	1.43	0.99	0.15	0.46	1.84
苊	0.72	0.65	0.66	0.72	0.57	0.58	0.52	0.06	0.20	0.80
芴	1.28	1.10	1.10	1.21	1.22	1.01	1.09	0.08	0.24	0.96

续表

物质名称	测定结果							标准偏差	检出限	测定下限
	1	2	3	4	5	6	7			
菲	1.12	0.91	0.90	0.93	1.18	0.88	0.90	0.10	0.32	1.28
蒽	0.99	0.84	0.87	1.03	0.95	0.83	0.83	0.07	0.23	0.92
荧蒽	1.13	0.88	0.93	1.15	1.18	0.95	0.87	0.12	0.38	1.52
芘	1.08	0.95	0.98	1.06	1.13	0.80	0.91	0.09	0.27	1.08
苯并[a]蒽	1.10	0.95	1.02	1.20	0.89	1.05	0.94	0.08	0.26	1.04
䓛	0.99	0.84	0.81	1.02	0.93	0.93	0.82	0.07	0.22	0.88
苯并[b]荧蒽	0.97	0.76	0.94	1.04	1.00	0.97	0.85	0.07	0.23	0.92
苯并[k]荧蒽	1.05	0.91	0.98	1.10	1.09	1.02	0.91	0.06	0.20	0.80
苯并[a]芘	0.96	0.84	0.91	1.02	0.99	0.81	0.85	0.07	0.22	0.88
二苯并[a,h]蒽	0.97	0.71	0.87	0.90	1.00	0.95	0.71	0.09	0.29	1.16
苯并[g,h,i]芘	1.01	0.78	0.96	1.12	0.98	0.83	0.09	0.27	1.08	
茚并[1,2,3-c,d]芘	1.33	1.30	1.13	1.34	1.41	1.42	1.29	0.07	0.21	0.84

注：苊烯为紫外检测器，其余15种为荧光检测器。

3.4.4 方法精密度的测定

实验室对含多环芳烃类物质浓度为 10.0 μg/kg、100 μg/kg 的空白加标样品进行了 6 次重复测定，计算相对标准偏差来进行精密度实验。结果见表 3-12 和表 3-13。

表 3-12 方法精密度实验数据 - 空白加标（10.0 μg/kg）

物质名称	测定结果 /（μg/kg）						平均值 /（μg/kg）	标准偏差 /（μg/kg）	相对标准偏差 RSD/%
	1	2	3	4	5	6			
萘	5.85	5.72	4.87	5.44	6.01	5.29	5.53	0.42	7.5
苊烯	5.00	4.76	4.03	4.44	5.02	4.53	4.63	0.38	8.2

续表

物质名称	测定结果 / (μg/kg)						平均值 / (μg/kg)	标准偏差 / (μg/kg)	相对标准偏差 RSD/%
	1	2	3	4	5	6			
苊	5.61	5.27	4.42	4.82	5.53	5.22	5.15	0.45	8.8
芴	8.63	7.66	6.96	7.38	8.04	8.26	7.82	0.61	7.8
菲	6.14	5.85	5.07	5.41	6.01	6.12	5.77	0.43	7.5
蒽	6.96	6.74	5.92	6.23	6.80	6.99	6.61	0.43	6.6
荧蒽	7.23	6.97	6.11	6.47	6.97	7.17	6.82	0.44	6.4
芘	6.62	6.50	5.68	5.95	6.63	6.83	6.37	0.45	7.1
苯并［a］蒽	7.31	7.15	6.17	6.34	7.06	7.24	6.88	0.49	7.2
䓛	7.06	6.94	6.01	6.27	6.97	7.14	6.73	0.47	7.0
苯并［b］荧蒽	6.84	6.72	5.84	6.10	6.77	6.94	6.54	0.45	6.9
苯并［k］荧蒽	9.52	9.35	8.26	8.56	9.35	9.53	9.10	0.54	6.0
苯并［a］芘	7.05	6.92	6.13	6.32	7.08	7.29	6.80	0.46	6.8
二苯并［a,h］蒽	6.72	6.73	6.14	6.26	6.92	7.25	6.67	0.41	6.2
苯并［g,h,i］菲	7.01	6.87	6.17	6.32	7.02	7.00	6.73	0.38	5.7
茚并［1,2,3-c,d］芘	9.11	7.53	6.35	9.03	9.64	8.87	8.42	1.23	14.7

表 3-13　方法精密度实验数据－空白加标（100 μg/kg）

物质名称	测定结果 / (μg/kg)						平均值 / (μg/kg)	标准偏差 / (μg/kg)	相对标准偏差 RSD/%
	1	2	3	4	5	6			
萘	59.9	65.1	51.1	49.5	58.8	50.2	55.8	6.41	11.5
苊烯	83.4	92.8	78.0	75.7	86.3	73.2	81.6	7.34	9.0
苊	81.4	91.6	74.2	72.0	79.8	68.1	77.9	8.34	10.7

续表

物质名称	测定结果 /（μg/kg）						平均值 /（μg/kg）	标准偏差 /（μg/kg）	相对标准偏差 RSD/%
	1	2	3	4	5	6			
芴	86.1	96.2	79.7	78.0	83.7	71.7	82.6	8.33	10.1
菲	86.5	93.7	82.9	80.5	82.7	73.2	83.3	6.76	8.1
蒽	80.9	87.8	78.1	75.4	77.2	68.1	77.9	6.48	8.3
荧蒽	105.0	112.9	107.2	98.9	99.5	88.4	102.0	8.43	8.3
芘	85.6	92.0	87.9	80.6	81.4	72.2	83.3	6.87	8.3
苯并［a］蒽	88.9	95.3	91.5	84.1	85.4	75.4	86.8	6.90	8.0
䓛	77.2	82.6	80.1	73.2	72.1	63.5	74.8	6.82	9.1
苯并［b］荧蒽	80.6	86.6	83.4	76.5	76.9	67.8	78.6	6.56	8.3
苯并［k］荧蒽	83.0	89.0	85.7	78.6	79.0	69.6	80.8	6.78	8.4
苯并［a］芘	85.2	91.2	88.0	80.7	81.3	71.8	83.0	6.79	8.2
二苯并［a,h］蒽	90.0	96.6	92.7	85.1	85.6	75.5	87.6	7.34	8.4
苯并［g,h,i］䓛	93.4	99.3	96.1	88.2	88.7	77.5	90.5	7.68	8.5
茚并［1,2,3-c,d］芘	99.3	107.5	101.9	94.0	94.4	86.3	97.2	7.34	7.6

3.4.5 方法正确度的测定

实验室对含多环芳烃类物质浓度为 200 μg/kg 左右的有证土壤标准样品（LRAB 9312），进行了 6 次重复测定，计算平均值来进行正确度实验。结果见表 3-14。

实验室对土壤实际样品进行加标实验，加标浓度为 100 μg/kg，进行了 6 次重复测定，计算加标回收率来进行正确度实验。结果见表 3-15。

表 3-14 有证标准物质测试数据

物质名称	测定结果 /（μg/kg）						平均值 /（μg/kg）	质量控制性能验收限度 /（μg/kg）	是否符合
	1	2	3	4	5	6			
萘	133	122	139	135	148	145	137	51.9～222.0	符合
苊烯	127	121	145	151	164	173	147	48.1～247.9	符合
苊	93.1	92.8	93.0	93.6	92.6	92.8	93.0	64.1～219.8	符合
芴	149	132	147	132	152	154	144	75.1～224.1	符合
菲	124	114	120	110	121	126	119	75.9～218.6	符合
蒽	149	148	149	154	178	131	152	74.5～225.1	符合
荧蒽	115	114	119	112	114	112	114	67.2～232.8	符合
芘	113	110	113	99	115	116	111	63.4～220.4	符合
苯并［a］蒽	95.4	91.9	96.0	88.6	98.9	99.3	95.0	80.7～233.6	符合
䓛	127	120	114	118	136	151	129	74.0～229.0	符合
苯并［b］荧蒽	110	115	118	108	108	103	110	78.8～247.2	符合
苯并［k］荧蒽	108	112	115	105	106	102	108	60.5～247.6	符合
苯并［a］芘	107	116	107	105	107	107	108	72.3～234.5	符合
二苯并［a,h］蒽	115	118	113	105	105	105	110	38.3～234.8	符合
苯并［g,h,i］芘	120	126	117	114	114	108	116	72.2～232.4	符合
茚并［1,2,3-c,d］芘	155	162	158	141	146	144	151	72.7～230.0	符合

表 3-15 土壤实际样品加标测试数据

物质名称	测定结果 /（μg/kg）	加标后测定结果 /（μg/kg）						平均值 /（μg/kg）	加标浓度 /（μg/kg）	加标回收率 / %
		1	2	3	4	5	6			
萘	未检出	59.9	65.1	51.1	49.5	58.8	50.2	55.8	100	55.8
苊烯	未检出	83.4	92.8	78.0	75.7	86.3	73.2	81.6	100	81.6
苊	未检出	81.4	91.6	74.2	72.0	79.8	68.1	77.8	100	77.8

续表

物质名称	测定结果 / (μg/kg)	加标后测定结果 / (μg/kg)						平均值 / (μg/kg)	加标浓度 / (μg/kg)	加标回收率 / %
		1	2	3	4	5	6			
芴	未检出	86.1	96.2	79.7	78.0	83.7	71.7	82.6	100	82.6
菲	未检出	86.5	93.7	82.9	80.5	82.7	73.2	83.2	100	83.2
蒽	未检出	80.9	87.8	78.1	75.4	77.2	68.1	77.9	100	77.9
荧蒽	未检出	105	113	107	98.9	99.5	88.4	102	100	102
芘	未检出	85.6	92.0	87.9	80.6	81.4	72.2	83.3	100	83.3
苯并 [a] 蒽	未检出	88.9	95.3	91.5	84.1	85.4	75.4	86.8	100	86.8
䓛	未检出	77.2	82.6	80.1	73.2	72.1	63.5	74.8	100	74.8
苯并 [b] 荧蒽	未检出	80.6	86.6	83.4	76.5	76.9	67.8	78.6	100	78.6
苯并 [k] 荧蒽	未检出	83.0	89.0	85.7	78.6	79.0	69.6	80.8	100	80.8
苯并 [a] 芘	未检出	85.2	91.2	88.0	80.7	81.3	71.8	83.0	100	83.0
二苯并 [a,h] 蒽	未检出	90.0	96.6	92.7	85.1	85.6	75.5	87.6	100	87.6
苯并 [g,h,i] 䓛	未检出	93.4	99.3	96.1	88.2	88.7	77.5	90.5	100	90.5
茚并 [1,2,3-c,d] 芘	未检出	99.3	108	102	94.0	94.4	86.3	97.2	100	97.2

3.4.6 质量控制和质量保证

方法参照《土壤和沉积物 多环芳烃的测定 高效液相色谱法》(HJ 784—2016),从空白分析、连续校准、精密度和正确度等方面制定了质量控制和质量保证的建议和要求:

3.4.6.1 空白分析

每次分析必须做一个实验室空白和一个全程序空白,目标化合物的测定值低于方法测定下限。

3.4.6.2　连续校准

每 20 个样品或每批次样品（≤ 20 个 / 批）应用校准曲线的中间浓度
点进行 1 次连续校准，连续校准相对误差应≤ 20%，否则应查找原因，或
者重新绘制校准曲线。

3.4.6.3　精密度

每 20 个样品或每批次样品（≤ 20 个 / 批）应至少测定一组平行样，
测定结果的相对偏差应≤ 30%。

3.4.6.4　正确度

每 20 个样品或每批次样品（≤ 20 个 / 批）应至少测定 1 个基体加标
样品，加标回收率应为 50%～ 120%。

3.5　实验结论及注意事项

3.5.1　实验结论

实验室采用微波萃取法对土壤中的多环芳烃类物质进行萃取，萃取液
经过浓缩、净化、定容后，用高效液相色谱法进行测定。方法的检出限为
0.20～ 0.46 μg/kg（苊烯为紫外检测器，其余 15 种为荧光检测器），测定下
限为 0.80～ 1.84 μg/kg；实验室内相对标准偏差为 5.7%～ 14.7%；有证标
准物质测定均能符合质量控制性能验收限度；土壤实际样品的加标回收率
为 55.8%～ 102%。方法操作简便，处理效率高，正确度好，适用性广。

3.5.2　注意事项

实验过程中产生的废液和其他废弃物（包含检测后的残液）应集中收
集，并做好警示标识，依法委托有资质的单位进行处理。

参考文献

[1] 龙明华，龙彪，梁勇生，等 . 南宁市蔬菜基地土壤多环芳烃含量及来源分析 [J].
中国蔬菜，2017(3): 52-57.

［2］吴健，王敏，靳志辉，等．土壤环境中多环芳烃研究的回顾与展望——基于 Web of Science 大数据的文献计量分析［J］．土壤学报，2016，53(5): 1085-1096.

［3］李煜婷，杜宇豪，李志，等．自动固相萃取－高效液相色谱测定炼化废水中多环芳烃的方法研究［J］．油气田环境保护，2016，26(5): 40-43.

［4］高庚申，徐兰，安裕敏．紫外—荧光检测器高效液相色谱法测定 $PM_{2.5}$ 中 16 种多环芳烃［J］．环境污染与防治，2013，35(5): 53-57.

［5］李大雁．交通道路沿线农田土壤多环芳烃的分布特征和生态风险研究［D］．上海：华东理工大学，2018.

［6］《土壤和沉积物　多环芳烃类物质的测定　高效液相色谱法》（HJ 784—2016）.

［7］U.S.EPA METHOD 3546, MICROWAVE EXTRACTION.

［8］U.S.EPA METHOD8310, POLYNUCLEAR AROMATIC HYDROCARBONS.

［9］《水质多环芳烃的测定　液液萃取和固相萃取　高效液相色谱法》（HJ 478—2009）.

［10］《固体废物　有机物的提取　微波萃取法》（HJ 765—2015）.

［11］《土壤环境监测技术规范》（HJ/T 166—2004）.

［12］《土壤　干物质和水分的测定　重量法》（HJ 613—2011）.

［13］《海洋监测规范　第 5 部分：沉积物分析》（GB 17378.5—2007）.

［14］《环境监测分析方法标准制订技术导则》（HJ 168—2020）.

［15］《土壤和沉积物　有机物的提取　加压流体萃取法》（HJ 783—2016）.

《土壤和沉积物　多环芳烃的测定　微波萃取—高效液相色谱法》方法文本

1　适用范围

本方法规定了测定土壤和沉积物中多环芳烃类物质的微波萃取—高效液相色谱法。

本方法适用于土壤和沉积物中 16 种多环芳烃类物质的测定。16 种多环芳烃（PAHs）包括萘、苊、苊烯、芴、菲、蒽、荧蒽、芘、苯并［a］蒽、䓛、苯并［b］荧蒽、苯并［k］荧蒽、苯并［a］芘、二苯并［a,h］蒽、苯并［g,h,i］苝、茚并［1,2,3-c,d］芘。

当取样量为 10.0 g，定容体积为 1.0 mL 时，16 种多环芳烃类物质的方法检出限为 0.20～0.46 μg/kg（苊烯为紫外检测器，其余 15 种为荧光检测器），测定下限为 0.80～1.84 μg/kg，见附表 6。

2　规范性引用文件

本方法内容引用了下列文件或其中条款。凡是未注明日期的引用文件，其有效版本适用于本方法。

GB 17378.3　海洋监测规范　第 3 部分：样品采集、贮存和运输

GB 17378.5　海洋监测规范　第 5 部分：沉积物分析

HJ 613　土壤　干物质和水分的测定　重量法

HJ/T 166　土壤环境监测技术规范

HJ 765　固体废物　有机物的提取　微波萃取法

3　方法原理

土壤和沉积物样品中多环芳烃类物质采用微波萃取方法萃取，浓缩后的萃取液用硅胶柱或固相萃取柱等方式净化、浓缩、定容，用配备紫外和荧光检测器的高效液相色谱仪分离检测，以保留时间定性，外标法

111

定量。

4 试剂和材料

警告：部分多环芳烃类物质属于强致癌物，操作时应按规定要求佩戴防护器具，避免接触皮肤和衣服。溶液配制和样品前处理过程应在通风橱中进行。

除非另有说明，分析时均采用符合国家标准的分析纯试剂和实验用水。实验用水为新制备的去离子水或蒸馏水，并进行空白实验。

4.1 乙腈（CH_3CN）：HPLC 级

4.2 正己烷（C_6H_{14}）：HPLC 级

4.3 二氯甲烷（CH_2Cl_2）：HPLC 级

4.4 丙酮（CH_3COCH_3）：HPLC 级

4.5 丙酮 – 正己烷混合溶液：1+1

用丙酮（4.4）和正己烷（4.2）按照 1：1 的体积比混合。

4.6 二氯甲烷 – 正己烷混合溶液：2+3

用二氯甲烷（4.3）和正己烷（4.2）按照 2：3 的体积比混合。

4.7 二氯甲烷 – 正己烷混合溶液：1+1

用二氯甲烷（4.3）和正己烷（4.2）按照 1：1 的体积比混合。

4.8 多环芳烃标准贮备液：$\rho = 200\ \mu g/mL$

购买市售有证标准溶液，于 4 ℃下冷藏、避光保存，或参照标准溶液证书保存。使用时恢复至室温并摇匀。

4.9 多环芳烃标准使用液：$\rho = 10\ \mu g/mL$

量取 50.0 μL 多环芳烃标准贮备液（4.8）于 1.0 mL 棕色容量瓶，用乙腈（4.1）稀释并定容至刻度，摇匀，转移至样品瓶中，于 4 ℃下冷藏、避光保存。

4.10 干燥剂：无水硫酸钠（Na_2SO_4）

置于马弗炉中 400 ℃烘 4 h，冷却后置于磨口玻璃瓶密封保存。

4.11 硅胶：粒径 75～150 μm（200～100 目）

使用前，应置于平底托盘中，以铝箔松覆，130 ℃活化至少 16 h。

4.12 玻璃层析柱：内径约 20 mm，长 10～20 cm，带聚四氟乙烯活塞

4.13 硅胶固相萃取柱：1 000 mg/6 mL

4.14 硅酸镁固相萃取柱：1 000 mg/6 mL

4.15 石英砂：粒径 150～830 μm（100～20 目），使用前需检验，确认无干扰

4.16 玻璃棉或玻璃纤维滤膜：在马弗炉中 400 ℃烘 1 h，冷却后置于磨口玻璃瓶密封保存

4.17 氮气：纯度≥99.999%

5 仪器和设备

5.1 采样瓶：棕色磨口玻璃瓶或旋口玻璃瓶

5.2 高效液相色谱仪：配备紫外或 PDA 检测器和荧光检测器，具有梯度洗脱功能

5.3 色谱柱：多环芳烃分析柱（50 mm×4.6 mm，3 μm），经过特殊处理的 C_{18} 柱

5.4 微波萃取仪：含装置配备的萃取罐和密封罐

5.5 浓缩装置：氮吹仪或其他同等性能的设备

5.6 固相萃取装置

5.7 分析天平：精度为 0.01 g

5.8 一般实验室常用仪器和设备

6 样品

6.1 样品采集和保存

按照 HJ/T 166 的相关要求采集有代表性的土壤样品，按照 GB 17378.3

113

的相关要求采集有代表性的沉积物样品。保存在清洗干净的磨口棕色玻璃瓶中，棕色玻璃瓶应预先用有机溶剂处理，确保不存在干扰物。运输过程中应密封、避光、4 ℃以下冷藏保存，途中避免干扰引入或样品的破坏，尽快运回实验室进行分析。如不能及时分析，应在4 ℃以下冷藏保存，保存时间为7天。

6.2　水分的测定

土壤样品干物质含量测定按照HJ 613执行，沉积物样品含水率测定按照GB 17378.5执行。

6.3　试样的制备

将新鲜土壤或沉积物样品置于搪瓷或玻璃托盘中，除去枝棒、叶片、石子等异物，充分混匀。称取样品10 g（精确至0.01 g），加入适量干燥剂（4.10）于微波萃取罐中。

6.3.1　萃取

向加入样品的萃取罐中加入20 mL丙酮－正己烷混合溶液（4.5），盖紧萃取罐盖子，按十字交叉形式插入微波萃取仪托盘。如十字交叉摆放不满则在对应位置放入空萃取罐补足。设定微波萃取仪预热时间5 min，萃取时间20 min，萃取温度90 ℃，进行萃取。

完成萃取后，取出萃取罐，待冷却至室温后，将萃取液除水过滤：在玻璃漏斗上垫一层玻璃棉或玻璃纤维滤膜，铺加约5 g无水硫酸钠（4.10），将萃取液经上述玻璃漏斗过滤到浓缩管中，分别用3 mL丙酮－正己烷混合溶液（4.5）洗涤萃取罐、玻璃漏斗和过滤残留物各3次，合并萃取液。

6.3.2　浓缩

将萃取液进行氮吹浓缩至1 mL左右。如不需净化，加入约3 mL乙腈（4.1），再浓缩至1 mL以下，将溶剂完全转换为乙腈。如需净化，加入约5 mL正己烷（4.2）并浓缩至约1 mL，重复此浓缩过程共3次，将溶剂完全转化为正己烷，再浓缩至约 1 mL，待净化。也可采用旋转蒸发浓缩或其他浓缩方式。

6.3.3 净化

6.3.3.1 硅胶层析柱净化

（1）硅胶柱制备

在玻璃层析柱（4.12）的底部加入玻璃棉（4.16），加入 10 mm 厚的无水硫酸钠（4.10），用少量二氯甲烷（4.3）进行冲洗。玻璃层析柱上置一玻璃漏斗，加入二氯甲烷直至充满层析柱，漏斗内存留部分二氯甲烷，称取约 10 g 硅胶（4.11）经漏斗加入层析柱，以玻璃棒轻敲层析柱，除去气泡，使硅胶填实。放出二氯甲烷，在层析柱上部加入 10 mm 厚的无水硫酸钠（4.10）。层析柱示意图见图 1。

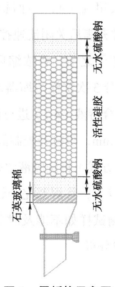

图 1 层析柱示意图

（2）净化

用 40 mL 正己烷（4.2）预淋洗层析柱，淋洗速度控制在 2 mL/min，

115

在顶端无水硫酸钠暴露于空气之前，关闭层析柱底端聚四氟乙烯活塞，弃去流出液。将浓缩后的约 1 mL 萃取液（6.3.2）移入层析柱，用 2 mL 正己烷分 3 次洗涤浓缩器皿，洗液全部移入层析柱，在顶端无水硫酸钠暴露于空气之前，加入 25 mL 正己烷，继续淋洗，弃去流出液。用 25 mL 二氯甲烷－正己烷混合溶液（4.6）洗脱，洗脱液收集于浓缩器皿中，用氮吹浓缩法（或其他浓缩方式）将洗脱液浓缩至约 1 mL，加入约 3 mL 乙腈（4.1）再浓缩至 1 mL 以下，将溶剂完全转换为乙腈，并准确定容至 1.0 mL 待测。净化后的待测试样如不能及时分析，应于 4 ℃下冷藏、避光、密封保存，30 天内完成分析。

6.3.3.2　固相萃取柱净化（填料为硅胶或硅酸镁）

用固相萃取柱（4.13 或 4.14）作为净化柱，将其固定在固相萃取装置（5.6）上。用 4 mL 二氯甲烷（4.3）冲洗净化柱，再用 10 mL 正己烷（4.2）平衡净化柱，待柱充满后关闭流速控制阀浸润 5 min，打开控制阀，弃去流出液。在溶剂流干之前，将浓缩后的约 1 mL 萃取液（6.3.2）移入柱内，用 3 mL 正己烷分 3 次洗涤浓缩器皿，洗液全部移入柱内，用 10 mL 二氯甲烷－正己烷混合溶液（4.7）进行洗脱，待洗脱液浸满净化柱后关闭流速控制阀，浸润 5 min，再打开控制阀，接收洗脱液至完全流出。用氮吹浓缩法（或其他浓缩方式）将洗脱液浓缩至 1 mL，加入约 3 mL 乙腈（4.1），再浓缩至 1 mL 以下，将溶剂完全转换为乙腈，并准确定容至 1.0 mL 待测。净化后的待测试样如不能及时分析，应于 4 ℃下冷藏、避光、密封保存，30 天内完成分析。

6.4　空白试样的制备

用石英砂（4.15）代替实际样品，按照与试样的制备（6.3）相同的步骤制备空白试样。

7 分析步骤

7.1 仪器参考条件

表 1 仪器参考条件

进样量	10 μL
柱温	35 ℃
流速	1.5 mL/min
流动相	A：乙腈；B：水

表 2 梯度洗脱程序条件

时间 /min	乙腈 /%	水 /%
0	45	55
6	45	55
14	77	23
22	77	23
22.5	45	55
28	45	55

表 3 检测器波长变换程序

时间 /min	发射波长 /nm	激发波长 /nm
0.01	324	280
6.80	350	254
8.30	400	254
9.50	460	290
10.4	376	336

时间 /min	发射波长 /nm	激发波长 /nm
12.0	385	275
14.0	430	305
18.6	500	305

7.2 校准曲线的建立

分别量取一定量的多环芳烃标准使用液（4.9），用乙腈（4.1）稀释，配制至少 5 个浓度点的标准系列溶液，多环芳烃类物质的参考质量浓度分别为 0.02 μg/mL、0.10 μg/mL、0.50 μg/mL、1.0 μg/mL 和 2.0 μg/mL。由低浓度到高浓度依次对标准系列溶液进样，以目标物浓度为横坐标，以其对应的峰面积为纵坐标，建立校准曲线。校准曲线相关系数 ≥ 0.995，否则应重新绘制校准曲线。

图 2 和图 3 为本方法推荐的仪器参考条件下，16 种多环芳烃类物质的色谱图。

7.3 测定

7.3.1 空白试样测定

按照与绘制校准曲线相同的仪器条件（7.1）进行测定。

7.3.2 试样测定

按照与空白试样测定相同的仪器条件（7.3.1）进行测定。

8 结果计算与表示

8.1 定性分析

以目标化合物的保留时间定性，必要时可采用标准样品添加法、不同波长下的吸收比、紫外谱图扫描等方法辅助定性。

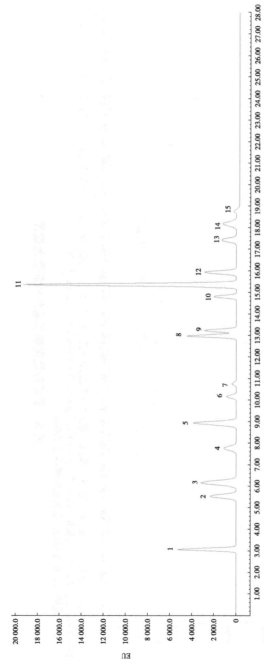

图 2 多环芳烃类物质荧光检测器色谱图

1—萘；2—苊烯；3—苊；4—芴；5—菲；6—蒽；7—荧蒽；8—芘；9—苯并 [a] 蒽；10—䓛；11—苯并 [b] 荧蒽；12—苯并 [k] 荧蒽；13—苯并 [a] 芘；14—二苯并 [a,h] 蒽；15—苯并 [g,h,i] 苝；16—茚并 [1,2,3-c,d] 芘。

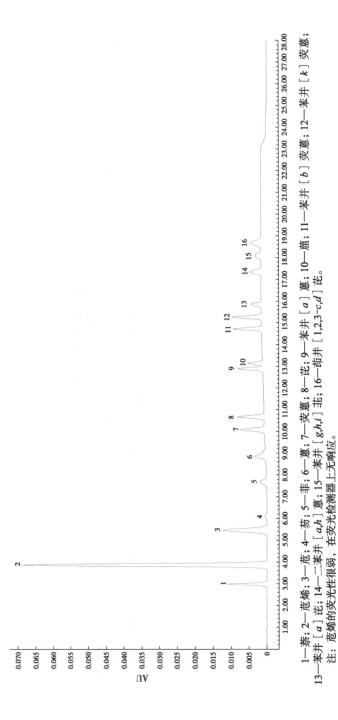

图 3　多环芳烃类物质紫外检测器色谱图

1—萘；2—苊烯；3—苊；4—芴；5—菲；6—蒽；7—荧蒽；8—芘；9—苯并 [a] 蒽；10—䓛；11—苯并 [b] 荧蒽；12—苯并 [k] 荧蒽；13—苯并 [a] 芘；14—二苯并 [a,h] 蒽；15—苯并 [g,h,i] 芘；16—茚并 [1,2,3-c,d] 芘。
注：苊烯的荧光性很弱，在荧光检测器上无响应。

8.2 结果计算

8.2.1 土壤中多环芳烃类物质的含量（μg/kg），按照公式（1）进行计算。

$$\omega_i = \frac{\rho_i \times V}{m \times W_{dm}}$$ （1）

式中，ω_i——样品中组分 i 的含量，μg/kg；

ρ_i——由校准曲线计算所得组分 i 的浓度，μg/mL；

V——定容体积，mL；

m——样品量（湿重），kg；

W_{dm}——土壤样品干物质含量，%。

8.2.2 沉积物中多环芳烃类物质的含量（μg/kg），按照公式（2）进行计算。

$$\omega_i = \frac{\rho_i \times V}{m \times (1 - W)}$$ （2）

式中，ω_i——样品中组分 i 的含量，μg/kg；

ρ_i——由校准曲线计算所得组分 i 的浓度，μg/mL；

V——定容体积，mL；

m——样品量（湿重），kg；

W——沉积物样品含水率，%。

8.3 结果表示

当测定结果大于或等于 10 μg/kg 时，保留 3 位有效数字；当测定结果小于 10 μg/kg 时，保留至小数点后 1 位。苊烯保留整数位，最多保留 3 位有效数字。

9 准确度

9.1 精密度

实验室内分别对多环芳烃类物质浓度为 10.0 μg/kg 和 100 μg/kg 的空

121

白石英砂加标样品进行 6 次测定，相对标准偏差分别为 5.7%～14.7% 和 7.6%～11.5%。

9.2　正确度

实验室内分别对多环芳烃类物质浓度为 200 μg/kg 的土壤有证标准物质进行 6 次测定，均符合证书规定的浓度范围。

实验室内对实际土壤样品多环芳烃类物质进行加标回收率测定，加标浓度为 100 μg/kg，重复测定 6 次，加标回收率范围为 55.8%～102%。

10　质量控制和质量保证

10.1　空白实验

每次分析必须做一个实验室空白和一个全程序空白，目标化合物的测定值应低于方法测定下限。

10.2　连续校准

每 20 个样品或每批次样品（≤ 20 个 / 批）应用校准曲线的中间浓度点进行 1 次连续校准，连续校准相对误差应≤ 20。否则应查找原因，或者重新绘制校准曲线。

10.3　精密度

每 20 个样品或每批次样品（≤ 20 个 / 批）应至少测定一组平行样，测定结果的相对偏差应≤30%。

10.4　正确度

每 20 个样品或每批次样品（≤ 20 个 / 批）应至少测定 1 个基体加标样品，加标回收率应为 50%～120%。

11　废物处理

实验过程中产生的废液和其他废弃物（包含检测后的残液）应集中收集，并做好警示标识，依法委托有资质的单位进行处理。

附表

16 种多环芳烃类物质的检出限及测定下限

物质名称	检出限 /（μg/kg）	测定下限 /（μg/kg）
萘	0.22	0.88
苊烯	0.46	1.84
苊	0.20	0.80
芴	0.24	0.96
菲	0.32	1.28
蒽	0.23	0.92
荧蒽	0.38	1.52
芘	0.27	1.08
苯并［a］蒽	0.26	1.04
䓛	0.22	0.88
苯并［b］荧蒽	0.23	0.92
苯并［k］荧蒽	0.20	0.80
苯并［a］芘	0.22	0.88
二苯并［a,h］蒽	0.29	1.16
苯并［g,h,i］芘	0.27	1.08
茚并［1,2,3-c,d］芘	0.21	0.84

注：苊烯为紫外检测器，其余 15 种为荧光检测器。

《土壤和沉积物 阿特拉津的测定 气相色谱－质谱法》方法研究报告

1 方法研究的必要性和创新性

1.1 理化性质和环境危害

阿特拉津别名莠去津，英文名为 Atrazine，CAS 号为 1912-24-9，分子式为 $C_8H_{14}ClN_5$，相对分子量为 215.70，密度为 1.28 g/cm^3，熔点为 171～174 ℃，沸点为 295 ℃，性状为无色晶体或白色粉末，溶解度为难溶于水，微溶于多数有机溶剂。阿特拉津是内吸选择性苗前、苗后封闭除草剂，可防除多种一年生禾本科和阔叶杂草，适用于玉米、高粱、甘蔗、果树、苗圃、林地等旱田作物，尤其对玉米有较好的选择性，对某些多年生杂草也有一定的抑制作用。阿特拉津作为三嗪类除草剂市场上最稳定品种，销售占比为所有三嗪类农药的 2/3 左右，2009 年，我国阿特拉津的使用量达到近 10 000 t/a。我国阿特拉津原药生产企业主要分布在浙江、山东、辽宁、吉林、安徽等地。

阿特拉津主要通过光合系统以蛋白为作用靶标，抑制植物光合作用中的电子传递，达到除草的目的。阿特拉津具有一定的"三致"作用，对皮肤和眼睛有刺激，低浓度长期暴露下，可造成癌症在内的一系列病症，并可通过食物链的传递使肝脏、心脏、血管出现中毒症状，同时引起生殖系统疾病，严重危害人体健康。美国国家环境保护局（EPA）将阿特拉津列入优先控制污染物名单，欧盟在 2007 年年底全面停止了阿特拉津在农业上的使用。

阿特拉津具有半衰期长、迁移率高、吸附系数低的特点，它会随雨水浮沉和地表挥发迁移到周边环境中造成附近土壤及水体污染。其特有的均三氮苯环结构能抵抗微生物的进攻，还能和重金属以及腐殖酸等成分结合形成络合物，可在土壤中长期残留，造成污染。研究表明，目前我国长江流域阿特拉津检出率已达 100%，长江中下游地区湖泊沉积物中阿特拉津的含量为 0.001～0.114 mg/kg，个别农药生产企业下游河流沉积物和周边地区农田土壤中阿特拉津的含量分别高达 106 mg/kg 和 52.8 mg/kg，对水和土壤等环境介质造成不同程度的污染和破坏。

1.2　相关环保标准和环保工作的需要

我国当前的土壤和沉积物污染防治各项基础性工作进展较为滞后，针对环境监督管理体系不健全，土壤和沉积物中高毒性有机污染物的监测能力薄弱，开展土壤和沉积物中阿特拉津的监测技术研究对评估我国土壤环境安全风险具有重要意义。

2018 年 6 月 22 日，《土壤环境质量　农用地土壤污染风险管控标准（试行）》（GB 15618—2018）和《土壤环境质量　建设用地土壤污染风险管控标准（试行）》（GB 36600—2018）发布，2018 年 8 月 1 日起正式实施。为了防止人体长期接触土壤中残留的阿特拉津带来的健康风险，GB 36600—2018 已将阿特拉津作为建设用地土壤污染风险管控指标，并设置了不同类型用地风险管控的筛选浓度和管制浓度，具体数值见表 4-1。

表 4-1　阿特拉津建设用地土壤污染风险筛选值和管制值（GB 36600—2018）

污染物项目	筛选值		管制值	
	第一类用地 /（mg/kg）	第二类用地 /（mg/kg）	第一类用地 /（mg/kg）	第二类用地 /（mg/kg）
阿特拉津	2.6	7.4	26	74

我国水和废水环境质量及污染物排放标准规定了阿特拉津的限值。《地表水环境质量标准》（GB 3838—2002）中集中式生活饮用水地表水特定项目，阿特拉津标准限值为 0.003 mg/L。《生活饮用水卫生标准》（GB 5749—2006）中规定阿特拉津的限值为 0.002 mg/L。《杂环类农药工业水污染物排放标准》（GB 21523—2008）中规定对于阿特拉津原药生产企业废水处理设施总排口的排放浓度限值为 3 mg/L，在环境容量小、承载力低的地区，水污染物特别排放限值为 1 mg/L。

国外不同国家或地区针对不同用地类型和保护对象的污染"警示"水平制定了标准。这些标准虽然名称各异，但其筛选土壤污染风险的作用定位是大致相同的。编制组查阅了美国、澳大利亚、荷兰和日本等国相关环保标准。美国 EPA《通用土壤筛选值》规定居住用地和工业用地土壤中阿特拉津的筛选值分别为 2.1 mg/kg 和 7.5 mg/kg，《建设用地筛选值》规定建设用地土壤中阿特拉津各类致癌物的筛选值为 2.4～11 mg/kg。日本于 20 世纪 70 年代开始制定土壤污染防治法并研究三嗪类农药的土壤环境标准，在 1979 年发布的《环境四基准》中规定土壤中阿特拉津的容许含量为 0.50 mg/kg。

我国对沉积物生态环境风险管控相对薄弱。由于沉积物中有机质含量较高，在合适的颗粒粒径、离子强度和 pH 条件下，水环境中广泛存在的阿特拉津最终会吸附在沉积物中，并可能在适宜条件下重新进入水中。沉积物可能成为阿特拉津环境污染的源和汇，对底栖生物造成严重危害，沉积物中阿特拉津的风险亟待管控。

综上所述，国内外土壤质量标准中阿特拉津的筛选和管控限值为 0.50～74 mg/kg。基于我国土壤污染状况普查中对污水灌溉区域和重点污染企业周边阿特拉津的监测需求，考虑到我国土壤相关质量标准中阿特拉津的控制要求和沉积物中阿特拉津管控的必要性，建立健全测定土壤和沉积物中阿特拉津的分析方法势在必行。

2　国内外相关分析方法研究

当前国内外对于阿特拉津的分析方法，主要有液相色谱法和气相色谱法两大类。

2.1　主要国家、地区及国际组织相关分析方法研究

2.1.1　国外相关标准分析方法

国际 ISO、美国 EPA 和日本工业标准 JIS 中针对不同环境介质中阿特拉津的分析方法对本方法的制定均具有指导性作用。EPA 500 系列为清洁水体分析方法，EPA 600 系列为城市和工业废水分析方法，其中 EPA 1699、8270E、8085、8141B 为测定液体和固体样品中阿特拉津的分析方法，EPA 525.1、525.2、527、619 和 523 为水质中阿特拉津的分析方法。日本厚生劳动省颁布的《食品中农业化学品残留检测方法》，用于食品、饲料添加剂和兽药中有机氯类、三嗪类和酰胺类等残留农药的分析。编制组从萃取方法、净化方法、检测方法等方面对国外分析方法进行对比总结，详细内容见表 4-2。

2.1.2　国外文献报道的分析方法

Guang Min 等采用多壁碳纳米管作为固相萃取（SPE）吸附剂与气相色谱－质谱（GC-MS）联用技术，测定水和土壤样品中阿特拉津及其主要代谢物，包括脱异丙基－阿特拉津（DIA）和脱乙基－阿特拉津（DEA），其中阿特拉津检出限为 0.3 µg/kg。

Gang Shen 等以微波辅助萃取与固相微萃取相结合的前处理方式提取土壤样品中三嗪类除草剂，并用气相色谱－质谱仪检测。该方法精密度＜ 7%，回收率为 76.1%～87.2%，检出限为 2～4 µg/kg。

Dagnaca 等采用加压液体萃取技术，从土壤中同时提取苯脲、氯乙酰苯胺类化合物及其部分代谢产物和三嗪类除草剂。采用气相色谱／离子阱

质谱法对三嗪类除草剂进行了多重质谱分析。三嗪类除草剂回收率均在85%以上，检出限为 0.5～5 µg/kg。

Amalric 等采用压力溶剂萃取，然后用叔丁嗪分子印迹聚合物进行纯化，离子阱串联质谱联用检测土壤中的阿特拉津、地乙基 - 阿特拉津和地索丙基 - 阿特拉津，其中阿特拉津检出限为 0.03 ng/g。

Yuan 等采用乙腈萃取，气相色谱法 - 氮磷检测器（GC-NPD）测定土壤样品中的阿特拉津。阿特拉津检出限为 0.01 mg/kg，回收率为75.6%～85.6%。

Rocha 采用固相微萃取 - 气相色谱 - 质谱联用技术（SPME-GC-MS）测定农业排水沟水环境中的两种三嗪类除草剂（阿特拉津和西马津）。阿特拉津检出限为 0.25 µg/L，西马津检出限为 0.5 µg/L。

Basheer 等采用多孔聚丙烯中空纤维膜（HFM）保护固相微萃取（HFM-SPME）与气相色谱/质谱分析相结合的方法，测定牛乳和污泥样品中的三嗪类除草剂，方法检出限为 0.003～0.013 µg/L。

2.2 国内相关分析方法研究

2.2.1 国内相关标准分析方法

我国现有阿特拉津的分析方法主要为高效液相色谱和气相色谱检测，其前处理方式有液液萃取、超声提取、固相萃取和振荡萃取等，详细内容见表 1-3。

《土壤和沉积物　11 种均三嗪类农药的测定　高效液相色谱法》（HJ 1052—2019），分析土壤和沉积物中包含阿特拉津在内的 11 种均三嗪类农药。标准规定，样品用棕色玻璃瓶采集，在 4 ℃冷藏、密封、避光条件下可以保存 15 天，样品提取液在 4 ℃冷藏、密封、避光条件下可以保持60 天。样品可采用冷冻干燥或干燥剂两种方式脱水，采取索氏提取法或加压流体法萃取，配备紫外或二极管阵列检测器，C_{18} 柱分离，外标法定量。

表 4-2　阿特拉津相关国外标准分析方法汇总

标准名称	应用范围	萃取方法	萃取溶剂	净化方法	净化条件	分析仪器	色谱柱	方法检出限
EPA 1699（2007）	水、土壤、沉积物、生物和组织样	液液萃取、索氏提取	二氯甲烷、二氯甲烷 - 正己烷（1∶1，$V∶V$）、丙酮 - 正己烷（1∶1，$V∶V$）或甲苯	固相萃取柱、GPC净化	乙酸乙酯 - 乙腈 - 甲苯（1∶2∶1，$V∶V∶V$）	HRGC/HRMS	DB-17 柱或等效柱	水样 5～38 pg/L，固体样品 1.0～13 ng/kg
EPA 8270E（2018）	水、土壤、沉积物、空气	索氏提取、加压流体萃取	固体样品：正己烷 - 丙酮（1∶1，$V∶V$）或二氯甲烷 - 丙酮（1∶1，$V∶V$）	EPA3600系列	—	GC-MS	DB-5 或等效柱	—
EPA 8085（2007）	液体、固体	液液萃取	同 EPA 8270E	EPA3600系列	—	GC/AED	DB-5、DB-17 或等效柱	—
EPA 8141B（2007）	液体、固体	液液萃取	同 EPA 8270E	EPA3600系列	—	GC/NPD	DB-5 或等效柱	—

续表

标准名称	应用范围	萃取方法	萃取溶剂	净化方法	净化条件	分析仪器	色谱柱	方法检出限
日本肯定列表食品中农业化学品残留检测方法	食品、饲料添加剂和兽药	振荡萃取	肌肉、脂肪、肝脏、肾脏和鱼贝类样品使用丙酮－正己烷（1：2，$V:V$），其他使用乙腈	固相萃取柱，GPC净化	GCB－酰胺丙基甲硅烷基化硅胶柱，乙腈－甲苯（3：1，$V:V$）洗脱；乙二胺基正丙基甲硅烷基化硅胶柱，丙酮－正己烷（1：1，$V:V$）洗脱；GPC净化，丙酮－环己烷（1：4，$V:V$）洗脱	GC－MS	DB-5MS	0.002 ng
EPA 525.1（1991）	洁净水源水和饮用水	C_{18}圆盘	二氯甲烷	—	—	GC/MS	DB-5MS或等效柱	阿特拉津0.1 μg/L
EPA 525.2（1995）	洁净水源水和饮用水	C_{18}圆盘	二氯甲烷	—	—	GC/MS	DB-5MS或等效柱	阿特拉津0.078 μg/L
EPA 527（2005）	饮用水和地表水	SDVB圆盘	乙酸乙酯－二氯甲烷（1：1，$V:V$）	—	—	GC/MS	DB-5MS或等效柱	阿特拉津0.036 μg/L
EPA 619（1993）	工业废水	液液萃取	二氯甲烷	硅酸镁柱	乙酸乙酯－正己烷（6：94，$V:V$）和乙酸乙酯－正己烷（15：85，$V:V$）	GC/TSD	玻璃填充柱	0.03～0.07 μg/L

续表

标准名称	应用范围	萃取方法	萃取溶剂	净化方法	净化条件	分析仪器	色谱柱	方法检出限
EPA 523（2011）	饮用水	石墨碳萃取	甲醇、乙酸乙酯解析	—	—	GC/MS（TOF）	Rtx-50柱或等效柱	0.10~0.69 μg/L

表4-3　阿特拉津相关国内标准分析方法汇总

标准名称	应用范围	萃取方法	萃取溶剂	净化方法	净化条件	分析仪器	色谱柱	检出限
《土壤和沉积物　11种均三嗪类农药的测定　液相色谱法》（HJ 1052—2019）	土壤和沉积物	索氏提取、加压流体萃取	丙酮－二氯甲烷（1:1，$V:V$）	硅酸镁、硅胶、氨基或其他等效固相萃取柱	丙酮－正己烷（1:9，$V:V$）洗脱	HPLC	C_{18}	0.02~0.08 mg/kg
《土壤中阿特拉津残留量的测定（高效液相色谱法）》（DB21/T 1675—2008）	土壤	超声提取	甲醇－水（1:1，$V:V$）	反萃取	二氯甲烷－石油醚（35:65，$V:V$）	HPLC/UVD	C_{18}	0.02 mg/kg
《进出口食品中莠去津残留量的检测方法　气相色谱－质谱法》（SN/T 1972—2007）	食品	液液萃取	水－丙酮、二氯甲烷	GPC、活性炭、硅酸镁柱	正己烷－乙酸乙酯洗脱	GC/MS	HP-1701	0.005~0.01 mg/kg

续表

标准名称	应用范围	萃取方法	萃取溶剂	净化方法	净化条件	分析仪器	色谱柱	检出限
《食品中莠去津残留量的测定》（GB/T 5009.132—2003）	食品	超声提取	甲醇 - 水（1:1, $V:V$）	硅酸镁柱	石油醚饱和的乙腈	GC/ECD	OV-17	0.03 mg/kg
《水质 阿特拉津的测定 气相色谱法》（HJ 754—2015）	地表水、地下水、生活污水、工业废水	液液萃取	二氯甲烷	硅胶柱	正己烷 - 乙酸乙酯（9:1, $V:V$）	GC/NPD	HP-5	0.2 μg/L
《水质 阿特拉津的测定 高效液相色谱法》（HJ 587—2010）	地表水和地下水	液液萃取	二氯甲烷	—	—	HPLC/UVD 或 DAD	C_{18}	0.08 μg/L
《生活饮用水标准检验方法 农药指标》（GB/T 5750.9—2006）	生活饮用水及其水源水	液液萃取	二氯甲烷	硅酸镁柱	乙醚 - 石油醚（1:1, $V:V$）	HPLC/UVD	C_{18}	0.5 μg/L
《水中除草剂残留测定 液相色谱 / 质谱法》（GB/T 21925—2008）	灌溉用水、地表水和地下水	液液萃取、固相萃取	二氯甲烷、乙腈	—	—	HPLC/MS	C_{18}	0.05 ～ 0.25 μg/L

《土壤和沉积物　有机物的提取　加压流体萃取法》（HJ 783—2016）适用于土壤和沉积物中的有机磷农药、有机氯农药、多环芳烃、邻苯二甲酸酯、多氯联苯等半挥发性有机物和不挥发性有机物的萃取。主要萃取剂为二氯甲烷、正己烷、丙酮－二氯甲烷（1∶1，$V∶V$）、丙酮－正己烷（1∶1，$V∶V$）、丙酮－二氯甲烷－磷酸（250∶125∶15，$V∶V∶V$）。标准中虽然未提及阿特拉津是否适用此标准，但阿特拉津作为农药类半挥发性有机物，其性质与上述物质有相似之处，并且在《土壤和沉积物　11 种均三嗪类农药的测定　高效液相色谱法》（HJ 1052—2019）中应用加压流体萃取法提取阿特拉津。以此为依据，研究采用《土壤和沉积物　有机物的提取　加压流体萃取法》（HJ 783—2016）对土壤和沉积物样品中的阿特拉津进行提取实验。

2.2.2　国内文献报道的分析方法

刘巍建立了加速溶剂萃取法提取土壤中微量阿特拉津、百菌清、溴氰菊酯和环氧七氯，气相色谱法（ECD）定量检测的分析方法。土壤样品采集后，风干粉碎，取粉碎后的土壤样品约 12 g，置于萃取池中，用环己烷萃取，萃取液氮吹至近干，加 1 mL 乙腈溶解，涡旋 1 min 后过滤，用气相色谱定量检测。阿特拉津、百菌清、溴氰菊酯和环氧七氯在浓度范围 0.01～8.0 μg/mL 内线性关系良好，相关系数均不低于 0.995；检出限为 0.006～0.010 mg/kg；加标回收率为 84.1%～92.3%。

梁焱等采用 ASE-GC/MS 测定了土壤中 24 种有机物含量（含阿特拉津）。土壤样品以正己烷－乙酸乙酯（5∶1，$V∶V$）进行萃取，提取液用硅酸镁柱净化，DB-5MS 色谱柱分离，采用选择离子扫描模式，阿特拉津方法检出限为 3.55 μg/kg，测定下限为 14.2 μg/kg。

程启明等建立了 ASE-GC/MS 法同时测定灯盏花及其土壤中阿特拉津和二甲戊乐灵的分析方法。样品用丙酮－二氯甲烷（1∶1，$V∶V$）

萃取，硅酸镁柱净化，阿特拉津和二甲戊乐灵的检出限为 1.50 ng/g 和 2.50 ng/g。

聂志强等建立了超声波提取、GPC 净化、HP-5MS 石英毛细管柱分离、选择离子模式扫描、质谱法测定土壤中 13 种均三嗪类农药残留的检测方法。三嗪类农药的加标量为 0.01～0.1 mg/kg 时，平均回收率为 72.1%～118%，RSD 为 2.6%～19.8%（$n = 4$），方法检出限为 0.3～2.5 μg/kg。

2.2.3 国内相关分析方法与本方法的关系

本方法参照国内现有分析标准及文献方法，立足国内现有仪器，确立实验方案。前处理条件中的萃取方式、净化方式等参照《土壤和沉积物 11 种均三嗪类农药的测定 高效液相色谱法》（HJ 1052—2019），并进一步优化。检测方式参照《进出口食品中莠去津残留量的检测方法 气相色谱－质谱法》（SN/T 1972—2007）和《水质 阿特拉津的测定 气相色谱法》（HJ 754—2015），采用气相色谱－质谱法。

本方法制定过程中，土壤采样参照《土壤环境监测技术规范》（HJ/T 166—2004），该规范规定了土壤环境监测的布点采样、样品制备、结果表征、资料统计和质量评价等技术内容。适用于全国区域土壤背景、农田土壤环境、建设项目土壤环境评价、土壤污染事故等类型的监测。沉积物采样主要参照《海洋监测规范 第 3 部分：样品采集、贮存与运输》（GB 17378.3—2007）和《水质 采样技术导则》（HJ 494—2009）。

干物质及水分的测定主要参照《土壤 干物质和水分的测定 重量法》（HJ 613—2011）和《海洋监测规范 第 5 部分：沉积物分析》（GB 17378.5—2007）。HJ 613 规定样品在 105 ± 5℃烘至恒重，以烘干前后的土样质量差值计算干物质和水分的含量，用质量百分比表示。

质量控制和质量保证主要参考了《土壤和沉积物 8 种酰胺类农药的

测定　气相色谱－质谱法》（HJ 1053—2019）和《土壤和沉积物　有机磷
类和拟除虫菊酯类等47种农药的测定　气相色谱－质谱法》（HJ 1023—
2019）中的相关规定。

3　方法研究报告

本方法为满足土壤和沉积物中阿特拉津的监测工作，以可操作性和安
全性为基本原则，充分考虑我国经济发展水平和客观实际需要，按照《环
境监测分析方法标准制订技术导则》（HJ 168—2020）的原则要求进行
编写。

3.1　研究缘由

本方法可作为"土十条"中相关监测要求和沉积物生态风险管控的技
术支持，也可作为《土壤环境质量　建设用地土壤污染风险管控标准（试
行）》（GB 36600—2018）质量控制标准中阿特拉津监测分析方法的补充。
本方法可以直接定性土壤和沉积物中目标物，并可以实现较低的检出限和
较宽的线性范围，具有所需样品量少、进样量少、操作简便、分离效果好
等优点，在质量保证和质量控制方面做出了详尽具体的规定，弥补了现今
发布的生态环境标准在快速响应、应急监测等方面的不足。

3.2　研究目标

本方法立足国内仪器发展现状，拟建立一种快捷、有效、经济的测定
土壤和沉积物中阿特拉津的气相色谱－质谱法，该方法的检出限应低于
《土壤环境质量　建设用地土壤污染风险管控标准（试行）》（GB 36600—
2018）中阿特拉津限值的十分之一，精密度、正确度等性能指标能够满足
现行环保工作的要求。

3.3 实验部分

3.3.1 仪器设备和试剂材料

3.3.1.1 气相色谱-质谱联用仪

本方法采用的仪器设备为岛津 GCMS-QP2020，色谱柱为 DB-5MS，30 m（柱长）×0.25 mm（内径）×0.25 μm（膜厚）。

3.3.1.2 提取装置

加压流体萃取装置：加热温度范围为 60～180 ℃，压力可达 2 000 psi[①]，配备 200 mL 或其他规格的玻璃接收瓶，萃取池规格可选用 34 mL 或其他规格。

索氏提取装置：可以持续加热提取 24 h，每小时回流 3～4 次。

3.3.1.3 冻干仪

冷冻干燥仪能够一次冻干 200 g 以上样品。

3.3.1.4 试剂和材料

本方法所用试剂和材料在《土壤和沉积物 阿特拉津的测定 气相色谱-质谱法》方法文本（以下简称方法文本）中详细描述，在此不进行赘述。

3.3.2 样品

3.3.2.1 采样装置

土壤采样器：不锈钢材质。参考 HJ/T 166，结合本方法所采用的样品瓶实际尺寸确定。

沉积物采样器：抓斗式或锥式采泥器，具体参照 GB 17378.3 和 HJ 494。

3.3.2.2 样品采集

参照 HJ/T 166 的相关规定进行土壤样品的采集和运输，参照 GB 17378.3 和 HJ 494 的相关规定进行沉积物样品的采集和运输，运输条件为

---

① 1 psi = 6 894.76 Pa。

冷藏、密封、避光。

3.3.2.3　样品保存

样品和样品提取液的保存方式和保存时间均参照《土壤和沉积物11 种均三嗪类农药的测定　高效液相色谱法》（HJ 1052—2019），样品采集在 250 mL 棕色玻璃瓶中，在 4 ℃冷藏、避光条件下可以保持 15 天。样品提取液在 4 ℃冷藏、密封、避光条件下可以保持 60 天。

3.3.3　样品的制备

采集样品为鲜样，除去样品中的枝棒、叶片、石子等异物，混匀样品。脱水方式采用冷冻干燥法或干燥剂脱水法，具体步骤已在方法文本中详细说明。在样品的制备过程中，可根据试样中目标物浓度适当增加或减少取样量。

样品含水率较大时建议采用冷冻干燥法，可以更好地除去样品中的水分，减少提取、净化等步骤中水相的干扰。样品含水率较小时采用两种方法均可。

3.3.4　干物质含量和含水率的测定

按照 HJ 613 测定土壤样品中的干物质含量；按照 GB 17378.5 测定沉积物样品的含水率。

3.3.5　试样及空白试样的制备

以丙酮–正己烷混合溶剂（1∶1，$V:V$）为提取剂，采用加压流体萃取法或者索氏提取法提取样品；提取液经无水硫酸钠脱水后，浓缩至0.5 mL，用 5 mL 正己烷进行溶剂转化，浓缩至 1 mL，待净化；活化固相萃取柱后，将浓缩液转入柱内，用 10 mL 丙酮–正己烷混合溶剂（5∶95，$V:V$）进行洗脱，洗脱液浓缩至约 1 mL，用 5 mL 正己烷进行溶剂转化，浓缩定容至 1.0 mL，待测。

用石英砂代替实际样品，按照与样品的制备和试样的制备相同步骤进行空白试样的制备。

3.3.6 分析参考条件

《食品中莠去津残留量的测定》（GB/T 5009.132—2003）、《进出口食品中莠去津残留量的检测方法 气相色谱－质谱法》（SN/T 1972—2007）和《水质 阿特拉津的测定 气相色谱法》（HJ 754—2015）规定进样口温度分别为 230 ℃、240 ℃和 280 ℃。由于阿特拉津属于半挥发性有机物，进样口温度越高，越利于其汽化，但进样口温度过高会减少进样垫的寿命以及增大柱流失，还可能造成目标物的分解。故本方法采用的进样口温度为 240 ℃。

EPA 8270E、EPA 525.1、EPA 525.2、EPA 527 和 HJ 754 均采用固定相为 5% 苯基 －95% 甲基聚硅氧烷的毛细石英柱进行阿特拉津色谱分离。因此本方法最终确定色谱柱为 DB-5MS，30 m（柱长）×0.25 mm（内径）×0.25 μm（膜厚）。如经验证，其他等效毛细色谱柱也可。

本方法气相色谱－质谱仪器参考条件：进样口温度为 240 ℃；载气流速 1.2 mL/min；柱温 150 ℃保持 2 min，以 10 ℃ /min 的速率升高到 250 ℃保持 5 min；进样方式为分流进样（分流比为 20∶1）；检测器离子源温度为 230 ℃；接口温度：250 ℃。推荐的仪器参考条件下目标物总离子流图见图 4-1。

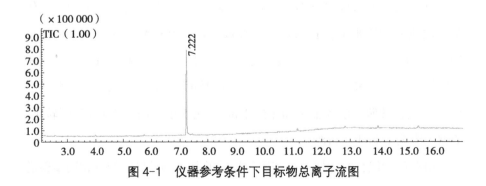

图 4-1 仪器参考条件下目标物总离子流图

3.3.7　校准

本方法配制标准系列参考浓度分别为 2.00 μg/mL、10.0 μg/mL、25.0 μg/mL、50.0 μg/mL 和 100 μg/mL，也可根据仪器灵敏度或线性范围配制能够覆盖样品浓度范围的至少 5 个浓度点的标准系列。以标准系列中目标物浓度为横坐标，以其对应的峰面积（峰高）为纵坐标，建立标准曲线，外标法定量。编制组多次验证，标准曲线相关系数均大于等于 0.995。

3.3.8　试样及空白试样的测定

按照与绘制标准曲线相同的仪器参考条件进行试样的测定。若试样中目标物浓度超出标准曲线范围，样品需要重新提取，分取适量提取液后，按照后续步骤重新处理后测定，记录稀释倍数。按照与试样测定相同的仪器参考条件进行空白试样的测定。

3.3.9　结果计算与表示

本方法的定性分析、定量分析和结果表示具体内容详见方法文本。

3.4　结果与讨论

3.4.1　前处理条件优化

3.4.1.1　提取

方法一：加压流体萃取（ASE）

对提取剂、提取温度、循环次数进行优化。称取 10 g（精确至 0.01 g）土壤实际样品，加标量为 5.0 mg/kg。与适量硅藻土搅拌均匀后装入 34 mL 萃取池，预热 5 min，1 500 psi 下静态萃取 5 min，吹扫 60 s。提取液转换溶剂为正己烷，浓缩后上机测定。

（1）提取剂的选择

根据国内外标准及文献报道，常用于阿特拉津的提取剂有正己烷、丙酮、二氯甲烷、乙酸乙酯、甲醇、乙腈等。《土壤和沉积物　有机物的提取　加压流体萃取法》（HJ 783—2016）中提及土壤和沉积物中的有机磷农药、有机氯农药、多环芳烃、邻苯二甲酸酯、多氯联苯等半挥发性有机物和不挥发性有机物的加压流体萃取方法，主要萃取剂为二氯甲烷、正己烷、丙酮－二氯甲烷（1∶1，$V∶V$）、丙酮－正己烷（1∶1，$V∶V$）、丙酮－二氯甲烷－磷酸（250∶125∶15，$V∶V∶V$）。本方法采用正己烷、丙酮和二氯甲烷两两组合，体积比为1∶1的3种混合体系比较提取效果，循环次数为3次，提取温度100 ℃，具体结果见图4-2。实验表明，正己烷－二氯甲烷体系对阿特拉津的提取回收率3次平均值在50%，并且RSD较大。正己烷－丙酮体系和丙酮－二氯甲烷体系对阿特拉津的提取回收率3次平均值均达到90%以上，RSD在15%以下。考虑到下一步的溶剂转换问题，编制组采用正己烷－丙酮（1∶1，$V∶V$）的混合提取溶剂为本方法的提取剂。

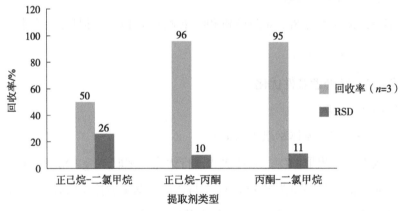

图4-2　加压流体萃取3种混合提取剂提取条件下回收率对比

（2）提取温度的选择

《土壤和沉积物　有机物的提取　加压流体萃取法》（HJ 783—2016）中有机磷农药的提取温度为80 ℃，多氯联苯的提取温度为120 ℃，其余均为100 ℃。实验以正己烷－丙酮（1∶1，$V∶V$）为提取剂，循环次数为 3 次，对比提取温度分别为 80 ℃、100 ℃、120 ℃的回收率平均值和 RSD，具体结果见图 4-3。实验表明，提取温度为 100 ℃时，回收率达到 96%，效果最佳。

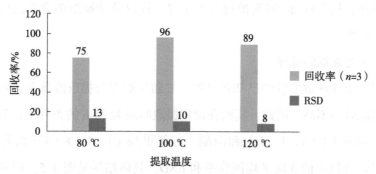

图 4-3　加压流体萃取不同提取温度条件下回收率对比

（3）循环次数的选择

实验以正己烷 – 丙酮（1 : 1，$V : V$）为提取剂，提取温度为 100 ℃，加标量为 100 mg/kg，对比循环提取 1 次、2 次、3 次的回收率平均值和 RSD，具体结果见图 4-4。实验表明，循环次数为 3 次时，回收率最高，提取效果最佳。

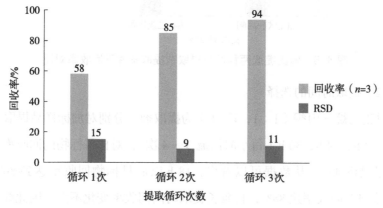

图 4-4　加压流体萃取不同循环次数条件下回收率对比

方法二：索氏提取

对提取剂、提取时间进行优化。称取 10 g（精确至 0.01 g）土壤实际样品，加标量为 5.0 mg/kg，与适量无水硫酸钠混匀后，转移至玻璃提取筒中，加热，用 200 mL 溶剂抽提若干小时。提取液转换溶剂为正己烷，浓缩后上机测定。

（1）提取剂的选择

加压流体萃取实验中已知正己烷－二氯甲烷混合提取液体系对阿特拉津的提取效率不高。因此，实验在设定提取时间为 24 h 的条件下，对比正己烷－丙酮（1:1，$V:V$）和丙酮－二氯甲烷（1:1，$V:V$）两种提取体系对阿特拉津的 3 次平均回收率和 RSD，具体结果见图 4-5。两种体系结果良好，考虑溶剂转换和溶剂毒性，选用正己烷－丙酮体系。

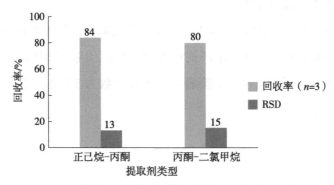

图 4-5　索氏提取两种混合提取剂提取条件下回收率对比

（2）提取时间的选择

以正己烷－丙酮（1:1，$V:V$）为提取剂，分别对加标样品提取 6 h、12 h、18 h、24 h、30 h（每小时回流 3～4 次），对比目标物的回收率，具体结果见图 4-6。从数据可以看出，18 h 以后目标物回收率达到 80% 以上，到 24 h 回收率达 88%，再延长提取时间回收率变化不大，因此综合时间成本考虑，24 h 作为提取时间更合适。

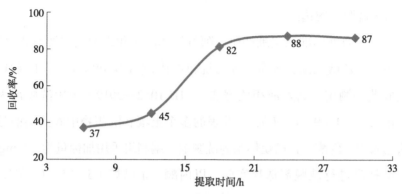

图 4-6　索氏提取不同提取时间条件下回收率对比

综上所述，根据实验结果，加压流体萃取选用正己烷－丙酮体系（1：1，V：V）为提取剂，提取温度为 100 ℃，循环 3 次效果最佳；索氏提取选用正己烷－丙酮体系（1：1，V：V）为提取剂，提取时间为 24 h 时效果最佳。而加压流体萃取相较于索氏提取具有消耗溶剂少、节省时间、提取效果好、自动化水平高等优势，但仪器价格较贵。

3.4.1.2　过滤脱水浓缩

对于土壤和沉积物鲜样，由于含水率高，导致提取液中可能含有一定水分。如果有显著水分，可以在玻璃漏斗内垫一层玻璃棉，加入适量的无水硫酸钠，用正己烷润洗后，过滤提取液，再用 10 mL 正己烷分 3 次洗涤提取液容器和漏斗，合并收集至浓缩容器，浓缩至少量后，加入 5 mL 正己烷，进行溶剂转换，再浓缩至 1 mL，待净化。

3.4.1.3　净化

土壤和沉积物样品基体大多复杂，提取液中含有大量色素、腐殖酸、脂肪或其他杂质，直接上机可能污染色谱柱，降低柱效，损耗检测器，对后续样品分析产生影响，一般需要进行净化处理。实验室现就有两种固相萃取柱，分别为硅酸镁柱（1 000 mg/6 mL）和硅胶柱（1 000 mg/6 mL），进行净化条件优化实验。

（1）洗脱剂的选择

通过国内外标准和文献调研，阿特拉津的净化洗脱剂主要有正己烷、二氯甲烷、乙酸乙酯、丙酮、环己烷和乙腈。《土壤和沉积物 11种均三嗪类农药的测定 高效液相色谱法》（HJ 1052—2019）选用洗脱剂为丙酮－正己烷（1：9，$V:V$)。已发表的多个土壤和沉积物中农药类的分析方法也采用了丙酮－正己烷体系为洗脱剂。编制组采用加标量为 5.0 mg/kg 的实际样品进行洗脱剂选择实验，以丙酮－正己烷（5：95，$V:V$)、丙酮－正己烷（1：9，$V:V$)、丙酮－正己烷（1：4，$V:V$) 3种配比进行洗脱比对，见图4-7。实验表明，丙酮－正己烷溶剂体系作为洗脱剂效果良好，丙酮－正己烷（5：95，$V:V$) 和丙酮－正己烷（1：9，$V:V$) 体系目标物回收率在80%以上。由于丙酮在洗脱剂中比例越高，对色素物质洗脱越重，得到的收集液颜色越深，因此综合考虑，选择丙酮－正己烷（5：95，$V:V$) 作为净化过程的洗脱剂。

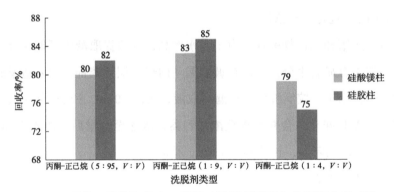

图 4-7 两种固相萃取柱在3种配比洗脱剂洗脱条件下回收率对比

（2）洗脱剂的用量

以目标物浓度为 100 μg/mL 的 1 mL 空白加标溶液，进行洗脱剂用量探索实验。洗脱液用量分别为 2 mL、4 mL、6 mL、8 mL 和 10 mL，对比两种固相萃取柱净化后目标物回收率，详细内容见表4-4。实验表明，洗

脱液用量为 6～10 mL，目标物回收率基本稳定，达到 90% 以上。为保证
目标物洗脱完全，建议洗脱剂用量为 10 mL。

表 4-4 不同固相萃取柱净化洗脱剂用量对比数据

洗脱剂用量 /mL	硅酸镁柱回收率 /%	硅胶柱回收率 /%
2	35	30
4	78	81
6	92	90
8	94	93
10	94	93

3.4.2 方法的适用性

3.4.2.1 不同类型土壤的方法适用性检验

编制组分别选取了具有代表性的暗棕壤（壤土）、白浆土（黏土）、黑
土（亚黏土）、风沙土（砂土）和黑钙土（壤土），对比不同类型的土壤
在本实验条件下其加标回收率情况（净化柱为硅酸镁柱），加标量分别为
5 mg/kg 和 40 mg/kg，实验结果见图 4-8。从图中可以看出，本方法对 5 种
类型土壤的适用性良好。

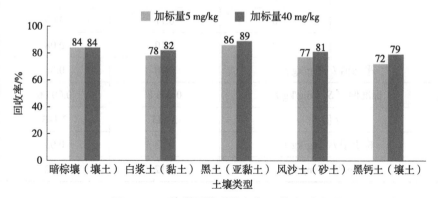

图 4-8 5 种类型的土壤加标回收率对比

3.4.2.2 检出限和测定下限

连续分析 7 个空白加标样品，样品量为 10 g（精确至 0.01 g），加标量为 0.10 mg/kg 计算其标准偏差 S。

$$MDL = St_{(n-1,0.99)}$$

式中，S——平行测定的标准偏差；

$t_{(n-1,0.99)}$——置信度为 99%、自由度为 $n-1$ 时的 t 值；

n——重复分析的样品数。

编制组方法检出限测定数据见表 4-5。以 4 倍的检出限作为测定下限，即 $RQL = 4 \times MDL$。

表 4-5　阿特拉津检出限和测定下限数据

平行样品编号		提取方式	
		加压流体萃取	索氏提取
测定结果 /（mg/kg）	1	0.10	0.09
	2	0.11	0.09
	3	0.10	0.08
	4	0.09	0.07
	5	0.10	0.08
	6	0.11	0.09
	7	0.10	0.08
平均值 /（mg/kg）		0.10	0.08
标准偏差 S/（mg/kg）		0.006 8	0.007 6
t 值		3.143	3.143
检出限 /（mg/kg）		0.03	0.03
测定下限 /（mg/kg）		0.12	0.12

本方法检出限为 0.03 mg/kg，测定下限为 0.12 mg/kg。

3.4.2.3　精密度

实验室分别选取空白样品，砂土、壤土和黏土 3 类土壤，湖库和河流两类沉积物，分别采用压力流体萃取法和索氏提取法两种前处理方式，进行 0.50 mg/kg（低）、10.0 mg/kg（中）和 40.0 mg/kg（高）3 个浓度加标测定，验证本方法精密度，结果见表 4-6、表 4-7。

分别配制低、中、高的空白加标样品（石英砂），每个浓度分析 6 个平行样，进行精密度测试。从表 4-6、表 4-7 中可以看出，不同浓度样品测试的相对标准偏差为 1.0%～5.9%。

分别配制低、中、高的 3 类土壤加标样品，每个浓度分析 6 个平行样，进行精密度测试。从表 4-6、表 4-7 中可以看出，低浓度土壤加标样品的相对标准偏差为 6.1%～12%，中浓度土壤加标样品的相对标准偏差为 6.3%～8.4%，高浓度土壤加标样品的相对标准偏差为 4.8%～8.7%。

分别配制低、中、高的两类沉积物加标样品，每个浓度分析 6 个平行样，进行精密度测试。从表 4-6、表 4-7 中可以看出，低浓度沉积物加标样品的相对标准偏差为 9.2%～10%，中浓度沉积物加标样品的相对标准偏差为 4.4%～9.5%，高浓度沉积物加标样品的相对标准偏差为 4.0%～8.2%。

表 4-6　加压流体萃取法加标样品精密度测定结果

类型	加标浓度 /（mg/kg）	测定结果 /（mg/kg）						平均值 /（mg/kg）	相对标准偏差 /%
		1	2	3	4	5	6		
空白	0.50	0.51	0.52	0.45	0.49	0.53	0.48	0.50	5.9
	10.0	9.88	9.25	9.75	10.2	9.51	9.08	9.61	4.3
	40.0	38.2	35.8	35.4	36.1	38.4	39.9	37.3	4.8

续表

类型	加标浓度 / （mg/kg）	测定结果 /（mg/kg）						平均值 / （mg/kg）	相对标准偏差 /%
		1	2	3	4	5	6		
砂土	0.50	0.48	0.45	0.51	0.54	0.55	0.41	0.49	11.0
	10.0	10.5	8.59	9.18	9.68	9.94	10.8	9.78	8.4
	40.0	36.1	38.1	41.2	44.9	40.0	38.9	39.9	7.6
壤土	0.50	0.46	0.51	0.54	0.48	0.47	0.55	0.50	7.5
	10.0	10.4	10.9	9.85	9.77	10.3	11.5	10.4	6.3
	40.0	41.8	43.7	38.4	36.1	44.9	41.3	41.0	8.0
黏土	0.50	0.44	0.41	0.36	0.46	0.51	0.40	0.43	12.0
	10.0	8.99	8.74	10.4	9.64	9.99	8.45	9.37	8.1
	40.0	39.0	40.5	38.2	37.4	35.9	40.7	38.6	4.8
湖库沉积物	0.50	0.38	0.33	0.38	0.41	0.45	0.39	0.39	10.0
	10.0	7.98	7.59	7.96	8.15	8.67	7.99	8.06	4.4
	40.0	28.7	27.4	29.5	30.7	31.7	33.1	30.2	6.9
河流沉积物	0.50	0.46	0.41	0.51	0.44	0.40	0.50	0.45	10.0
	10.0	10.1	9.85	10.5	10.7	11.0	9.95	10.4	4.4
	40.0	38.9	39.4	37.1	40.5	41.8	39.7	39.6	4.0

表 4-7 索氏提取法加标样品精密度测定结果

类型	加标浓度 / （mg/kg）	测定结果 /（mg/kg）						平均值 / （mg/kg）	相对标准偏差 /%
		1	2	3	4	5	6		
空白	0.50	0.43	0.42	0.42	0.45	0.46	0.47	0.44	4.9
	10.0	9.84	9.65	9.58	9.68	9.75	9.77	9.71	1.0
	40.0	38.7	37.6	36.0	36.9	37.1	38.2	37.4	2.6
砂土	0.50	0.38	0.44	0.36	0.45	0.46	0.4	0.42	9.8
	10.0	8.29	9.14	7.67	8.55	9.05	7.85	8.40	7.2
	40.0	37.1	38.2	36.9	33.0	30.1	35.1	35.1	8.7

续表

类型	加标浓度 / （mg/kg）	测定结果 / （mg/kg）						平均值 / （mg/kg）	相对标准偏差 /%
		1	2	3	4	5	6		
壤土	0.50	0.40	0.45	0.42	0.46	0.41	0.40	0.42	6.1
	10.0	9.14	8.84	7.96	8.33	9.01	9.95	8.90	7.8
	40.0	32.8	31.0	29.9	34.6	33.9	32.1	32.4	5.4
黏土	0.50	0.30	0.31	0.38	0.31	0.34	0.39	0.34	11.0
	10.0	6.68	7.95	6.84	7.09	7.22	8.01	7.30	7.7
	40.0	33.9	30.5	29.8	37.1	34.5	31.2	32.8	8.6
湖库沉积物	0.50	0.45	0.36	0.35	0.40	0.36	0.35	0.38	10.0
	10.0	9.01	8.05	7.14	7.09	7.52	8.33	7.90	9.5
	40.0	33.8	31.9	29.9	35.2	30.7	36.9	33.1	8.2
河流沉积物	0.50	0.32	0.38	0.40	0.37	0.33	0.33	0.36	9.2
	10.0	7.55	7.12	8.07	7.61	7.94	6.99	7.50	5.7
	40.0	31.8	33.6	34.9	29.8	33.3	28.1	31.9	8.0

3.4.2.4　正确度

实验室分别选取空白样品，砂土、壤土和黏土3类土壤，湖库和河流两类沉积物，分别采用压力流体萃取法和索氏提取法两种前处理方式，进行0.50 mg/kg（低）、10.0 mg/kg（中）和40.0 mg/kg（高）3个浓度加标测定，验证本方法正确度，结果见表4-8、表4-9。

分别配制低、中、高的空白加标样品（石英砂），每个浓度分析6个平行样，进行正确度测试。从表4-8、表4-9中可以看出，不同浓度样品测试的加标回收率为84.0%～106%。

分别配制低、中、高的3类土壤加标样品，每个浓度分析6个平行样，进行正确度测试。从表4-8、表4-9中可以看出，低浓度土壤加标样品的加标回收率为60.0%～110%，中浓度土壤加标样品的加标回收率为

66.8%～115%，高浓度土壤加标样品的加标回收率为74.5%～112%。

分别配制低、中、高的两类沉积物加标样品，每个浓度分析6个平行样，进行正确度测试。从表4-8、表4-9中可以看出，低浓度沉积物加标样品的加标回收率为64.0%～102%，中浓度沉积物加标样品的加标回收率为69.9%～110%，高浓度沉积物加标样品的加标回收率为68.5%～104%。

表4-8 加压流体萃取法加标样品正确度测定结果

类型	加标浓度 / （mg/kg）	回收率测定结果 /%						回收率平均值 /%
		1	2	3	4	5	6	
空白	0.50	102.0	104.0	90.0	98.0	106.0	96.0	99.3
	10.0	98.8	92.5	97.5	102.0	95.1	90.8	96.1
	40.0	95.5	89.5	88.5	90.3	96.0	99.8	93.3
砂土	0.50	96.0	90.0	102.0	108.0	110.0	82.0	98.0
	10.0	105.0	85.9	91.8	96.8	99.4	108.0	97.8
	40.0	90.3	95.3	103.0	112.0	100.0	97.3	99.7
壤土	0.50	92.0	102.0	108.0	96.0	94.0	110.0	100.0
	10.0	104.0	109.0	98.5	97.7	103.0	115.0	104.0
	40.0	104.0	109.0	96.0	90.3	112.0	103.0	103.0
黏土	0.50	88.0	82.0	72.0	92.0	102.0	80.0	86.0
	10.0	89.9	87.4	104.0	96.4	99.9	84.5	93.7
	40.0	97.5	101.0	95.5	93.5	89.8	102.0	96.5
湖库沉积物	0.50	76.0	66.0	76.0	82.0	90.0	78.0	78.0
	10.0	79.8	75.9	79.6	81.5	86.7	79.9	80.6
	40.0	71.8	68.5	73.8	76.8	79.3	82.8	75.5
河流沉积物	0.50	92.0	82.0	102.0	88.0	80.0	100.0	90.7
	10.0	101.0	98.5	105.0	107.0	110.0	99.5	104.0
	40.0	97.3	98.5	92.8	101.0	104.0	99.3	98.9

表4-9 索氏提取法加标样品正确度测定结果

类型	加标浓度/（mg/kg）	回收率测定结果/%						回收率平均值/%
		1	2	3	4	5	6	
空白	0.50	86.0	84.0	84.0	90.0	92.0	94.0	88.0
	10.0	98.4	96.5	95.8	96.8	97.5	97.7	97.1
	40.0	96.8	94.0	90.0	92.3	92.8	95.5	93.5
砂土	0.50	76.0	88.0	72.0	90.0	92.0	80.0	84.0
	10.0	82.9	91.4	76.7	85.5	90.5	78.5	84.0
	40.0	92.8	95.5	92.3	82.5	75.3	87.8	87.8
壤土	0.50	80.0	90.0	84.0	92.0	82.0	80.0	84.0
	10.0	91.4	88.4	79.6	83.3	90.1	99.5	89.0
	40.0	82.0	77.5	74.8	86.5	84.8	80.3	81.0
黏土	0.50	60.0	62.0	76.0	62.0	68.0	78.0	68.0
	10.0	66.8	79.5	68.4	70.9	72.2	80.1	73.0
	40.0	84.8	76.3	74.5	92.8	86.3	78.0	82.0
湖库沉积物	0.50	90.0	72.0	70.0	80.0	72.0	70.0	76.0
	10.0	90.1	80.5	71.4	70.9	75.2	83.3	79.0
	40.0	84.5	79.8	74.8	88.0	76.8	92.3	82.7
河流沉积物	0.50	64.0	76.0	80.0	74.0	66.0	66.0	71.0
	10.0	75.5	71.2	80.7	76.1	79.4	69.9	75.5
	40.0	79.5	84.0	87.3	74.5	83.3	70.3	79.8

3.4.3 方法比对

3.4.3.1 方法比对方案

（1）选取比对方法情况

土壤和沉积物中的阿特拉津已经颁布的分析方法为《土壤和沉积物
11种三嗪类农药的测定 高效液相色谱法》（HJ 1052—2019），该方法以
丙酮－二氯甲烷为提取剂，用索氏提取或加压流体萃取法提取土壤或沉积

物中的三嗪类农药，提取液经固相萃取净化、浓缩、定容后用高效液相色谱分离，紫外检测器检测，以保留时间定性和外标法定量。当样品量为 10.0 g、定容体积为 1.0 mL、进样体积为 1.0 μL 时，阿特拉津的检出限为 0.03 mg/kg。

精密度数据采用石英砂加标和实际样品加标的方式测定。石英砂加标的实验室内相对标准偏差分别为 1.5%～17%、7.3%～17%、2.2%～4.9%；实验室间相对标准偏差分别为 2.4%～9.7%、10%～14%、4.3%～5.8%；重复性限分别为 0.03～0.13 mg/kg、0.40～0.63 mg/kg、0.47～0.70 mg/kg；再现性限分别为 0.05～0.17 mg/kg、0.40～0.63 mg/kg、0.49～0.95 mg/kg。实际样品加标的实验室内相对标准偏差分别为 1.9%～15%、8.7%～21%、1.7%～16%；实验室间相对标准偏差分别为 2.9%～9.0%、13%～19%、5.0%～6.9%；重复性限分别为 0.03～0.11 mg/kg、0.53～0.73 mg/kg、0.69～1.1 mg/kg；再现性限范围分别为 0.07～0.18 mg/kg、0.53～0.73 mg/kg、0.71～1.2 mg/kg。

正确度数据采用石英砂加标和实际样品加标的方式测定。石英砂加标回收率平均值分别为 70%～81%、64%～78%、74%～80%；加标回收率最终值分别为 70%±6%～81%±12%、64%±4%～78%±6%、74%±4%～80%±4%。实际样品加标回收率平均值分别为 71%～81%、62%～72%、62%～82%；加标回收率最终值分别为 71%±6%～81%±12%、62%±4%～72%±2%、62%±6%～82%±4%。沉积物加标回收率平均值分别为 63%～74% 和 66%～72%；加标回收率最终值分别为 63%±8%～74%±6% 和 66%±2%～72%±6%。

（2）方法比对方案

本方法的准确度实验所用实际土壤类型为砂土、壤土和黏土，与《土壤和沉积物 11 种均三嗪类农药的测定 高效液相色谱法》（HJ 1052—

2019）相同。因为两个方法中选用的 3 种类型土壤的加标回收率没有明显差异性，因此在进行方法比对时，采用了两种类型的土壤，分别是壤土和黏土，加标量分别为 0.5 mg/kg 和 10 mg/kg。每种类型的土壤分别测定 7 个加标样品。

3.4.3.2 方法比对过程及结论

（1）方法比对实验数据

两种方法的实验数据见表 4-10。

表 4-10 两种方法的实验数据对比结果

样本数量	加标量 0.5 mg/kg（壤土）			加标量 10 mg/kg（黏土）		
	本标准	HJ 1052	配对差值	本标准	HJ 1052	配对差值
1	0.36	0.37	−0.01	0.84	0.73	0.11
2	0.32	0.36	−0.04	0.71	0.75	−0.04
3	0.38	0.37	0.01	0.75	0.82	−0.07
4	0.35	0.36	−0.01	0.78	0.84	−0.06
5	0.35	0.36	−0.01	0.82	0.71	0.11
6	0.34	0.34	0.00	0.85	0.76	0.09
7	0.36	0.37	−0.01	0.71	0.73	−0.02
$\bar{d}$	−0.010			0.017		
S_d	0.015			0.082		
t (计算)	−1.764			1.339		
$t_{0.05(7)}$	2.365			2.365		

（2）方法比对结论

由上表中数据可知，计算得到的 t 的绝对值均小于置信度为 95%、数据量为 7 时的理论值，表明两种方法没有显著性差异。可以根据仪器情况及实验室条件，任意选择两种方法。

3.5 实验结论及注意事项

3.5.1 实验结论

（1）实验室对空白样品加标，样品量为 10 g（精确至 0.01 g），配制阿特拉津含量为 0.10 mg/kg 的空白加标样品，进行 7 次重复测定，计算方法检出限，本方法阿特拉津的检出限为 0.03 mg/kg，测定下限为 0.12 mg/kg。

（2）实验室分别对加标量为 0.50 mg/kg、10.0 mg/kg 和 40.0 mg/kg 的石英砂样品进行了 6 次重复测定，精密度实验室内相对标准偏差分别为 4.9%～5.9%、1.0%～4.3% 和 2.6%～4.8%；正确度加标回收率分别为 84.0%～106%、90.8%～102% 和 88.5%～99.8%。

（3）实验室分别对加标量为 0.50 mg/kg、10.0 mg/kg 和 40.0 mg/kg 的砂土、壤土、黏土 3 类土壤样品进行了 6 次重复测定，精密度实验室内相对标准偏差分别为 6.1%～12%、6.3%～8.4% 和 4.8%～8.7%；正确度加标回收率分别为 60.0%～110%、66.8%～115% 和 74.5%～112%。

（4）实验室分别对加标量为 0.50 mg/kg、10.0 mg/kg 和 40.0 mg/kg 的湖库沉积物和河流沉积物样品进行了 6 次重复测定，精密度实验室内相对标准偏差分别为 9.2%～10%、4.4%～9.5% 和 4.0%～8.2%；正确度加标回收率分别为 64.0%～102%、69.9%～110% 和 68.5%～104%。

方法检出限、测定下限、精密度和正确度统计结果能满足方法特性指标要求，质量保证和质量控制根据实验室内方法验证数据确定。

3.5.2 注意事项

（1）试样制备过程中，如果样品含水率过高，可将样品进行过滤后，再进行干燥剂脱水或冻干脱水。如果样品经过提取后，提取液中仍然有大量水分，可以在提取液中直接加入一定量的无水硫酸钠（根据水分大小，调整无水硫酸钠用量），剧烈晃动，使水分充分被无水硫酸钠吸收后，再进行过滤、浓缩、净化等步骤。

（2）如果提取液无色透明，洁净度较高，可以不进行净化步骤，直接浓缩定容后待测。

参考文献

［1］《土壤环境质量　农用地土壤污染风险管控标准（试行）》GB 15618—2018［S］.

［2］《土壤环境质量　建设用地土壤污染风险管控标准（试行）》GB 36600—2018［S］.

［3］《地表水环境质量标准》GB 3838—2002［S］.

［4］《生活饮用水卫生标准》GB 5749—2006［S］.

［5］《杂环类农药工业水污染物排放标准》GB 21523—2008［S］.

［6］EPA 1699. Pesticides in Water, Soil, Sediment, Biosolids and Tissue by HRGC/HRMS. 2007.12［S］.

［7］EPA 8270E. Semivolatile Organic Compounds by Gas Chromatography/Mass Spectrometry（GC-MS）. 2018.2［S］.

［8］EPA 8085. Compound-Independent Elemental Quantitation of Pesticides by Gas Chromatography with GC/AED. 2007.2［S］.

［9］EPA 8141B. Organophosphorus Compounds by Gas Chromatography. 2007.2［S］.

［10］日本肯定列表食品中农业化学品残留量的测定［S］.

［11］EPA 525.1. Determination of Organic Compoundsin Drinking Water by Liquid-Solid Extraction and Capillary ColumnGas Chromatography/Mass Spectrometry. 1991.5［S］.

［12］EPA 525.2. Determination of Organic Compoundsin Drinking Water by Liquid-Solid Extraction and Capillary ColumnGas Chromatography/Mass Spectrometry. 1991.5［S］.

［13］EPA 527. Determination of Selected Pesticides and Flame Retardants in Drinking Water by Solid Phase Extraction and Capillary Column and Solid Phase Extraction and Capillary Column Gas Chromatography/Mass Spectrometry. 2005.4［S］.

［14］EPA 619. The determination of triazine pesticides in municipal and industrial wastewater［S］.

［15］EPA 523. Determination of Triazine Pesticides and their Degradates in Drinking Water by Gas Chromatography/Mass Spectrometry（GC/MS）. 2011. 2［S］.

［16］Guang Min, Shuo Wang, Huaping Zhu, et al. Multi-walled carbon nanotubes as solid-phase extraction adsorbents for determination of atrazine and its principal metabolites in water and soil samples by gas chromatography-mass spectrometry［J］. Science of the Total Environment, 2008, 396: 79-85.

［17］Gang Shen, Hian Kee Lee. Determination of triazines in soil by microwave-assisted extraction followed by solid-phase microextraction and gas chromatography-mass spectrometry［J］. Journal of Chromatography A, 2003, 985: 167-174.

［18］T Dagnaca, S Bristeaua, R Jeannota. Determination of chloroacetanilides, triazines and phenylureas and some of their metabolites in soils by pressurised liquid extraction, GC-MS/MS, LC-MS and LC-MS/MS［J］. Journal of Chromatography A, 2005, 1067: 225-233.

［19］Amalric L, Mouvet C, Pichon V, et al. Molecularly imprinted polymer applied to the determination of the residual mass of atrazine and metabolites within an agricultural catchment（Brevilles France）［J］. Journal of Chromatography A, 2008, 1206: 95-104.

［20］Longfei Yuan, Yida Chai, Congdi Li, et al. Dissipation, residue, dietary, and ecological risk assessment of atrazine in apples, grapes, tea and their soil［J］. Environmental Science and Pollution, 2021, 28: 35064-35072.

［21］Rocha C, Pappas E A, Huang C. Determination of trace triazine and chloroacetamide herbicides in tile-fed drainage ditch water using solid-phase microextraction coupled with GC-MS［J］. Environmental Pollution 2008, 152: 239-244.

［22］Chanbasha Basheer, Hian Kee Lee. Hollow fiber membrane-protected solid-phase microextraction of triazine herbicides in bovine milk and sewage sludge samples［J］. Journal of Chromatography A, 2004, 1047: 189-194.

［23］《土壤和沉积物　11 种均三嗪类农药的测定　高效液相色谱法》HJ 1052—2019［S］.

［24］《土壤中阿特拉津残留量的测定（高效液相色谱法）》DB 21/T 1675—2008［S］.

［25］《进出口食品中莠去津残留量的检测方法　气相色谱－质谱法》SN/T 1972—
2007［S］.

［26］《食品中莠去津残留量的测定》GB/T 5009.132—2003［S］.

［27］《水质　阿特拉津的测定　气相色谱法》HJ 754—2015［S］.

［28］《水质　阿特拉津的测定　高效液相色谱法》HJ 587—2010［S］.

［29］《生活饮用水标准检验方法农药指标》GB/T 5750.9—2006［S］.

［30］《水中除草剂残留测定　液相色谱/质谱法》GB/T 21925—2008［S］.

［31］《土壤和沉积物　有机物的提取　加压流体萃取法》HJ 783—2016［S］.

［32］刘巍.气相色谱法测定土壤中阿特拉津、百菌清、溴氰菊酯和环氧七氯的微量残
留［J］.分析仪器，2021，235(2): 5-8.

［33］梁焱、陈盛、张鸣珊，等.快速溶剂萃取－气相色谱/质谱法测定土壤中24种半
挥发性有机物含量［J］.理化检验（化学分册），2016，52(6): 677-683.

［34］程启明，黄青，廖祯妮，等.加压流体萃取－气相色谱/质谱法测定灯盏花及其
土壤中阿特拉津和二甲戊乐灵残留［J］.分析科学学报，2015，1: 115-118.

［35］聂志强，李卫建，刘潇威，等.凝胶渗透色谱净化－气质联用法测定土壤中三嗪
类除草剂［J］.分析实验室，2008，27(12): 80-83.

［36］《土壤环境监测技术规范》HJ/T 166—2004［S］.

［37］《海洋监测规范　第3部分：样品采集、贮存与运输》GB 17378.3—2007［S］.

［38］《水质　采样技术导则》HJ 494—2009［S］.

［39］《土壤　干物质和水分的测定　重量法》HJ 613—2011［S］.

［40］《海洋监测规范　第5部分：沉积物分析》GB 17378.5—2007［S］.

［41］《土壤和沉积物　8种酰胺类农药的测定　气相色谱－质谱法》HJ 1053—2019
［S］.

［42］《土壤和沉积物　有机磷类和拟除虫菊酯类等47种农药的测定　气相色谱－质谱
法》HJ 1023—2019［S］.

《土壤和沉积物 阿特拉津的测定 气相色谱－质谱法》方法文本

1 适用范围

本方法规定了测定土壤和沉积物中阿特拉津的气相色谱－质谱法。

本方法适用于土壤和沉积物中阿特拉津的测定。

当样品量为 10.0 g，定容体积为 1.0 mL，扫描方式为全扫描时，方法检出限为 0.03 mg/kg，测定下限为 0.12 mg/kg。

2 规范性引用文件

本方法引用了下列文件或其中的条款。凡是未注日期的引用文件，其最新版本（包括所有的修改单）适用于本方法。

GB 17378.3 海洋监测规范 第 3 部分：样品采集、贮存与运输

GB 17378.5 海洋监测规范 第 5 部分：沉积物分析

HJ/T 166 土壤环境监测技术规范

HJ 494 水质 采样技术指导

HJ 613 土壤 干物质和水分的测定 重量法

HJ 783 土壤和沉积物 有机物的提取 加压流体萃取法

3 方法原理

采用加压流体萃取或索氏提取方法，用丙酮－正己烷混合溶剂提取土壤和沉积物中的阿特拉津，根据样品基体干扰情况选择适合的固相萃取柱去除干扰物，浓缩、定容后经气相色谱分离、质谱检测，依据保留时间、碎片离子质荷比及其丰度比定性，外标法定量。

4 试剂和材料

警告：实验中使用的部分试剂和标准物质具有挥发性和毒性，试剂配制和前处理过程应在通风橱内进行；操作时应按要求佩戴防护器具，避免吸入呼吸道或接触皮肤和衣物。

除非另有说明，分析时均使用符合国家标准的分析纯试剂。实验用水

为不含目标物的纯水。

4.1 丙酮（C_3H_6O）：色谱级

4.2 正己烷（C_6H_{14}）：色谱级

4.3 丙酮－正己烷混合溶剂：1+1

丙酮（4.1）和正己烷（4.2）以 1∶1 的体积比混合。

4.4 丙酮－正己烷混合溶剂：5+95

丙酮（4.1）和正己烷（4.2）以 5∶95 的体积比混合。

4.5 阿特拉津标准贮备液：$\rho = 1\ 000$ mg/L

可直接购买市售有证标准溶液，于 -10 ℃下密封、避光、冷冻保存，或参照标准溶液证书进行保存。

4.6 阿特拉津标准使用液：$\rho = 100$ mg/L

用正己烷（4.1）稀释阿特拉津标准贮备液（4.5）配制而成，于 4 ℃下密封、避光、冷藏保存，保存时间为 60 天。

4.7 无水硫酸钠（Na_2SO_4）

使用前置于马弗炉中 400 ℃烘烤 4 h，冷却后装入磨口玻璃瓶中密封，于干燥器中保存。

4.8 硅藻土：粒径 150～250 μm（100～60 目）

使用前置于马弗炉中 400 ℃烘烤 4 h，冷却后装入磨口玻璃瓶中密封，于干燥器中保存。

4.9 石英砂：粒径 150～250 μm（100～60 目）

使用前置于马弗炉中 400 ℃烘烤 4 h，冷却后装入磨口玻璃瓶中密封，于干燥器中保存。

4.10 固相萃取柱

市售硅酸镁、硅胶或其他等效固相萃取柱，1 000 mg/6 mL 或更大容量规格。

4.11 玻璃棉

使用前用丙酮－正己烷混合溶剂（4.3）浸洗，待溶剂挥发干后，置于磨口玻璃瓶中密封保存。

4.12 索氏提取套筒：玻璃纤维或天然纤维材质套筒

玻璃纤维套筒使用前置于马弗炉中 400 ℃烘烤 4 h，冷却后置于磨口玻璃瓶中密封保存；天然纤维材质套筒使用前用丙酮－正己烷混合溶剂（4.3）浸洗，待溶剂挥发干后，置于磨口玻璃瓶中密封保存。

4.13 氮气：纯度≥ 99.99%

4.14 氦气：纯度≥ 99.999%

5 仪器和设备

5.1 气相色谱－质谱仪：具有分流 / 不分流进样口，可程序升温，质谱带电子轰击电离源（EI）

5.2 色谱柱：石英毛细管柱，30 m（柱长）× 0.25 mm（内径）× 0.25 μm（膜厚），固定相为 5% 苯基 -95% 甲基聚硅氧烷，或其他等效毛细管色谱柱

5.3 提取装置：加压流体萃取仪或索氏提取装置

5.4 浓缩装置：氮吹仪、旋转蒸发仪或其他同等性能的设备

5.5 冷冻干燥仪

5.6 样品瓶：具聚四氟乙烯内衬盖的 250 mL 螺口棕色玻璃瓶

5.7 分析天平：实际分度值为 0.01 g

5.8 一般实验室常用仪器和设备

6 样品

6.1 样品的采集与保存

按照 HJ/T 166 的相关规定进行土壤样品采集，按照 GB 17378.3 和 HJ 494 的相关规定进行沉积物样品采集。将样品尽快采集至样品瓶（5.6）

中，并填满。快速清除掉样品瓶螺纹及外表面上黏附的样品，密封避光冷藏运回实验室。

样品到达实验室后，应尽快分析。如不能及时分析，样品于 4 ℃以下密封避光冷藏保存，保存时间为 15 天。样品提取液于 4 ℃密封避光冷藏保存，保持时间为 60 天。

6.2　水分的测定

按照 HJ 613 测定土壤样品中的干物质含量；按照 GB 17378.5 测定沉积物样品的含水率。

6.3　样品的制备

除去样品中的枝棒、叶片、石子等异物，采用冷冻干燥或干燥剂两种方式对样品进行脱水干燥。

冷冻干燥法：取适量混匀的样品，放入冷冻干燥仪（5.5）中，干燥后的样品需研磨、混匀。称取 10 g（精确至 0.01 g）样品，待提取。

干燥剂法：称取 10 g（精确至 0.01 g）样品。采用加压流体萃取法提取时，加入适量硅藻土（4.8）；采用索氏提取法提取时，加入适量无水硫酸钠（4.7）。加入干燥剂后的样品，研磨成流沙状，全部转移至提取装置中，待提取。

6.4　试样的制备

6.4.1　提取

以丙酮–正己烷混合溶剂（4.3）为提取剂。

加压流体萃取法：按照 HJ 783 进行样品（6.3）装填，静态萃取 3 次，收集提取液。仪器参考条件：加热温度 100 ℃、萃取压力 1 500 psi、预加热平衡 5 min、静态萃取 5 min、溶剂淋洗 60% 池体积、氮气吹扫 60 s。

索氏提取法：将样品（6.3）转入索氏提取套筒（4.12）中，将套筒装入提取装置，加入 200 mL 提取剂（4.3），回流提取 24 h，回流速度控制在

3～4 次 /h，收集提取液。

6.4.2 过滤和脱水

在玻璃漏斗内垫一层玻璃棉（4.11），加入适量的无水硫酸钠（4.7），将提取液（6.4.1）过滤到浓缩容器中。再用 10 mL 正己烷（4.2）分 3 次洗涤提取液容器和漏斗，合并收集至浓缩容器中。

6.4.3 浓缩

将浓缩容器放入浓缩装置中，待提取液（6.4.2）浓缩至约 0.5 mL，加入约 5 mL 正己烷（4.2）并浓缩至约 1 mL，将溶剂完全转换为正己烷，待净化。

6.4.4 净化

依次用 5 mL 丙酮（4.2）和 10 mL 正己烷（4.2）活化固相萃取柱（4.10），保持柱头浸润。在溶剂流干之前，将浓缩后约 1 mL 的提取液（6.4.3）转入柱内，开始收集流出液，用 3 mL 正己烷（4.2）分 3 次洗涤浓缩容器，洗涤液全部转移至柱内，用 10 mL 丙酮－正己烷混合溶剂（4.4）进行洗脱，收集全部洗脱液。

6.4.5 浓缩定容

将洗脱液（6.4.4）再次浓缩至约 1 mL，加入 5 mL 正己烷（4.2）继续浓缩至约 0.5 mL，用正己烷（4.2）定容至 1.0 mL，待测。

6.5 空白试样的制备

用 10.0 g 石英砂（4.9）代替实际样品，按照与样品的制备（6.3）和试样的制备（6.4）相同步骤进行空白试样的制备。

7 分析步骤

7.1 仪器参考条件

7.1.1 气相色谱仪条件

进样口温度：240 ℃；程序升温：150 ℃（保持 2 min），以 10 ℃ /min

的速率升高到 250 ℃（保持 5 min）；进样方式：分流进样，分流比：20∶1；进样量：2 μL；柱流量：1.2 mL/min。

7.1.2　质谱条件

离子源温度：230 ℃；接口温度：250 ℃，扫描方式：全扫描；扫描范围：50～450 u。

7.2　仪器性能检查

样品分析前，应按照仪器说明书规定的校准化合物及程序进行调谐和检查，如不符合要求，则需对质谱仪的参数进行优化或清洗离子源。

7.3　标准曲线的建立

分别量取适量的阿特拉津标准使用液（4.6），用正己烷（4.2）稀释，配制至少 5 个浓度点的标准系列溶液，阿特拉津质量浓度分别为 2.00 μg/mL、10.0 μg/mL、25.0 μg/mL、50.0 μg/mL 和 100 μg/mL（此为参考浓度），也可根据仪器灵敏度或线性范围配制能够覆盖样品浓度范围的至少 5 个浓度点的标准系列。按照仪器参考条件（7.1），由低浓度到高浓度依次对标准系列溶液分析，以标准系列溶液中目标物质量浓度为横坐标，以其对应的峰面积（峰高）为纵坐标，建立标准曲线，外标法定量。在推荐的仪器参考条件下，阿特拉津色谱图见图 1。

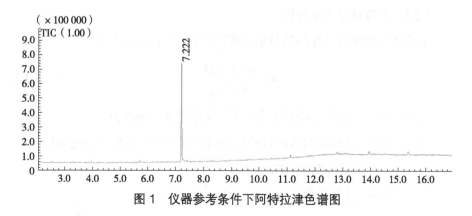

图 1　仪器参考条件下阿特拉津色谱图

7.4 试样测定

按照与标准曲线的建立（7.3）相同的步骤进行试样（6.4）的测定。若试样中目标物浓度超出标准曲线范围，样品需重新提取，分取适量提取液后按照 6.4.2～6.4.5 步骤重新处理后测定，记录稀释倍数。

7.5 空白实验

按照与试样测定（7.4）相同的步骤进行空白试样（6.5）的测定。

8 结果计算与表示

8.1 定性分析

通过样品中目标物与标准系列中目标物的保留时间、碎片离子质荷比及其丰度等信息比较，对目标物进行定性。样品中目标物保留时间与标准溶液中目标物保留时间的相对偏差控制在 ±3% 以内。目标物标准质谱图中相对丰度高于 30% 的所有离子应在样品质谱图中存在，样品质谱图和标准质谱图中上述特征离子的相对丰度偏差应在 ±30% 以内。

8.2 定量分析

在对目标物定性判断的基础上，根据定量离子（m/z：215）的峰面积或峰高，采用外标法进行定量。当样品中目标物的定量离子有干扰时，可使用辅助离子（m/z：173、200）定量。

8.2.1 土壤样品定量分析

土壤样品中阿特拉津的质量浓度按照公式（1）进行计算。

$$\omega = \frac{\rho \times V \times D}{m \times W_{dm}} \tag{1}$$

式中，ω——土壤样品中阿特拉津的质量浓度，mg/kg；

ρ——由标准曲线所得试样中阿特拉津的质量浓度，μg/mL；

V——试样定容体积，mL；

D——稀释倍数；

m——称取的样品量（湿重），g；

W_{dm}——土壤样品干物质含量，%。

8.2.2 沉积物样品定量分析

沉积物样品中阿特拉津的质量浓度按照公式（2）进行计算。

$$\omega = \frac{\rho \times V \times D}{m \times \left(1 - W_{H_2O}\right)} \tag{2}$$

式中，ω——沉积物样品中阿特拉津的质量浓度，mg/kg；

ρ——由标准曲线所得试样中阿特拉津的质量浓度，μg/mL；

V——试样定容体积，mL；

D——稀释倍数；

m——称取的样品量（湿重），g；

W_{H_2O}——沉积物样品含水率，%。

8.3 结果表示

测定结果小数位数与方法检出限一致，最多保留 3 位有效数字。

9 准确度

9.1 精密度

实验室内分别对加标量为 0.50 mg/kg、10.0 mg/kg 和 40.0 mg/kg 的空白样品进行了 6 次重复测定，实验室内相对标准偏差分别为 4.9%～5.9%、1.0%～4.3% 和 2.6%～4.8%。

实验室内分别对加标量为 0.50 mg/kg、10.0 mg/kg 和 40.0 mg/kg 的砂土、壤土、黏土 3 类土壤样品进行了 6 次重复测定，实验室内相对标准偏差分别为 6.1%～12%、6.3%～8.4% 和 4.8%～8.7%。

实验室内分别对加标量为 0.50 mg/kg、10.0 mg/kg 和 40.0 mg/kg 的湖库沉积物和河流沉积物样品进行了 6 次重复测定，实验室内相对标准偏差分别为 9.2%～10%、4.4%～9.5% 和 4.0%～8.2%。

9.2 正确度

实验室内分别对加标量为 0.50 mg/kg、10.0 mg/kg 和 40.0 mg/kg 的空白样品进行了 6 次重复测定,加标回收率分别为 84.0%～106%、90.8%～102% 和 88.5%～99.8%。

实验室内分别对加标量为 0.50 mg/kg、10.0 mg/kg 和 40.0 mg/kg 的砂土、壤土、黏土 3 类土壤样品进行了 6 次重复测定,加标回收率分别为 60.0%～110%、66.8%～115% 和 74.5%～112%。

实验室分别对加标量为 0.50 mg/kg、10.0 mg/kg 和 40.0 mg/kg 的湖库沉积物和河流沉积物样品进行了 6 次重复测定,加标回收率分别为 64.0%～102%、69.9%～110% 和 68.5%～104%。

10 质量保证和质量控制

10.1 空白试样

每 20 个样品或每批次(少于 20 个样品)至少测定 1 个实验室空白样品,目标物浓度应低于方法检出限。

10.2 校准

标准曲线至少需 5 个浓度点,标准曲线的相关系数应 ≥ 0.995,每 20 个样品或每批次(少于 20 个样品)分析 1 次标准曲线中间点,其测定结果与标准曲线相应点标准值的相对误差应在 ±20% 以内。

10.3 平行样

每 20 个样品或每批次(少于 20 个样品)至少分析 1 个平行样,平行样测定结果相对偏差应 ≤ 30%。

10.4 基体加标

20 个样品或每批次(少于 20 个样品)至少分析 1 个基体加标样,目标物加标回收率应为 60%～120%。

11　废物处理

实验中产生的废液和废物应集中收集，分类保管，并做好相应标识，依法委托有资质的单位进行处理。

《土壤 麝香类化合物的测定 气相色谱－质谱法》方法研究报告

1 方法研究的必要性和创新性

1.1 理化性质和环境危害

麝香类化合物，为麝体内分泌物，主要成分为麝香酮、甾类化合物。天然麝香价格昂贵，且获取途径大多严重违法，故基本上多用人工合成麝香取而代之。

人工合成麝香因价格低廉、香味特殊和定香持久等特点，已取代昂贵的天然麝香，成为重要的香味添加剂，被广泛添加到化妆品、香水、洗涤剂、空气清新剂等日化产品中。研究表明，麝香类化合物具有醒神、活血化淤、止痛等功效。

人工合成麝香类化合物主要分为四大类：硝基麝香、多环麝香、大环麝香和脂环麝香。其中，硝基麝香是一系列高度烷基取代的硝基苯类化合物，由于具有生物蓄积作用和潜在致癌性，欧盟的一些国家已对其中的一些产品做出了禁止和限制使用的规定，主要代表物是二甲苯麝香、酮麝香、伞花麝香、西藏麝香、葵子麝香。多环麝香是 20 世纪 50 年代才开始被合成和使用的，代表物包括佳乐麝香、吐纳麝香、开许梅龙、萨利麝香、粉檀麝香、特拉斯麝香等，其中佳乐麝香和吐纳麝香使用量占所有多环麝香的 95%。大环麝香包括酮类物质和内酯类物质，其在环境中易于降解，但由于合成成本高，目前应用较少，大环麝香主要有麝香酮、黄葵内酯、昆仑麝香等。脂环麝香又名环烷基酯或线性麝香，作为合成麝香家族的第四代，具有生物可降解特性和比大环麝香更低的生产成本优势，因此被认为是未来的主导产品。

近年人工合成麝香广泛用于日用化工产品中，由于逐渐在环境样品中检出，也被归为个人护理品类（PCPs）的新兴有机污染物。该类物质极性小，有较强的亲脂憎水性，在环境中有较高的生物累积性。在人体内过多累积具有很多的副作用；致癌性，能够抑制生物生长发育；环境激素效应、遗传毒性效应，能够激活或抑制酶的活性，长期使用会导致肝肾损坏并诱发癌症，对环境和人体健康具有一定的威胁。

环境中人工合成麝香污染现状分为以下几个方面：

（1）工业废料、废水及生活污水进入污水处理厂，未完全除去合成麝香的出水排放到河流、湖泊和海洋，进入水体环境。Yamagishi 等首次在日本水域及鱼类中检测到二甲苯麝香和酮麝香。目前，在污水处理厂进水和出水、河流、湖泊、海洋等水介质中均能检出合成麝香，其中佳乐麝香和吐纳麝香是主要污染物，其次为二甲苯麝香和酮麝香。有欧洲学者在水环境中检出二甲苯麝香和酮麝香。

（2）土壤中合成麝香的主要来源为污水直接排放、再生水灌溉、污泥农用、大气沉降、垃圾填埋等。同时，麝香类化合物也是原有香料厂修复场地控制的特征项目。胡正君等测定的中国天津土壤样品中含有佳乐麝香和吐纳麝香及少量的二甲苯麝香，未检出其他类型麝香。

（3）合成麝香大多是半挥发性有机物，可从日化产品、水体、土壤中挥发进入大气环境或被大气颗粒吸附，随着气流运动和大气沉降扩散到全球，污染生态环境，于生物体内累积并在食物链中传递。

1.2　相关环保标准和环保工作的需要

在我国现行的土壤环境质量标准中，涉及麝香类化合物的排放（控制）标准暂时没有，《土壤环境质量　农用地土壤污染风险管控标准（试行）》（GB 15618—2018）、《土壤环境质量　建设用地土壤污染风险管控标准（试行）》（GB 36600—2018）中尚未对麝香类化合物排放做控制要求。麝香类化合物是一类药物及个人护理品，使用量大，有很高的环境污染风险。随着《土壤污染防治行动计划》的推进实施，土壤环境污染越来越受到重视，麝香类化合物也受到越来越多的关注，但各省市尚未出台相关控制标准和规范。目前我国缺乏成熟可靠的对土壤中麝香类化合物检测的标准分析方法，国内对土壤和沉积物中麝香类化合物残留量分析研究的报道也为数不多。因此，我国亟须建立土壤等环境介质中麝香类化合物检测的标准分析方法。方法的建立有利于规范麝香类化合物的使用，监管控制土壤和沉积物中麝香类化合物的污染；有利于完善土壤环境质量标准体系，对贯彻《中华人民共和国环境保护法》，保护生态环境，保障社会和经济发展，维护人体健康，有重要的作用和实际应用价值。

2　国内外相关分析方法研究

土壤对麝香化合物有较强的吸附作用，文献资料显示，提取土壤中麝香化合物常用的萃取方式有索氏抽提、超声辅助萃取、微波辅助萃取和加速溶剂萃取（ASE）等。提取溶剂多为正己烷、正己烷－二氯甲烷（$1:1$，$V:V$）、正己烷－丙酮（$1:1$，$V:V$）。净化方法多为固相萃取（SPE）法，以硅胶、氧化铝、复合硅胶－氧化铝、活性炭－硅胶等作为吸附剂。

麝香类化合物沸点大多在 $280 \sim 465\ ℃$，属于热稳定型化合物，其亲脂性较强、极性较弱，常用气相色谱（GC）进行分析。以气相色谱柱作为重要的分离系统，分离时通常选用非极性的色谱柱（5% 二苯基 －95% 二甲基聚硅氧烷），也可采用中等极性的色谱柱。

气相色谱法常用的检测器主要包括电子捕获检测器（ECD）、氢火焰离子化检测器（FID）、氮磷检测器（NPD）等。GC 也存在局限，例如，仅通过保留时间进行化合物定性，可能造成定性特异性差异。因此，近年来 GC 正在逐渐被气相色谱－质谱法（GC-MS）取代。GC-MS 检测手段有气相色谱－电子轰击电离－选择离子－质谱（GC-EI-SIM-MS）和气相色谱－串联质谱－离子阱串联质谱（GC-IT-MS-MS）或三重四级杆串联质谱（GC-MS-MS）。对于复杂基质环境样品中多种类有机污染物的分析，快速有效的分离手段是分析的关键。

2.1 主要国家、地区及国际组织相关分析方法研究

2.1.1 国外相关标准分析方法

据目前检索，国外尚未有土壤中麝香类化合物的标准分析方法。

2.1.2 国外文献报道的分析方法

国外学者提取土壤中麝香类化合物时，首先在土壤样品中加入一定体积的去离子水，然后在微波辅助（MA）或者水浴加热的条件下进行萃取。西班牙学者将土壤先用甲醇/水进行 ASE 提取，再去除甲醇相并用蒸馏水定容后，采用离子液体进行单液滴萃取。

国外学者大多使用新技术进行样品测定，Vallecillos 等开发了顶空－固相微萃取技术（HS-SPME）分析污泥样品中的 8 种大环麝香，其检出限为 $1.0 \times 10^{-3} \sim 2.5 \times 10^{-3}$ ng/g。

Polo 等选用电子捕获检测器，结合顶空－固相微萃取分析了实际环境水样中的二甲苯麝香（MX）、酮麝香（MK）、伞花麝香（MM）和三甲苯麝香（MT），结果显示，该方法检出限为 $0.25 \sim 3.6$ ng/L，回收率为 $92\% \sim 108\%$。

除气相色谱外，Schüssler 等采用高效液相色谱－紫外检测器（HPLC-

UV）分析了污水中的佳乐麝香（HHCB）。

Lung 等采用 UPLC-APPI-MS/MS 技术对 6 种麝香进行分析，多环麝香选用正离子模式进行监测，硝基麝香则用负离子模式进行监测，采用了超高效的液相柱，使得色谱分离时间仅在 7 min 之内，相比气相色谱大大缩短了分析时间。

2.2　国内相关分析方法研究

2.2.1　国内相关标准分析方法

我国《日用香精》（GB/T 22731—2017）中已明确将葵子麝香、伞花麝香、西藏麝香、二甲苯麝香确定为化妆品中禁用物质，但尚未建立相关标准分析方法。目前土壤环境中的麝香类化合物也没有标准分析方法。

2.2.2　国内文献报道的分析方法

国内学者比较了索氏抽提、超声辅助萃取和快速溶剂萃取 3 种萃取方式，对中国太湖沉积物中麝香类化合物进行提取分离。结果表明，快速溶剂萃取具有自动化强、高效、省时和省溶剂等优越萃取性能，样品回收率为 86.0%～104%，检出限为 0.03～0.05 ng/g。

喻月等采用索氏提取法结合硅胶/氧化铝复合层析柱净化对长江三角洲农田土壤中 7 种合成麝香进行了分析，定量限为 0.10～1.10 ng/g，该方法提取效率高，但是存在溶剂用量大等缺点。

罗庆等采用微波萃取技术（MAE）分析了土壤、底泥中的佳乐麝香和吐纳麝香，净化柱同样采用复合层析柱，但分析的化合物种类有限。

胡正君等采用加速溶剂萃取（ASE）技术分析了土壤、底泥样品中的合成麝香，并采用硅胶/氧化铝层析柱进行分别净化。因土壤和底泥样品基体复杂，需进行有效的净化后方可进行仪器分析，但烦琐的净化步骤极大地提高了分析成本。

有学者采用全二维气相色谱-飞行时间-质谱（GC×GC-TOF-MS）

分析了污水及河水中包括合成麝香在内的 13 种个人护理品、15 种多环芳烃及 27 种农药，在低浓度的情况下也能得到准确的定性信息。

陈志蓉等用 HPLC-UV 分析了化妆品中的麝香酮，但由于色谱柱分离度的局限往往不能分析多种类化合物。

2.2.3　国内相关分析方法与本方法的关系

加速溶剂萃取法（ASE）利用高温和高压条件，快速萃取固体或半固体样品中目标物，与索氏抽提、微波萃取、超声萃取等相比，具有萃取回收率高、溶剂用量少、重现性高、简便高效等特点，被广泛应用于沉积物、土壤、污泥、生物组织等样品前处理。该方法也是我国目前使用较为广泛的一种测定土壤中有机污染物的前处理方法。

国内外研究结果显示，现有测定麝香类化合物的仪器主要是气相色谱－电子捕获检测器（GC-ECD）、液相色谱－紫外检测器（HPLC-UV）、气相色谱/质谱法（GC-MS）、全二维气相色谱－飞行时间－质谱（GC×GC-TOF-MS）、高效液相色谱－三重四极杆质谱法（UPLC-APPI-MS/MS）。单一气相色谱法和液相色谱法受定性差的限制，不适合分析多组分麝香类化合物；GC-MS-MS 的应用还较少，UPLC-MS-MS 和 GC×GC-TOF-MS 还处于探索阶段。气相色谱－质谱（GC-MS）既具备质谱技术的定性、定量准确优势，又具备使用率高的特点，是目前实验室分析合成麝香的通用仪器。

本研究确定采用 ASE 法萃取土壤中麝香类化合物，通过硅胶净化柱净化，并经 HP-5MS 毛细管柱分离，利用气相色谱－质谱联用仪测定土壤中麝香类化合物含量。

3　方法研究报告

3.1　研究缘由

土壤环境中麝香类化合物的主要来源是污水灌溉和污泥利用，其次是大气沉降、垃圾填埋产生的二次污染。废弃香料厂厂址搬迁后，场地有可能受到污染，会对场地再次使用产生风险，作为特征污染物，应该开展此项监测工作。但由于目前监测技术的不足，麝香类化合物作为特征污染物在土壤污染状况调查工作中数据还比较少。本研究建立的方法弥补了这一不足，为土壤污染状况的全面调查提供了技术支持。

此外，本研究方法前处理过程简便，包括提取、净化、浓缩等环节，可操作性强，适用于多种利用类型土壤，如黏土、壤土和砂土等，具有较高的普适性，且灵敏度高，检出限可达每千克几个微克。

3.2 研究目标

人工合成麝香类化合物沸点低、热稳定性强、极性小，有较强的亲脂憎水性。主要分为四大类：硝基麝香、多环麝香、大环麝香和脂环麝香。几类麝香中以多环麝香和硝基麝香的使用最为普遍。硝基麝香由于其生物毒性较强，各国已经颁布相关法律以限制其使用。我国标准《日用香精》（GB/T 22731—2017）规定的化妆品中禁用的麝香类物质有葵子麝香、伞花麝香、西藏麝香、二甲苯麝香。据此，本研究以葵子麝香、伞花麝香、西藏麝香、二甲苯麝香和酮麝香 5 种硝基麝香为研究对象，以建立有效的土壤中 5 种麝香类物质的气相色谱 – 质谱测定方法为研究目标。5 种麝香类物质的理化性质见表 5-1。

表 5-1　5 种麝香类化合物的理化性质

化合物	CAS 号	分子式	分子量	沸点 /℃	溶解性	香气特点
葵子麝香	83-66-9	$C_{12}H_{16}N_2O_5$	268	369	溶于乙醚、甲醇，微溶于乙醇，不溶于水	具有强烈的麝香香气，有花香格调，香气接近天然麝香

续表

化合物	CAS 号	分子式	分子量	沸点/℃	溶解性	香气特点
二甲苯麝香	81-15-2	$C_{12}H_{15}N_3O_6$	297	392	不溶于水，微溶于乙醇、丙二醇、甘油，溶于大多数香料	具有强烈的麝香香气，留香持久
伞花麝香	116-66-5	$C_{14}H_{18}N_2O_4$	278	421	不溶于水，微溶于乙醇	香气介于葵子麝香和酮麝香之间
西藏麝香	145-39-1	$C_{13}H_{18}N_2O_4$	266	391	不溶于水，微溶于乙醇	具有甜而柔的天然麝香香气
酮麝香	81-14-1	$C_{14}H_{18}N_2O_5$	294	436	不溶于水、甘醇、甘油，难溶于乙醇，溶于苯甲酸苄酯、动物油和香精油	具有幽雅、浓郁的麝香香气，略带天然麝香香韵，柔和、持久

本方法规定了对土壤和沉积物中麝香类化合物的监测分析方法，包括适用范围、方法原理、干扰和消除、实验材料和试剂、仪器和设备、样品采集和保存、样品制备、定性定量方法、结果的表示、质量控制和质量保证等几个方面的内容，研究的主要目的在于建立既适应当前生态环境保护工作的需求，又满足当前实验室仪器设备要求的标准分析方法。

3.2.1　方法适用范围

本方法适用于土壤和沉积物中二甲苯麝香、酮麝香、伞花麝香、西藏麝香和葵子麝香的测定。

3.2.2　本方法拟达到的特性指标

（1）精密度要求：实验室精密度实验测试结果相对标准偏差小于等于30%。

（2）正确度要求：目标化合物回收率为70%～130%。

3.3　方法原理

土壤中麝香类化合物经加压流体萃取装置提取，根据样品基体干扰情况，选择硅胶柱对提取液净化、浓缩、定容后，经气相色谱分离、质谱检测。根据保留时间、碎片离子质荷比及其丰度定性，内标法定量。

3.4 实验部分

3.4.1 试剂和材料

3.4.1.1 甲醇：色谱纯

3.4.1.2 正己烷：色谱纯

3.4.1.3 丙酮：色谱纯

3.4.1.4 二氯甲烷：色谱纯

3.4.1.5 正己烷－丙酮（1∶1，$V:V$）：用正己烷（3.4.1.2）和丙酮（3.4.1.3）以 1∶1 的体积比混合

3.4.1.6 二氯甲烷－丙酮（1∶1，$V:V$）：用二氯甲烷（3.4.1.4）和丙酮（3.4.1.3）以 1∶1 的体积比混合

3.4.1.7 正己烷－二氯甲烷（1∶1，$V:V$）：用正己烷（3.4.1.2）和二氯甲烷（3.4.1.4）以 1∶1 的体积比混合

3.4.1.8 二氯甲烷－正己烷（4∶6，$V:V$）：用二氯甲烷（3.4.1.4）和正己烷（3.4.1.2）以 4∶6 的体积比混合

3.4.1.9 麝香类化合物标准贮备液：$\rho = 10.0$ mg/mL，包括葵子麝香、伞花麝香、西藏麝香、二甲苯麝香、酮麝香

准确称取 100 mg（精确至 ±0.1 mg）麝香类化合物，移入 10 mL 容量瓶中，用甲醇（3.4.1.1）定容至刻度，摇匀。也可直接购买有证标准溶液，参照标准证书进行保存。

3.4.1.10 麝香类化合物标准使用液：$\rho = 100$ mg/L

用正己烷－丙酮（3.4.1.5）稀释麝香类化合物标准贮备液（3.4.1.9）。

3.4.1.11 内标标准溶液，选用菲 -d10 作为内标：$\rho = 4.00$ mg/mL，可直接购买包含相关目标物的有证标准溶液，或用纯标准物质配制

3.4.1.12 硅藻土：100～200 目

使用前于 400 ℃烘烤 4 h，冷却后置于具磨口塞的玻璃瓶中，并放入干燥器中保存。

3.4.1.13 石英砂：20～50 目

使用前于 400 ℃烘烤 4 h，冷却后置于具磨口塞的玻璃瓶中，并放入干燥器中保存。

3.4.1.14 无水硫酸钠：优级纯

使用前于 400 ℃烘烤 4 h，冷却后置于具磨口塞的玻璃瓶中，并放入干燥器中保存。

3.4.1.15 硅胶固相萃取柱：1.0 g/6 mL

3.4.1.16 硅酸镁固相萃取柱：1.0 g/6 mL

3.4.2 仪器和设备

3.4.2.1 气相色谱－质谱仪：气相色谱具有分流／不分流进样口，可程序升温。质谱具有电子轰击电离源

3.4.2.2 色谱柱：石英毛细管柱，柱长 30 m，内径 0.25 mm，膜厚 0.25 μm，固定相为 5% 聚二苯基硅氧烷或其他等效色谱柱

3.4.2.3 提取装置：加压流体萃取装置

3.4.2.4 浓缩装置：氮吹浓缩仪等性能相当的设备

3.4.2.5 固相萃取设备：固相萃取仪，可通过真空泵调节流速

3.4.2.6 分析天平：精度为 0.01 g

3.4.2.7 一般实验室常用仪器和设备

3.5 样品

3.5.1 样品采集和保存

参照《土壤环境监测技术规范》（HJ/T 166—2004）规定采集及保存

土壤样品。

样品采集后保存在事先清洗洁净的广口棕色玻璃瓶或聚四氟乙烯衬垫螺口玻璃瓶中。土壤样品暂不能分析的应在 4 ℃以下冷藏保存，保存时间为 10 天［参照《土壤环境监测技术规范》（HJ/T 166—2004）］。

3.5.2　干物质含量的测定

按照 HJ 613 测定土壤样品干物质含量。

3.6　样品的制备

去除样品中石子、枝叶等异物，将所采样品完全混合均匀。称取约20 g（精确至 0.01 g）样品，加入适量的硅藻土充分混匀、脱水，充分拌匀直至呈散粒状。装入萃取池中。

3.7　试样的制备

3.7.1　试样的提取

3.7.1.1　提取方式的选择

加速溶剂萃取法是一种新型的萃取技术，由于采用密闭系统，操作更简便、速度更快，同时降低了有机组分的损失，提高了回收率，适用范围更广泛。比较加速溶剂萃取法和索氏提取法的提取时间、使用有机溶剂体积、加标回收率范围和提取设备价格等方面，具体见表 5-2。

表 5-2　两种提取方式的比较

提取方法	提取时间 /h	使用有机溶剂体积 /mL	加标回收率范围 /%	设备价格 / 万元
加速溶剂萃取	约 0.3	约 25	73.9～96.8	70 左右
索氏提取	18	约 100	71.8～96.5	1 左右

3.7.1.2　提取溶剂的选择

麝香类化合物属于半挥发性有机物，参照现有文献中使用的提取溶剂，选择3种体系［正己烷-丙酮（1∶1，$V:V$）、二氯甲烷-丙酮（1∶1，$V:V$）、正己烷-二氯甲烷（1∶1，$V:V$）］比较提取效果，对加标浓度为50.0 μg/kg的空白土壤样品进行提取，平行提取6次比较提取效果，最终确定提取溶剂，结果如表5-3所示。

表5-3　不同提取溶剂条件下回收率的比较　　　　单位：%（$n=6$）

化合物	正己烷-丙酮 （1∶1，$V:V$）	二氯甲烷-丙酮 （1∶1，$V:V$）	正己烷-二氯甲烷 （1∶1，$V:V$）
葵子麝香	74.2	71.3	70.2
二甲苯麝香	78.3	73.2	75.1
伞花麝香	90.9	85.8	87.1
西藏麝香	85.4	82.1	80.0
酮麝香	92.7	85.1	83.2

由表5-3可知，3种不同提取溶剂整体的提取效果差异不大。土壤体系本身比较复杂，其表面带有电荷，呈极性，完全采用非极性溶剂很难进入较小的土壤孔隙，加入一定量的丙酮可以增加提取溶剂的极性，可将土壤表面和孔隙中的目标物提取出来。综合比较正己烷-丙酮（1∶1，$V:V$）体系提取效果最佳，尤其是伞花麝香和酮麝香的提取效率可达到90%以上。

3.7.1.3　提取温度的选择

提取温度是影响加速溶剂提取效果的重要因素之一，提高温度有利于克服基体效应，加快解析动力学，提高溶质的溶解能力；降低溶剂黏度，加速溶剂分子向基体中的扩散，提高提取效率及速度。依据麝香类化合物的沸点，参考《土壤和沉积物　有机物的提取　加压流体萃取法》（HJ 783—2016），选择60 ℃、80 ℃、100 ℃ 3种提取温度比较提取效果，使用正己烷-丙酮（1∶1，$V:V$）提取溶剂，对加标浓度为50.0 μg/kg的空白土壤样品进行提取，平行提取6次比较提取效果，结果如表5-4所示。

表 5-4 不同提取温度条件下回收率的比较 单位：%（$n = 6$）

化合物	60 ℃	80 ℃	100 ℃
葵子麝香	68.0	72.2	74.2
二甲苯麝香	66.9	74.6	78.3
伞花麝香	81.5	85.3	90.9
西藏麝香	75.6	80.9	85.4
酮麝香	82.8	87.6	92.7

麝香类化合物沸点大多为 280～465 ℃，属于热稳定型化合物。由表 5-4 可知，随着提取温度的升高，提取效率增加，在提取温度为 100 ℃时，提取效率最好。

3.7.1.4 提取次数的选择

考察了静态提取 1 次、2 次和 3 次下的加压流体萃取效果，使用正己烷－丙酮（1∶1，$V∶V$）提取溶剂，100 ℃的提取温度下，对加标浓度为 50.0 μg/kg 的空白土壤样品进行提取，平行提取 6 次比较提取效果，结果如表 5-5 所示。

表 5-5 不同静态萃取次数对回收率的比较 单位：%（$n = 6$）

化合物	循环 1 次	循环 2 次	循环 3 次
葵子麝香	68.4	74.2	75.2
二甲苯麝香	69.6	78.3	77.5
伞花麝香	80.4	90.9	91.2
西藏麝香	77.5	85.4	84.3
酮麝香	83.6	92.7	89.8

由表 5-5 可知，当提取次数由 1 次变为 2 次后，提取效率有了较大提高，2 次循环已经达到提取要求，从节约试剂和保护环境等方面考虑，确定静态提取次数为 2 次。

本研究最终确定：用正己烷－丙酮（1∶1，$V:V$）进行加压流体萃取。提取条件：萃取温度 100 ℃，加热时间 5 min，静态萃取时间 5 min，60% 萃取池体积，循环萃取 2 次。

3.7.2　试样浓缩

常规的浓缩方法有氮吹和旋转蒸发两种。其中氮吹浓缩保持开启氮气至溶剂表面有气流波动（避免形成气涡）为宜，用正己烷多次洗涤氮吹过程中已露出的浓缩器管壁。旋转蒸发设定加热温度为 35 ℃，旋转速度不宜过快，选择土壤样品加标实验对两种浓缩方式进行比较，结果见表 5-6。

表 5-6　不同浓缩方法条件下回收率的比较　单位：%（$n = 6$）

化合物	旋转蒸发浓缩	氮吹浓缩
葵子麝香	64.3	74.2
二甲苯麝香	63.2	78.3
伞花麝香	76.4	90.9
西藏麝香	71.3	85.4
酮麝香	72.5	92.7

由表 5-6 可知，旋转蒸发浓缩比氮吹浓缩整体的回收率偏低，同时考虑到氮吹浓缩可同时分析多个样品，本研究最终确定浓缩方式采用氮吹浓缩。

3.7.3　试样净化

土壤样品提取后，还存有相当量共萃取的腐殖质、脂肪、色素或其他杂质，不能直接进行色谱分析，需要进一步净化处理。净化不彻底、引入干扰杂质太多，影响方法的灵敏度和重现性。净化不完全还会产生基质效应，色谱峰保留时间发生漂移，色谱峰前伸或拖尾，造成定性不准确，且净化不完全易污染气相系统，对后续样品的测试产生影响。有效的净化方式可最大限度地保留目标化合物，去除大量干扰测定的杂质，减少基体效应，有效降低假阳性和假阴性，提高定量的准确性。

常规的净化方式有层析柱净化和凝胶渗透色谱净化。凝胶渗透色谱净化仪器昂贵，净化时间较长。硅胶层析柱净化需自制层析柱，对实验人员的技术要求较高。现有商品化净化小柱的技术比较成熟、规格统一，净化柱的净化效果没有差异，应用普遍。

3.7.3.1　净化小柱的选择

比较目前常用的两种净化柱——硅胶固相萃取柱和硅酸镁固相萃取柱，对土壤样品的净化结果进行比较，具体结果见表5-7。

表5-7　两种净化方式下净化结果的比较　　单位：%（$n=6$）

化合物	硅胶固相萃取柱净化	硅酸镁固相萃取柱净化
葵子麝香	70.3	74.2
二甲苯麝香	73.7	78.3
伞花麝香	86.2	90.9
西藏麝香	81.8	85.4
酮麝香	82.0	92.7

由表5-7可知，硅胶固相萃取柱对土壤样品净化的效果较好，确定使用硅胶固相萃取柱进行净化。

3.7.3.2　洗脱溶剂的选择

比较二氯甲烷、正己烷和二氯甲烷-正己烷（4:6，$V:V$）3种洗脱溶剂的洗脱效率，选择相同体积的不同类型洗脱溶剂对土壤样品的净化结果进行比较，具体结果见表5-8。

表5-8　不同洗脱溶剂条件下净化结果的比较　　单位：%（$n=6$）

化合物	二氯甲烷	正己烷	二氯甲烷-正己烷（4:6，$V:V$）
葵子麝香	64.2	68.4	74.2
二甲苯麝香	66.3	72.3	78.3

续表

化合物	二氯甲烷	正己烷	二氯甲烷－正己烷（4∶6，$V∶V$）
伞花麝香	69.5	79.5	90.9
西藏麝香	75.4	80.2	85.4
酮麝香	72.3	85.9	92.7

综合比较，在正己烷中加入少量二氯甲烷溶剂，洗脱效果有了很大的提升，同时杂质的干扰也较小。二氯甲烷－正己烷（4∶6，$V∶V$）洗脱对土壤样品净化的效果最好，确定二氯甲烷－正己烷（4∶6，$V∶V$）为净化洗脱溶剂。

3.7.3.3　洗脱溶剂用量的选择

建立二氯甲烷－正己烷（4∶6，$V∶V$）的洗脱曲线，比较不同洗脱体积的二氯甲烷－正己烷（4∶6，$V∶V$）的洗脱效率，具体结果见表 5-9。

表 5-9　不同洗脱体积条件下净化结果的比较　　单位：%（$n = 6$）

化合物	2 mL	5 mL	7 mL	10 mL	12 mL
葵子麝香	66.2	74.2	75.0	77.4	75.8
二甲苯麝香	65.2	78.3	78.5	78.2	80.4
伞花麝香	71.6	90.9	91.2	90.3	90.9
西藏麝香	68.3	85.4	86.6	85.6	86.5
酮麝香	74.8	92.7	92.6	91.3	93.3

由表 5-9 可知，初始随着洗脱体积的增加，净化效果较好；当洗脱体积为 7 mL 时，净化效果达到最佳。同时考虑增加洗脱溶剂的体积，过量杂质会洗脱下来，影响净化效果，对仪器测定会产生干扰，确定二氯甲烷－正己烷（4∶6，$V∶V$）净化的洗脱体积为 7 mL。

本研究最终确定净化方式：使用硅胶固相萃取柱进行净化，7mL 二氯甲烷－正己烷（4∶6，$V∶V$）淋洗。

3.7.4　空白试样的制备

使用石英砂替代实际样品，按照与试样的制备相同的步骤进行空白试样的制备。

3.8　分析步骤

3.8.1　仪器参考条件

麝香类化合物亲脂性较强、极性较弱，通常选用非极性的色谱柱（5% 二苯基 -95% 二甲基聚硅氧烷），本研究使用 HP-5 色谱柱，也可采用中等极性的色谱柱。

3.8.1.1　气相色谱仪条件

程序升温：进样口温度为 250 ℃；分流进样：分流比 5∶1；进样体积 1.0 μL；恒流模式，流量为 1.0 mL/min；升温程序：初始温度为 100 ℃，以 8 ℃ /min 速率升至 250 ℃；进样量：1.0 μL。

麝香类化合物在 HP-5 色谱柱的出峰顺序和保留时间见表 5-10。

表 5-10　麝香类化合物在 HP-5 色谱柱的出峰顺序和保留时间

序号	化合物	保留时间 /min
1	葵子麝香	13.342
2	二甲苯麝香	13.692
3	伞花麝香	14.006
4	西藏麝香	14.670
5	酮麝香	15.183

3.8.1.2　质谱仪条件

离子源：电子轰击源（EI）；离子源温度为 230 ℃；离子化能力：70 eV；接口温度：280 ℃；四级杆温度为 150 ℃；增益因子为 10.0；扫描方式：选择离子扫描模式（SIM）；溶剂延迟时间：5 min。

麝香类化合物的定量离子和辅助定性离子见表 5-11，在此仪器条件下麝香类化合物的总离子流图见图 5-1。

表 5-11　麝香类化合物的定量离子和辅助定性离子

序号	化合物	定量离子／（m/z）	定性离子／（m/z）
1	葵子麝香	253	268
2	二甲苯麝香	282	297
3	伞花麝香	263	278
4	西藏麝香	251	266
5	酮麝香	279	294

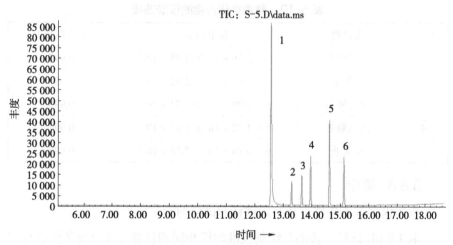

1—菲 -d10（内标）；2—葵子麝香；3—二甲苯麝香；4—伞花麝香；5—西藏麝香；6—酮麝香。

图 5-1　麝香类化合物的总离子流图

3.8.2　校准

土壤中麝香类物质含量较低，多为痕量级，因此充分利用气相色谱－质谱仪的优势，采用 SIM 进行定量分析来提高灵敏度。

3.8.2.1　校准曲线的配制

加入不同体积的麝香类化合物标准溶液，同时向其中加入一定体积的内标液，配制成校准曲线。配制成麝香类化合物标准溶液浓度分别为 100 μg/L、200 μg/L、500 μg/L、800 μg/L 和 1.00×10^3 μg/L，内标液的浓度为 500 μg/L。

3.8.2.2 校准曲线的建立

取 1.0 μL 配制的校准曲线浓度系列进样，按照仪器参考条件（3.8.1），从低浓度到高浓度依次测定。以目标物浓度为横坐标，以目标物的峰面积和对应内标物峰面积的比值与对应内标物浓度的乘积为纵坐标，建立校准曲线见表 5-12。

表 5-12 麝香类化合物的校准曲线

序号	化合物	标准曲线	相关系数 /r
1	葵子麝香	$y = 3.26 \times 10^{-2}x - 1.98 \times 10^{-4}$	0.997
2	二甲苯麝香	$y = 4.97 \times 10^{-2}x - 2.82 \times 10^{-3}$	0.997
3	伞花麝香	$y = 7.99 \times 10^{-2}x + 7.71 \times 10^{-5}$	0.999
4	西藏麝香	$y = 1.22 \times 10^{-1}x - 1.67 \times 10^{-2}$	0.997
5	酮麝香	$y = 6.86 \times 10^{-2}x - 7.88 \times 10^{-3}$	0.998

3.8.3 测定

按照仪器参考条件进行空白试样和试样的测定。

取 1.0 μL 试样，按照与绘制校准曲线相同的仪器参考分析条件进行测定。若样品中待测物质浓度超出校准曲线范围，需重新称取样品，按照前处理方法进行提取，分取提取液按照净化方法进行净化，全部提取液除以分取提取液即为稀释倍数。

3.9 结果计算与表示

3.9.1 结果定性

根据样品中目标化合物的保留时间（RT）、碎片离子质荷比以及不同离子丰度比定性。

样品中目标化合物的保留时间与期望保留时间（标准溶液中的平均相对保留时间）的相对偏差应控制在 ±3% 以内；样品中目标化合物的不同碎片离子丰度比与期望值（标准溶液中碎片离子的平均离子丰度比）的相对偏差控制在 ±30% 以内。

3.9.2　结果定量

以选择离子方式采集数据，以内标法定量。

土壤样品中目标物的质量浓度按照公式（1）进行计算。

$$\omega_i = \frac{\rho_i \times V}{m \times \omega_{dm}} \qquad (1)$$

式中，ω_i——土壤样品中目标物的含量，μg/kg；

ρ_i——由校准曲线计算所得目标物的质量浓度，μg/L；

m——土壤样品湿重，g；

ω_{dm}——土壤样品干物质含量，%；

V——土壤试样定容体积，mL。

3.9.3　结果表示

测定结果小数点后位数的保留与方法检出限一致，最多保留 3 位有效数字。

3.10　检出限和测定下限

按照样品分析的全步骤，样品进行重复 7 次平行测定，计算测定结果的标准偏差，按照公式（2）计算方法检出限。根据 HJ 168—2020 的规定，以 4 倍检出限作为测定下限。

$$\text{MDL} = t_{(n-1,0.99)} \times S \qquad (2)$$

式中，MDL——方法检出限；

n——样品的平行测定次数；

t——自由度为 n-1，置信度为 99% 时的 t 分布（单侧），当自

由度 n-1 为 6 时，置信度为 99% 时的 t 值为 3.143；

S——7 次平行测定的标准偏差。

对石英砂加标，浓度为 5.00 µg/kg（取样量为 20.0 g），完全按照方法中规定的分析步骤，平行分析 7 次，结果见表 5-13。

表 5-13　检出限和测定下限　　　　　　单位：µg/kg

化合物	1	2	3	4	5	6	7	标准偏差	检出限	测定下限
葵子麝香	3.53	3.51	3.84	4.32	4.16	3.97	3.51	0.33	2	8
二甲苯麝香	3.71	3.42	3.87	3.91	4.46	3.73	3.51	0.34	2	8
伞花麝香	4.02	3.54	3.47	3.36	3.87	3.62	4.36	0.35	2	8
西藏麝香	4.41	4.17	4.36	3.53	4.32	3.56	4.13	0.37	2	8
酮麝香	3.53	4.19	4.47	4.10	4.18	3.43	4.22	0.39	2	8

3.11　实验室内方法准确度

选取 3 种土壤样品（分别为黏土型、壤土型和砂土型），通过实际样品加标来验证实验室内方法准确度。精密度：用相对标准偏差表示，正确度用加标回收率表示。

3 种实际土壤样品经测定均不含目标物。对每种实际样品进行低、中、高浓度加标测定，分别为 5.00 µg/kg、10.0 µg/kg 和 40.0 µg/kg（称取 20.0 g 样品），平行分析 6 次，计算结果平均值，相对标准偏差及加标回收率。结果见表 5-14～表 5-22。

表 5-14　黏土型土壤低浓度加标样品的准确度结果

化合物	土壤样品结果 /（µg/kg）	低浓度加标（5.00 µg/kg）									
		1	2	3	4	5	6	均值	SD	RSD/%	回收率/%
葵子麝香	ND	3.72	3.98	4.33	3.80	3.83	3.31	3.83	0.333 4	8.7	76.6

续表

化合物	土壤样品结果 / (μg/kg)	低浓度加标（5.00 μg/kg）									
		1	2	3	4	5	6	均值	SD	RSD/%	回收率/%
二甲苯麝香	ND	3.86	4.02	3.15	3.93	4.23	3.61	3.80	0.377 5	9.8	76.0
伞花麝香	ND	3.76	3.65	3.32	3.59	3.88	4.26	3.74	0.315 4	9.8	74.9
西藏麝香	ND	4.10	4.31	3.89	4.63	3.55	3.93	4.07	0.372 7	9.2	81.4
酮麝香	ND	3.98	4.09	3.48	4.37	4.31	3.86	4.02	0.325 6	8.8	80.3

注：ND 表示未检出。

表 5-15　黏土型土壤中浓度加标样品的准确度结果

化合物	土壤样品结果 / (μg/kg)	中浓度加标（10.0 μg/kg）									
		1	2	3	4	5	6	均值	SD	RSD/%	回收率/%
葵子麝香	ND	8.47	8.26	9.21	7.94	8.32	8.09	8.38	0.445 6	5.4	83.8
二甲苯麝香	ND	8.11	8.27	8.64	7.96	9.19	8.22	8.40	0.449 2	5.5	84.0
伞花麝香	ND	7.94	7.60	8.04	8.00	7.59	7.30	7.75	0.294 3	3.7	77.5
西藏麝香	ND	9.85	9.20	9.09	8.75	8.92	9.23	9.17	0.377 4	4.3	91.7
酮麝香	ND	9.76	9.12	9.43	9.21	8.94	9.81	9.38	0.352 7	3.5	93.8

注：ND 表示未检出。

表 5-16　黏土型土壤高浓度加标样品的准确度结果

化合物	土壤样品结果 / (μg/kg)	高浓度加标（40.0 μg/kg）									
		1	2	3	4	5	6	均值	SD	RSD/%	回收率/%
葵子麝香	ND	35.7	33.8	35.3	34.4	32.6	33.3	34.2	1.185 6	3.6	85.5
二甲苯麝香	ND	36.1	35.2	35.3	34.7	33.9	34.6	35.0	0.747 4	2.5	87.4
伞花麝香	ND	31.4	32.7	31.8	33.2	30.8	31.3	31.9	0.911 4	2.4	79.7
西藏麝香	ND	37.7	35.9	36.1	38.0	35.3	36.6	36.6	1.058 3	2.8	91.5
酮麝香	ND	38.1	37.8	39.5	36.4	37.4	38.5	38.0	1.044 5	2.9	94.9

注：ND 表示未检出。

表 5-17　壤土型土壤低浓度加标样品的准确度结果

化合物	土壤样品结果 /（μg/kg）	低浓度加标（5.00 μg/kg）									
		1	2	3	4	5	6	均值	SD	RSD/%	回收率 /%
葵子麝香	ND	4.05	3.87	3.66	4.45	4.07	3.92	4.00	0.264 1	6.3	80.1
二甲苯麝香	ND	4.23	4.09	4.11	4.61	3.92	3.75	4.12	0.293 3	7.2	82.4
伞花麝香	ND	4.11	4.02	4.68	3.94	4.01	3.68	4.07	0.331 3	8.1	81.5
西藏麝香	ND	4.48	4.12	4.56	4.19	4.29	3.97	4.27	0.222 5	5.2	85.4
酮麝香	ND	4.35	4.64	3.81	4.19	4.38	4.49	4.31	0.287 1	6.6	86.2

注：ND 表示未检出。

表 5-18　壤土型土壤中浓度加标样品的准确度结果

化合物	土壤样品结果 /（μg/kg）	中浓度加标（10.0 μg/kg）									
		1	2	3	4	5	6	均值	SD	RSD/%	回收率 /%
葵子麝香	ND	8.89	9.25	8.54	8.17	8.95	8.85	8.78	0.373 2	4.4	87.8
二甲苯麝香	ND	8.89	7.96	8.37	9.12	8.55	8.74	8.61	0.409 6	4.9	86.1
伞花麝香	ND	8.85	8.44	8.28	8.73	8.84	9.06	8.70	0.288 7	3.9	87.0
西藏麝香	ND	9.29	9.03	8.97	8.59	9.17	9.46	9.09	0.300 4	3.8	90.9
酮麝香	ND	9.86	8.96	8.84	9.48	9.48	8.92	9.26	0.409 6	4.5	92.6

注：ND 表示未检出。

表 5-19　壤土型土壤高浓度加标样品的准确度结果

化合物	土壤样品结果 /（μg/kg）	高浓度加标（40.0 μg/kg）									
		1	2	3	4	5	6	均值	SD	RSD/%	回收率 /%
葵子麝香	ND	36.1	36.8	33.9	37.6	35.2	35.4	35.8	1.300 3	3.2	89.6
二甲苯麝香	ND	37.3	37.2	36.1	36.4	36.9	37.9	37.0	0.650 1	1.5	92.4
伞花麝香	ND	38.4	36.5	37.8	37.3	37.2	37.7	37.5	0.643 2	2.0	93.7

续表

化合物	土壤样品结果 /（µg/kg）	高浓度加标（40.0 µg/kg）									
		1	2	3	4	5	6	均值	SD	RSD/%	回收率/%
西藏麝香	ND	37.6	35.9	38.0	37.9	37.2	35.5	37.0	1.064 7	2.3	92.5
酮麝香	ND	39.7	38.2	38.5	37.6	37.2	39.0	38.4	0.913 6	2.1	95.9

注：ND 表示未检出。

表 5-20　砂土型土壤低浓度加标样品的准确度结果

化合物	土壤样品结果 /（µg/kg）	低浓度加标（5.00 µg/kg）									
		1	2	3	4	5	6	均值	SD	RSD/%	回收率/%
葵子麝香	ND	4.77	4.01	4.56	4.23	4.18	4.12	4.31	0.291 0	7.7	86.2
二甲苯麝香	ND	4.23	4.29	3.73	4.04	4.47	4.26	4.17	0.255 6	6.2	83.4
伞花麝香	ND	4.28	4.25	3.85	4.33	4.49	4.09	4.22	0.220 5	5.8	84.3
西藏麝香	ND	4.55	4.01	4.38	4.40	4.45	4.38	4.36	0.183 9	4.2	87.2
酮麝香	ND	4.48	4.21	4.33	3.88	4.68	4.22	4.30	0.271 5	7.7	86.0

注：ND 表示未检出。

表 5-21　砂土型土壤中浓度加标样品的准确度结果

化合物	土壤样品结果 /（µg/kg）	中浓度加标（10.0 µg/kg）									
		1	2	3	4	5	6	均值	SD	RSD/%	回收率/%
葵子麝香	ND	9.17	8.89	9.23	9.45	8.46	8.93	9.02	0.343 5	4.1	90.2
二甲苯麝香	ND	9.45	9.02	9.37	9.18	9.58	9.77	9.40	0.270 3	3.2	94.0
伞花麝香	ND	9.98	9.87	9.76	9.50	9.67	9.90	9.78	0.175 2	3.1	97.8
西藏麝香	ND	9.56	9.23	9.17	9.44	9.60	9.03	9.34	0.229 4	3.0	93.4
酮麝香	ND	9.83	9.77	9.35	9.64	9.15	9.72	9.58	0.2682	2.5	95.8

注：ND 表示未检出。

表 5-22　砂土型土壤高浓度加标样品的准确度结果

化合物	土壤样品结果 /（µg/kg）	高浓度加标（40.0 µg/kg）									
		1	2	3	4	5	6	均值	SD	RSD/%	回收率/%
葵子麝香	ND	38.9	37.6	37.8	37.8	38.7	38.4	38.2	0.540 4	1.6	95.5
二甲苯麝香	ND	40.2	38.9	38.4	38.3	39.2	38.6	38.9	0.703 3	1.5	97.3
伞花麝香	ND	41.2	39.6	38.7	39.8	40.3	39.7	39.9	0.828 0	2.2	99.7
西藏麝香	ND	38.4	38.1	37.3	37.7	37.9	38.8	38.0	0.527 9	1.3	95.1
酮麝香	ND	37.3	39.8	39.2	37.7	36.5	37.3	38.0	1.264 4	2.8	94.9

注：ND 表示未检出。

由上表可以看出：3 种实际土壤样品的实际样品经测定均不含目标物。加标回收率范围分别为 74.9%～94.9%、80.1%～95.9% 和 83.4%～99.7%；相对标准偏差（RSD）分别为 2.4%～9.8%、1.5%～8.1% 和 1.3%～7.7%。

3.12　质量控制和质量保证

3.12.1　空白实验

每 20 个样品或每批次（少于 20 个样品 / 批）至少分析一个实验室空白。空白测定结果中目标物浓度应低于方法检出限。

3.12.2　校准曲线

校准曲线至少需要 5 个浓度点，校准曲线相关系数应 ≥ 0.995。

每 20 个样品或每 24 h 分析一次校准曲线中间浓度点，其测定结果与理论浓度值相对误差应在 ±20% 以内。否则，须重新绘制校准曲线。

3.12.3　平行样测定

每 20 个样品或每批次（少于 20 个样品 / 批）应分析一个平行样，平行样分析结果相对偏差应 ≤ 20%。

3.12.4　基体加标回收

本研究测定土壤的基体加标回收率范围为 74.9%～99.7%，因此要求

基体加标回收率的下限为 70%，参照下限，上限定为 130%。因此，每
20 个样品或每批次（少于 20 个样品 / 批）应分析一个基体加标样品，加
标回收率应为 70%～130%。

3.13　注意事项

质谱的选择离子检测通常较全扫描灵敏度高，在使用时需确保试剂空
白、仪器系统空白和空白实验样品对目标物选择离子干扰足够低。

参考文献

［1］刘洪涛，梁少霞，李梦婷，等 . 人工合成麝香的分析方法及环境污染现状［J］. 分
析测试学报，2017，36(12): 1526-1535.

［2］周静 . 日用化学用品合成麝香［J］. 日用化学工业，2016，46(9): 530-538.

［3］曾祥英，陈多宏，桂红艳，等 . 环境中合成麝香污染物的研究进展［J］. 环境监测
管理与技术，2006，18(3): 7-10.

［4］Vallecillos L, Borrull F, Pocurull E. Recent approaches for the determination of synthetic
musk fragrances in environmental samples［J］. Trends in Analytical Chemistry，
2015a, 72: 80-92.

［5］Taylor K M, Weisskopf M, Shine J. Human exposure to nitro musks and the evaluation
of their potential toxicity：An overview［J］. Environmental Health: A Global Acess
Science, 2014, 13: 14.

［6］周启星，王美娥，范飞，等 . 人工合成麝香的环境污染生态行为与毒理效应研究进
展［J］. 环境科学学报，2008，28(1): 1-11.

［7］李菊，谢建军，黄雪琳，等 . 人造麝香的危害性及其残留检测方法研究进展［J］.
理化检验（化学分册），2015，51(2): 272-276.

［8］Yamagishi T, Miyazaki T, Horii S, et al. Identification of musk xylene and musk ketone
in freshwater fish collected from the Tama River. ［J］. Tokyo Bull Environ Contam

Toxicol, 1981, 26, 656-662.

［9］Rimkus G G, Gatermann R, Huhnerfuss H. Musk xylene and musk ketone amino metabolites in the aquatic enviroment［J］. Toxicol. Lett, 1999, 111(1/2): 5-15.

［10］胡正君，史亚利，蔡亚岐. 加速溶剂萃取气相色谱质谱法测定污泥、底泥及土壤样品中的合成麝香［J］. 分析化学，2010，38(6): 885-888.

［11］喻月，王玲，赵全升，等. 气相色谱质谱联用测定长江三角洲农田土壤中的合成麝香［J］. 环境化学，2015，34(11): 2046-2052.

［12］叶洪，林永辉，杨方，等. 气相色谱-质谱法测定水产品中9种合成麝香［J］. 福建农林大学学报，2013，4(2): 202-206.

［13］罗庆，孙丽娜. 微波辅助萃取气相色谱质谱法测定土壤、底泥及植物样品中的多环麝香［J］. 分析实验室，2011，30(4): 50-53.

［14］陈志冉，崔鹏. ASE 萃取-GC-MS/MS 法同时测定污泥中12种合成麝香［J］. 分析测试，2019，39(10): 119-220.

［15］Vallecillos L, Borrull F, Pcurull E. Determination of musk fragrances in sewage sludge by pressurized liquid extration coupled to automated ionic liquid-based headspace single-drop microextraction followed by GC-MS/MS［J］. Journal of Separation Science, 2012a, 35: 2735-2742.

［16］Vallecillos L, Borrull F, Sanchez J M, et al. Sorbentpacked needle microextraction trap for synthetic musks determination in wastewater samples［J］. Talanta, 2015b, 132: 548-556.

［17］Polo M, Garcia-Jares C, Llompart M, et al. Optimization of a sensitive method for the deter-mination of nitro musk fragrances in waters by solid-phase microextraction and gas chromato-graphy with micro electron capture detection using factorial experimental design［J］. Analytical and Bioanalytical Chemistry, 2007, 388: 1789-1798.

［18］Schüssler W, Nitschke L. Determination of trace amounts of Galaxolide (HHCB) by HPLC［J］. Fresenius Journal of Analytical Chemistry, 1998, 361: 220-221.

［19］Lung S C, Liu C H. High-sensitivity analysis of six synthetic musks by ultraperformance liquid chromatography atmospheric pressure photoionization tandem mass spectrometry［J］. Analytical Chemistry, 2011, 83: 4955-4961.

［20］Chen D H, Zeng X Y, Sheng Y Q, et al. The concentrations and distribution of polycyclic musks in a typical cosmetic plant［J］. Chemosphere, 2007, 66(2): 252-258.

［21］Gomez M J, Herrera S, Sole D, et al. Automatic searching and evaluation of priority and emer-ging contaminants in wastewater and river water by stir bar sorptive extraction followed by com-prehensive two-dimensional gas chromatography-time-of-flight mass spectrometry［J］. Analytical Chemistry, 2011, 83: 2638-2647.

［22］陈志蓉，高晓谡，穆旻，等. 反相高效液相色谱法测定化妆品中的酮麝香［J］. 科技导报，2011，29(21): 41-44.

［23］上海香料研究所，等. 日用香精：GB/T 22731—2017［S］. 北京：中国标准出版社，2018.

《土壤　麝香类化合物的测定　气相色谱－质谱法》方法文本

1　适用范围

本标准规定了测定土壤中麝香类化合物的气相色谱－质谱法。

本标准适用于对土壤中葵子麝香、二甲苯麝香、伞花麝香、西藏麝香和酮麝香的测定。

取样量为 20.0 g，定容体积为 1.0 mL，采用选择离子方式测定时，方法检出限均为 2 μg/kg，测定下限均为 8 μg/kg。

2　规范性引用文件

本标准引用了下列文件或其中的条款。凡是不注明日期的引用文件，其有效版本适用于本标准。

HJ/T 166　土壤环境监测技术规范

HJ 613　土壤　干物质和水分的测定　重量法

HJ 783　土壤和沉积物　有机物的提取　加压流体萃取法

3　方法原理

土壤中麝香类化合物经加压流体萃取装置提取，根据样品基体干扰情况，选择硅胶柱对提取液净化、浓缩、定容后，经气相色谱分离、质谱检测。根据保留时间、碎片离子质荷比及其丰度定性，内标法定量。

4　试剂和材料

除非另有说明，分析时均使用符合国家标准的分析纯试剂。实验用水为不含目标物的纯水。

4.1　甲醇：色谱纯。

4.2　正己烷：色谱纯。

4.3　丙酮：色谱纯。

4.4　二氯甲烷：色谱纯。

4.5　正己烷-丙酮（1:1，$V:V$）：用正己烷（4.2）和丙酮（4.3）以 1:1 的体积比混合。

4.6　二氯甲烷-正己烷（4:6，$V:V$）：用二氯甲烷（4.4）和正己烷（4.2）以 4:6 的体积比混合。

4.7　麝香类化合物标准贮备液：$\rho = 10.0$ mg/mL。

准确称取 100 mg（精确至 ±0.1 mg）麝香类化合物，移入 10 mL 容量瓶中，用甲醇（4.1）定容至刻度，摇匀。也可直接购买有证标准溶液，参照标准证书进行保存。

4.8　麝香类化合物标准使用液：$\rho = 100$ mg/L。

用正己烷-丙酮（1:1，$V:V$）（4.5）稀释麝香类化合物标准贮备液（4.7）。

4.9　内标标准溶液，选用菲-d10 作为内标：$\rho = 4.00$ mg/mL，可直接购买包含相关目标物的有证标准溶液，或用纯标准物质配制。

4.10　硅藻土：100～200 目。

使用前于 400 ℃烘烤 4 h，冷却后置于具磨口塞的玻璃瓶中，并放入干燥器中保存。

4.11　石英砂：20～50 目。

使用前于 400 ℃烘烤 4 h，冷却后置于具磨口塞的玻璃瓶中，并放入干燥器中保存。

4.12　无水硫酸钠：优级纯。

使用前于 400℃烘烤 4 h，冷却后置于具磨口塞的玻璃瓶中，并放入干燥器中保存。

4.13　硅胶固相萃取柱：1.0 g/6 mL。

5　仪器和设备

5.1　气相色谱-质谱仪：气相色谱具有分流/不分流进样口，可程序

197

升温。质谱具有电子轰击电离源

5.2 色谱柱：石英毛细管柱，柱长 30 m，内径 0.25 mm，膜厚 0.25 μm，固定相为 5% 聚二苯基硅氧烷，或其他等效色谱柱

5.3 提取装置：加压流体萃取装置

5.4 浓缩装置：氮吹浓缩仪等性能相当的设备

5.5 固相萃取设备：固相萃取仪，可通过真空泵调节流速

5.6 分析天平：精度为 0.01 g

5.7 一般实验室常用仪器和设备

6 样品

6.1 样品采集和保存

按照 HJ/T 166 的相关规定进行土壤样品的采集和保存。

样品应于洁净的磨口棕色玻璃瓶中保存。土壤样品暂不能分析应在 4 ℃以下冷藏保存，保存时间为 10 天。

6.2 样品的制备

除去样品中的异物，将样品完全混匀。称取约 20 g（精确至 0.01 g）样品，加入适量的硅藻土（4.10）充分混匀、脱水，充分拌匀直至呈散粒状。装入萃取池中。

6.3 干物质含量的测定

按照 HJ 613 测定土壤样品干物质含量。

6.4 试样的制备

用正己烷-丙酮（4.5）进行加压流体萃取。条件：萃取温度 100 ℃，加热时间 5 min，静态萃取时间 5 min，60% 萃取池体积，循环萃取 2 次。

将提取液经无水硫酸钠（4.12）脱水后转移至浓缩装置（5.4），浓缩至 5 mL，待净化。

先后用 5 mL 正己烷（4.2）、5 mL 二氯甲烷（4.4）活化硅胶固相萃取

柱（4.13）；待柱上近干时，将浓缩液全部转移至硅胶固相萃取柱（4.13）中，弃去流出液；用 7 mL 二氯甲烷 – 正己烷（4.6）淋洗，收集淋洗液。浓缩至近 1 mL，加内标，定容至 1 mL，待测。

6.5　空白试样的制备

使用石英砂（4.11）替代实际样品，按照与试样的制备（6.4）相同的步骤进行空白试样的制备。

7　分析步骤

7.1　仪器参考条件

7.1.1　气相色谱参考条件

程序升温：进样口温度为 250 ℃；分流进样：分流比 5∶1；进样体积 1.0 μL；恒流模式，流量为 1.0 mL/min；升温程序：初始温度为 100 ℃，以 8 ℃/min 速率升至 250 ℃。进样量：1.0 μL。

7.1.2　质谱参考条件

离子源：电子轰击源（EI）；离子源温度为 230 ℃；离子化能力：70 eV；接口温度：280 ℃；四级杆温度为 150 ℃；增益因子为 10.0；扫描方式：选择离子扫描模式（SIM）；溶剂延迟时间：5 min。

7.2　校准曲线的建立

加入不同体积的麝香类化合物标准使用液（4.8），同时向其中加入一定体积的内标液（4.9），配制成校准曲线。配制成麝香类化合物标准溶液浓度分别为 100 μg/L、200 μg/L、500 μg/L、800 μg/L 和 1.00×10^3 μg/L，内标液的浓度为 500 μg/L。

取 1.0 μL 配制的校准曲线浓度系列（6.4）进样，按照仪器参考条件（7.1），从低浓度到高浓度依次测定。以目标物浓度为横坐标，以目标物的峰面积和对应内标物峰面积的比值与对应内标物浓度的乘积为纵坐标，建立标准曲线。

7.3 标准样品的气相色谱／质谱图

在推荐的仪器参考条件下，目标物的总离子流图见图1。

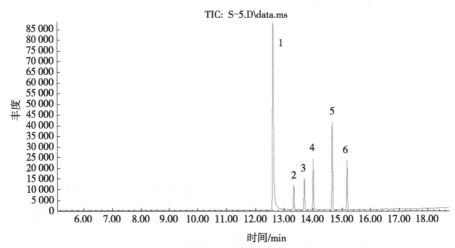

1—菲-d10（内标）；2—葵子麝香；3—二甲苯麝香；4—伞花麝香；5—西藏麝香；6—酮麝香。

图1 麝香类化合物的总离子流图

7.4 测定

7.4.1 空白试样测定

按照仪器参考条件（7.1）进行空白试样（6.5）的测定。

7.4.2 试样测定

按照仪器参考条件（7.1）进行试样（6.4）的测定。

8 结果计算与表示

8.1 定性分析

根据样品中目标化合物的保留时间（RT）、碎片离子质荷比以及不同离子丰度比定性。

样品中目标化合物的保留时间与期望保留时间（标准溶液中的平均相对保留时间）的相对偏差应控制在 ±3% 以内；样品中目标化合物的不同

200

碎片离子丰度比与期望值（标准溶液中碎片离子的平均离子丰度比）的相对偏差控制在 ±30% 以内。

8.2　结果计算

以选择离子方式采集数据，以内标法定量。

土壤样品中目标物的质量浓度按照公式（1）进行计算。

$$\omega_i = \frac{\rho_i \times V}{m \times \omega_{dm}} \tag{1}$$

式中，ω_i——土壤样品中目标物的含量，μg/kg；

ρ_i——由校准曲线计算所得目标物的质量浓度，μg/L；

m——土壤样品湿重，g；

ω_{dm}——土壤样品干物质含量，%；

V——土壤试样定容体积，mL。

8.3　结果表示

测定结果小数点后位数的保留与方法检出限一致，最多保留 3 位有效数字。

9　准确度

9.1　精密度

本实验室选取 3 种实际土壤样品（分别为黏土型、壤土型和砂土型），分别对加标浓度为 5.00 μg/kg、10.0 μg/kg 和 40.0 μg/kg 的样品进行测定，得到实验室内的相对标准偏差分别为 2.4%～9.8%、1.5%～8.1% 和 1.3%～7.7%。

9.2　正确度

本实验室选取 3 种实际土壤样品（分别为黏土型、壤土型和砂土型），分别对加标浓度为 5.00 μg/kg、10.0 μg/kg 和 40.0 μg/kg 的样品进行测定，目标物加标回收率分别为 74.9%～94.9%、80.1%～95.9% 和

83.4%～99.7%。

10 质量控制和质量保证

10.1 空白实验

每 20 个样品或每批次（少于 20 个样品 / 批）至少分析一个实验室空白。空白测定结果中目标物浓度应低于方法检出限。

10.2 校准曲线

校准曲线至少需要 5 个浓度点，相关系数应 ≥ 0.995。

每 20 个样品或每 24 h 分析一次校准曲线中间浓度点，其测定结果与理论浓度值相对误差应在 ±20% 以内。否则，须重新绘制校准曲线。

10.3 平行样测定

每 20 个样品或每批次（少于 20 个样品 / 批）应分析一个平行样，平行样分析结果相对偏差应 ≤ 30%。

10.4 基体加标回收

每 20 个样品或每批次（少于 20 个样品 / 批）应分析一个基体加标样品，加标回收率应为 70%～130%。

11 废物处理

实验中产生的废液和废物应分类收集，并做好相应标识，依法委托有资质的单位进行处置。

12 注意事项

质谱的选择离子检测通常较全扫描灵敏度高，在使用时需确保试剂空白、仪器系统空白和空白实验样品对目标物选择离子干扰足够低。

《土壤 银、硼、锡、铜、铅、锌、钼、镍、钴的测定 交流电弧－发射光谱法》方法研究报告

1 方法研究的必要性和创新性

1.1 理化性质和环境危害

1.1.1 理化性质

银（Ag）是过渡金属，一种重要的贵金属。银在自然界中少数以单质形式存在，绝大部分以化合态的形式存在于银矿石中。中国是银矿资源中等丰富的国家，总保有银储量 11.65 万 t，居世界第六位。银矿成矿的一个重要特点，就是 80% 的银是与其他金属，特别是与铜、铅、锌等有色金属矿产共生或伴生在一起。

硼（B）是高等植物特有的必需元素，而动物、真菌与细菌均不需要硼。硼能与游离状态的糖结合，使糖容易跨越质膜，促进糖的运输。植物各器官间硼的含量以花最高，花中又以柱头和子房最高。硼对植物的生殖过程有重要的影响，与花粉形成、花粉管萌发和受精有密切关系，土壤中硼的含量在一定程度上决定了植物生长的好坏。

锡（Sn）是一种质地较软的金属，熔点较低，可塑性强。它可以有各种表面处理工艺，能制成多种款式的产品。锡合金是锡器的材质，其中锡含量在 97% 以上，不含铅的成分，适合日常使用。锡与硫的化合物硫化

锡，它的颜色与金子相似，常用作金色颜料。锡与氧的化合物二氧化锡，是不溶于水的白色粉末，可用于制造搪瓷、白釉与乳白玻璃。

铜（Cu）为过渡金属的一种，被广泛地应用于电气、轻工、机械制造、建筑工业、国防工业等领域，在中国有色金属材料的消费中仅次于铝。铜的离子（铜质）对于生物而言，不论是动物或植物，都是必需的元素。人体中缺乏铜会引起贫血、毛发异常、骨和动脉异常，以致脑障碍。但如果过剩，则会引起肝硬化、腹泻、呕吐、运动障碍和知觉神经障碍。

铅（Pb）是一种耐蚀的重有色金属材料，具有熔点低、耐蚀性高、X射线和γ射线等不易穿透和可塑性好等优点，常被加工成板材和管材，广泛用于化工、电缆、蓄电池和放射性防护等工业部门。铅属于重金属污染物之一，是一种严重危害人体健康的重金属元素，人体中理想的状态是零含铅量。

锌（Zn）的单一锌矿较少，锌矿资源主要是铅锌矿。中国铅锌矿资源比较丰富，全国除上海、天津、香港外，均有铅锌矿产出。锌元素是免疫器官胸腺发育的营养素，只有锌量充足才能有效保证胸腺发育，正常分化T淋巴细胞，促进细胞免疫功能。但锌摄入过量则会引起口渴、干咳、头痛、头晕、高热、寒战等。

钼（Mo）是一种过渡金属元素，为人体及动植物必需的微量元素。钼单质为银白色金属，硬而坚韧。人体各种组织都含钼，在人体内总量约为9 mg，肝、肾中含量最高。过量地食入会加速人体动脉壁中弹性物质缩醛磷脂的氧化。

镍（Ni）是一种硬而有延展性并具有铁磁性的金属，它能够高度磨光和抗腐蚀。金属镍几乎没有急性毒性，一般的镍盐毒性也较低，但羰基镍却能产生很强的毒性。土壤中的镍主要源于岩石风化、大气降尘、灌溉用水（包括含镍废水）、农田施肥、植物和动物遗体的腐烂等。植物生长和农田排水又可以从土壤中带走镍。通常，随污水灌溉进入土壤的镍离子被土壤中的无机和有机复合体所吸附，主要累积在表层。

钴（Co）是具有光泽的钢灰色金属，比较硬而脆，有铁磁性，加热到 1 150 ℃时磁性消失。在常温下不和水作用，在潮湿的空气中也很稳定。钴是中等活泼的金属元素，有二价和三价两种化合价。钴可经消化道和呼吸道进入人体，一般成年人体内含钴量为 1.1～1.5 mg。

银、硼、锡等9种元素的理化性质见表6-1。

1.1.2 银、硼、锡等元素对环境的影响

重金属元素可通过汽车尾气的排放、公路扬尘、工矿企业的飞尘及尾气被带入大气环境中，以气溶胶和颗粒物形式存在，然后以自然沉降和雨水沉降的方式进入大地。当这些元素随着雨水进入土地，就会造成大气污染向土壤污染的转化，迁移的方式是以城市为中心向周边扩散，以公路为中心向两边扩散，其污染的状况与离城区或公路的距离有关，距离越近，污染越严重，反之则污染不明显。

污水灌溉也是一种主要的污染渠道，将未经处理的工业废水大量地排向河流、湖泊，使城市饮用水和农业用水受到重金属及有害元素的污染。一般距离城市工业区越近，土壤的污染状况越严重。另外，化肥及农药的不科学使用，都会导致土壤中银、硼、锡等元素背景值偏高。

金属矿山在整个生产过程中都可能产生铜、铅、锌等重金属污染。在开采过程中由于泄漏进入环境，经过酸解后产生酸性废液，含有相当含量的重金属离子，废水随着污水的排放或者雨水进入河流或者土壤，对周边环境土壤造成重金属污染。

表 6-1　银、硼、锡等 9 种元素理化性质一览表

序号	中文名称	英文名称	CAS 号	周期	族	理化性质
1	银	Silver	7440-22-4	第五周期	Ⅰ B 族	银白色的金属，具有很好的延展性，其导电性和导热性在所有的金属中都是最高的。银不易与硫酸反应，能用于清洗银焊及退火后留下的氧化铜。银易与硫以及硫化氢反应生成黑色的硫化银，在溴化钾（KBr）的存在下，金属银可被强氧化剂如高锰酸钾或重铬酸钾侵蚀
2	硼	Boron	7440-42-8	第二周期	Ⅲ A 族	单质硼为黑色或深棕色粉末，熔点 2 076 ℃。沸点 2 927 ℃。硬度近似金刚石，有很高的电阻，但它的导电率随着温度的升高而增大，高温时为良导体。硼不易被空气氧化，由于三氧化二硼膜的形成而阻得内部硼继续氧化。常温时能与酸反应、不受盐酸和氢氟酸水溶液的腐蚀。硼不溶于水，粉末状的硼能溶于沸硝酸和硫酸，以及大多数熔融的金属如铜、铁、锰、铝和钙
3	锡	Tin	7440-31-5	第五周期	Ⅳ A 族	金属锡柔软，易弯曲，具有银白色金属光泽，熔点 231.89 ℃，沸点 2 260 ℃，无毒。在常温下富有展性。特别是在 100 ℃时，展性非常好，可以展成薄的锡箔，可以薄到 0.04 mm 以下。锡的化学性质很稳定，在常温下不易被氧化，在空气中锡保护膜而稳定，加热条件下氧化加快；锡在空气中锡的表面生成二氧化锡而稳定，加热条件下氧化加快；锡对水稳定，能缓慢溶于稀酸，较快溶于浓酸中；锡能溶于强碱性溶液；在氯化锌等盐类的酸性溶液中会被腐蚀
4	铜	Copper	7440-50-8	第四周期	Ⅰ B 族	紫红色光泽的金属，密度 8.92 g/cm³（熔融液态），8.96 g/cm³（固态），熔点 1 083.4 ℃，沸点 2 567 ℃。有很好的延展性。导热和导电性能较好。铜对大活泼的重金属，在常温下与干燥空气中的氧气化合，加热时能产生黑色的氧化铜

续表

序号	中文名称	英文名称	CAS 号	周期	族	理化性质
5	铅	Lead	7439-92-1	第六周期	IV A 族	原子半径 146 pm，第一电离能 718.96 kJ/mol，电负性 1.8，主要氧化数 +2、+4。银灰色有光泽的重金属，在空气中易氧化而失去光泽，变灰暗，质柔软，延性弱，展性强，在常温下，铅表面易生成一层氧化铅或碱式碳酸铅，使铝失去光泽且防止进一步氧化。易与卤素、硫化合，生成 $PbCl_4$，PbI_2，PbS 等
6	锌	Zinc	7440-66-6	第四周期	II B 族	密度 7.14 g/cm^3，熔点 419.5 ℃，沸点 906 ℃，锌是一种浅灰色的过渡金属，在常温下，性较脆；100～150 ℃时，变软；超过 200℃后，又变脆。锌在常温下表面会生成一层薄而致密的碱式碳酸锌膜，可阻止进一步被氧化。当温度达到 225℃后，锌则会剧烈氧化
7	钼	Molybdenum	7439-98-7	第五周期	VI B 族	银白色金属，钼原子半径 139 pm，原子体积 9.4 cm^3/mol，配位数为 8，硬度较大，摩氏硬度为 5～5.5。钼在沸点的蒸发热为 594 kJ/mol；熔化热为 27.6±2.9 kJ/mol；在 25℃时的升华热为 659 kJ/mol。钼的化学性质比较稳定，在常温或不太高的温度下。钼在空气或水里是稳定的
8	镍	Nickel	7440-02-0	第四周期	VIII 族	银白色金属，具有磁性，良好的可塑性和良好的耐腐蚀性。镍不溶于水，常温下在潮湿空气中表面形成致密的氧化膜，能阻止本体金属继续氧化，在稀酸中可缓慢溶解
9	钴	Cobalt	7440-48-4	第四周期	VIII 族	具有光泽的钢灰色金属，熔点 1 495 ℃，密度 8.9 g/cm^3，比较硬而脆，具有铁磁性，加热到 1 150 ℃时磁性消失。在常温下不和水作用，在潮湿的空气中也很稳定。加热时，钴与氧、硫、氯、溴等发生剧烈反应，生成相应化合物。钴可溶于稀硫酸中，在发烟硝酸中因生成一层氧化膜而被钝化。钴会缓慢地被氢氟酸、氨水和氢氧化钠的侵蚀。钴是两性金属

铜、铅、锌等重金属元素通过生物链最终通向人体，当富集超过一定含量时，就会对人体健康产生严重影响。张玉芝等研究发现，低含量的重金属进入人体同样会产生不良反应。例如，低含量的 Cu、Ni 会通过抑制人体内各种酶的活性，从而产生抗生殖作用；摄入低含量的 Pb 除了影响人体内酶的活性外，还对人体内一些生物化学反应产生影响，从而导致婴儿发育的畸形或产生神经性毒性等；B、Zn 是人体必需的元素，但摄入 B、Zn 过多时可引起慢性中毒，肝、肾脏受到损坏，脑和肺出现水肿。

1.2　相关环保标准和环保工作的需要

1.2.1　各类质量标准、排放标准及控制标准

1996 年，美国国家环境保护局颁布了旨在保护人体健康的《土壤筛选导则》（Soil Screening Guidance，SSG），其规定了居住、工业和基于地下水保护的土壤筛选限值，钴分别为 23 mg/kg、300 mg/kg、0.49 mg/kg；铜分别为 3 100 mg/kg、410 000 mg/kg、51 mg/kg；钼分别为 390 mg/kg、5 100 mg/kg、3.7 mg/kg；银分别为 390 mg/kg、5 100 mg/kg、1.6 mg/kg；锡分别为 47 000 mg/kg、610 000 mg/kg、5 500 mg/kg；铅分别为 400 mg/kg、800 mg/kg、5 mg/kg；锌分别为 23 000 mg/kg、310 000 mg/kg、680 mg/kg。2003 年，颁布了旨在保护生态受体安全的《土壤生态筛选导则》（Ecological-Soil Screening Guidance，Eco-SSG），其中规定了植物体内部分重金属的筛选值，钴为 13 mg/kg、铜为 70 mg/kg、铅为 120 mg/kg、镍为 38 mg/kg、银为 560 mg/kg、锌为 160 mg/kg。

1999 年，澳大利亚国家环境保护委员会（National Environmental Protection Council，NEPC）制定了基于人体健康的调查值（Health-based Investigation Levels，HILs）和基于生态的调查值（Ecologically-based Investigation Levels，EILs），其中，铅分别为 300 mg/kg、600 mg/kg；镍

分别为 600 mg/kg、60 mg/kg。

2000 年，荷兰住房、空间规划和环境部（Ministry of Housing，Spatial Planning and Environment，VROM）应用基于风险的方法建立了标准土壤（有机质和黏粒含量分别为 10% 和 25%）中污染物的目标值（Target values）和干预值（Intervention values），钴分别为 9 mg/kg、240 mg/kg；铜分别为 36 mg/kg、190 mg/kg；铅分别为 85 mg/kg、530 mg/kg；钼分别为 3 mg/kg、200 mg/kg；镍分别为 35 mg/kg、210 mg/kg；锌分别为 140 mg/kg、720 mg/kg。

2002 年 10 月，英国环境署（Environment Agency，EA）与环境、食品、农村事务部（Department of Environment，Food and Rural Affairs，DEFRA）撤销了污染土地再开发部门委员会（The Interdepartmental Committee on the Redevelopment of Contaminated Land，ICRCL）颁布的土壤触发浓度值（Trigger Concentration，ICRCL59/83），代之以考虑不同土地利用方式下人体健康暴露风险而制定的土壤质量指导值，其中按土壤使用类型分为住宅用地（有植物）、住宅用地（无植物）、菜果园地、工业用地 4 类，镍指导值分别为 50 mg/kg、75 mg/kg、50 mg/kg、5 000 mg/kg；铅指导值分别为 450 mg/kg、450 mg/kg、450 mg/kg、750 mg/kg。

2018 年 6 月，生态环境部和国家市场监督管理总局发布了针对土壤环境污染物的《土壤环境质量　建设用地土壤污染风险管控标准（试行）》（GB 36600—2018），规定了第一类用地和第二类用地中铜、铅、镍的风险筛选值（150～18 000 mg/kg）和管制值（600～36 000 mg/kg）；同年 9 月，发布了针对土壤环境污染物的《土壤环境质量　农用地土壤污染风险管控标准（试行）》（GB 15618—2018），按照 pH 的不同分成了 4 类，规定了耕地中铜、铅、锌、镍的风险筛选值分别为 50～200 mg/kg、70～240 mg/kg、200～300 mg/kg、60～190 mg/kg。

目前，我国在土壤污染风险管控标准中没有对银、硼、锡、钼、钴等的管控要求，也缺少同时检测银、硼、锡、钼等元素的国家或行业标准分析方法。因此，需要建立土壤中银、硼、锡、钼的分析方法，作为土壤监测的储备方法。

1.2.2　环境保护重点工作要求

目前，我国缺乏完整、系统的对土壤中银、硼、锡、钼等元素检测的标准分析方法。因此，土壤中银、硼、锡、钼等标准分析方法的建立是十分有意义的。方法的建立有利于监管土壤中铜、铅、锌等重金属污染，进一步完善土壤环境质量标准体系，对贯彻《中华人民共和国环境保护法》，保护生态环境，保障社会和经济发展，维护人体健康，有重要的作用和实际应用价值。

本方法在创新性上具有以下优势：①可测定土壤中银、硼、锡等9种元素，方法具有检测效率高、成本低等优势，同时填补了环保领域分析土壤中银、硼、锡、钼方法空白；②现有的标准方法在样品前处理过程中需要使用大量的酸，而本方法采用固体直接进样技术，前处理无须酸碱试剂，是一种绿色环保、经济高效的分析技术。

2　国内外相关分析方法研究

2.1　主要国家、地区及国际组织相关分析方法研究

2.1.1　国外相关标准分析方法

（1）美国国家环境保护局 EPA 3050B

1996 年，美国国家环境保护局环境化学实验室（United States, Environmental Protection Agency, Environmental Chemistry Laboratory） 发布此方法，适用于土壤、淤泥、沉积物样品分析。本方法提供了两种不同的消解方式：一种为火焰原子吸收光谱法和电感耦合等离子体光谱法

的前处理，另一种为石墨炉原子吸收分光光度法和电感耦合等离子体质谱法的前处理，这两种前处理方式不可以互换。方法可准确测定包括铜、铅、锌、钴、钼、银、镍等24种元素，采用硝酸和过氧化氢消解样品。

（2）美国国家环境保护局 EPA 3051A 和 EPA 3052

2007年，美国国家环境保护局环境化学实验室发布此方法，适用于土壤、淤泥、沉积物样品分析。采用微波酸消解方法可将样品完全溶解，结合火焰原子吸收光谱法、冷蒸汽原子吸收光谱法、石墨炉原子吸收光谱法、电感耦合等离子体发射光谱法和电感耦合等离子体质谱法可分析包括银、硼、铜、铅、锌、钴、镍、钼等26种元素。

（3）美国国家环境保护局 EPA 6020B

2014年，美国国家环境保护局环境化学实验室发布此方法，制定了一套全面的 QA/QC 措施、方法的校准和标准化措施以及操作步骤的制定原则，是目前环境方面使用 ICP-MS 进行土壤元素分析最主要的参考方法。

（4）国际标准化组织 ISO 11466

1995年，国际标准化组织 ISO 11466 规定用王水浸提测定土壤中的微量元素。各国土壤背景值研究常采用不同的酸分解方法，如日本用 $HCl+HNO_3+H_2SO_4$ 法、英国用 HNO_3 法、有的国家用热王水提取等，但上述方法均是不完全消解的方法。在环境样品分析中混合酸溶液应用较为广泛，至于采取哪种混合酸，主要取决于土壤的性质和分析的要求。为了提高溶解效率，有时在溶样时加入某些氧化剂，如过氧化氢（H_2O_2）、盐类（铵盐）等，或有机试剂（酒石酸）等也会起到良好的效果。有些样品采用 Br_2+HBr，$HF+H_3BO_3$ 溶解也是非常有效的。HF 易腐蚀玻璃器具或引起干扰，样品溶解后一般用 $HClO_4$ 或 H_2SO_4 加热赶 HF，最后将 $HClO_4$ 或 H_2SO_4 加热赶尽。

（5）英国 UK ISO 11047

1998 年，英国制定了 UK ISO 11047 采用火焰和石墨炉原子吸收光谱法测定土壤中的铜、铅、锌、钴、镍等 8 种金属元素，标准方法对火焰类型、谱线干扰等方面进行了详细的说明。

2.1.2　国外文献报道分析方法

E. I Geana 采用 3 种不同的消解方式对土壤和沉积物样品进行处理，将待测溶液于电感耦合等离子体质谱仪上测定，准确获得 8 种金属元素的含量。实验对 HNO_3+HF 敞开式消解、HNO_3+HF 微波消解和 $HNO_3+HF+HCl$ 微波消解 3 种方式进行了验证，发现采用 $HNO_3+HF+HCl$ 进行微波酸消解体系较其他两种获得的结果优。Tel-Cayan, Gulsen 等研究了 16 种野生蘑菇中的 8 种矿物质（Na、Mg、Ca、V、Mn、Fe、Zn、Se）和 8 种重金属（Al、Cr、Ni、As、Sr、Co、Cu、Pb），采用电感耦合等离子体质谱法进行分析。

C Moor 采用电感耦合等离子体原子发射光谱法（ICP-AES）和电感耦合等离子体质谱法（ICP-MS）实现对土壤和沉积物中镉、钴、铬、铜、镍、铅和锌等 16 种元素的测定。样品采用敞开式和微波两种方式，消解液为王水，实验采用大量标准物质进行验证，分析结果和标准值具有良好的相关性。

Martin A 采用 CCD-直流电弧发射光谱仪对碳化硼粉末样品中微量杂质元素铝、钙、铬、铜、铁、镁、锰、钠、镍、硅、钛和锆等进行了测定。方法的检出限高于电感耦合等离子体光谱法以及 X 射线荧光光谱法，填补了 X 射线荧光光谱法在某些元素检测方面的空白。

2.2　国内相关分析方法研究

2.2.1　国内相关标准分析方法

目前我国土壤中铜、铅、锌、镍、钴等元素的检测主要采用方法《土壤和沉积物　铜、锌、铅、镍、铬的测定　火焰原子吸收分光光度法》（HJ 491—2019）和《土壤和沉积物　钴的测定　火焰原子吸收分光光度法》（HJ 1081—2019），而土壤中银、硼、锡、钼等元素目前没有环境监测标准。多项元素分析方法一般参照固体废物分析标准《固体废物　金属元素的测定　电感耦合等离子体质谱法》（HJ 766—2015）和《固体废物　22 种金属元素的测定　电感耦合等离子体发射光谱法》（HJ 781—2016）两个方法检测。具体分析方法汇总于表 6-2。

《土壤和沉积物　铜、锌、铅、镍、铬的测定　火焰原子吸收分光光度法》（HJ 491—2019）和《土壤和沉积物　钴的测定　火焰原子吸收分光光度法》（HJ 1081—2019）方法均采用盐酸、硝酸、氢氟酸、高氯酸对土壤沉积物样品进行消解，采用火焰原子吸收分光光度计实现对铜、锌、铅、镍、钴等元素的检测，标准曲线法定量。

《固体废物　金属元素的测定　电感耦合等离子体质谱法》（HJ 766—2015）规定了固体废物和固体废物浸出液中金属元素的分析，采用盐酸、硝酸、氢氟酸、过氧化氢对固体废物样品进行消解，采用电感耦合等离子体质谱仪实现对铜、铅、锌、银、钼、镍等 17 种金属元素的检测，标准曲线法定量。《固体废物　22 种金属元素的测定　电感耦合等离子体发射光谱法》（HJ 781—2016）规定了固体废物和固体废物浸出液中 22 种金属元素的分析，采用盐酸、硝酸、氢氟酸、高氯酸对固体废物样品进行消解，采用电感耦合等离子体发射光谱仪进行分析。

表6-2 国内关于银、硼、锡、铜、铅、锌、钼、镍、钴等9种元素检测的相关标准分析方法

元素	领域	标准名称	样品类型	前处理方式	检测仪器	检出限/（mg/kg）
银	环境	《固体废物 金属元素的测定 电感耦合等离子体质谱法》（HJ 766—2015）	固体废物\固体废物浸出液	酸消解	电感耦合等离子体质谱仪	1.4
	环境	《固体废物 22种金属元素的测定 电感耦合等离子体发射光谱法》（HJ 781—2016）	固体废物\固体废物浸出液	酸消解	电感耦合等离子体发射光谱仪	0.1
	地质	《区域地球化学样品分析方法第11部分：银、硼和锡量测定交流电弧-发射光谱法》（DZ/T 0279.11—2016）	土壤/沉积物	固体研磨	交流电弧摄谱仪	0.02
硼	地质	《区域地球化学样品分析方法第11部分：银、硼和锡量测定交流电弧-发射光谱法》（DZ/T 0279.11—2016）	土壤/沉积物	固体研磨	交流电弧摄谱仪	1.0
锡	地质	《区域地球化学样品分析方法第11部分：银、硼和锡量测定交流电弧-发射光谱法》（DZ/T 0279.11—2016）	土壤/沉积物	固体研磨	交流电弧摄谱仪	0.6
铜	环境	《土壤和沉积物 铜、锌、铅、镍、铬的测定 火焰原子吸收分光光度法》（HJ 491—2019）	土壤/沉积物	酸消解	火焰原子吸收分光光度计	1.0
	环境	《土壤和沉积物 无机元素的测定 波长色散X射线荧光光谱法》（HJ 780—2015）	土壤/沉积物	粉末压片	波长色散X射线荧光光谱仪	1.2
	环境	《土壤和沉积物 12种金属元素的测定 王水提取-电感耦合等离子体质谱法》（HJ 803—2016）	土壤/沉积物	酸消解	电感耦合等离子体质谱仪	0.5
铅	国际	《土壤质量铅、镉的测定 石墨炉原子吸收分光光度法》（GB/T 17141—1997）	土壤	酸消解	石墨炉原子吸收分光光度计	0.1

续表

元素	领域	标准名称	样品类型	前处理方式	检测仪器	检出限 /（mg/kg）
铜	环境	《土壤和沉积物 铜、锌、铅、镍、铬的测定 火焰原子吸收分光光度法》（HJ 491—2019）	土壤/沉积物	酸消解	火焰原子吸收分光光度计	10
	环境	《土壤和沉积物 无机元素的测定 波长色散X射线荧光光谱法》（HJ 780—2015）	土壤/沉积物	粉末压片	波长色散X射线荧光光谱仪	2
	环境	《土壤和沉积物 12种金属元素的测定 王水提取－电感耦合等离子体质谱法》（HJ 803—2016）	土壤/沉积物	酸消解	电感耦合等离子体质谱仪	2
锌	环境	《土壤和沉积物 铜、锌、铅、镍、铬的测定 火焰原子吸收分光光度法》（HJ 491—2019）	土壤/沉积物	酸消解	火焰原子吸收分光光度计	1.0
	环境	《土壤和沉积物 无机元素的测定 波长色散X射线荧光光谱法》（HJ 780—2015）	土壤/沉积物	粉末压片	波长色散X射线荧光光谱仪	2
	环境	《土壤和沉积物 12种金属元素的测定 王水提取－电感耦合等离子体质谱法》（HJ 803—2016）	土壤/沉积物	酸消解	电感耦合等离子体质谱仪	1
钼	环境	《固体废物 金属元素的测定 电感耦合等离子体质谱法》（HJ 766—2015）	固体废物\固体废物浸出液	酸消解	电感耦合等离子体质谱仪	0.8
	环境	《固体废物 铍镍铜和钼的测定 石墨炉原子吸收分光光度法》（HJ 752—2015）	固体废物\固体废物浸出液	酸消解	石墨炉原子吸收分光光度计	0.2
镍	环境	《土壤和沉积物 铜、锌、铅、镍、铬的测定 火焰原子吸收分光光度法》（HJ 491—2019）	土壤/沉积物	酸消解	火焰原子吸收分光光度计	3.0
	环境	《土壤和沉积物 无机元素的测定 波长色散X射线荧光光谱法》（HJ 780—2015）	土壤/沉积物	粉末压片	波长色散X射线荧光光谱仪	1.5

续表

元素	领域	标准名称	样品类型	前处理方式	检测仪器	检出限 / （mg/kg）
镍	环境	《土壤和沉积物　12 种金属元素的测定　王水提取－电感耦合等离子体质谱法》（HJ 803—2016）	土壤 / 沉积物	酸消解	电感耦合等离子体质谱仪	1
	环境	《土壤和沉积物　钴的测定　火焰原子吸收分光光度法》（HJ 1081—2019）	土壤 / 沉积物	酸消解	火焰原子吸收分光光度计	2.0
钴	环境	《土壤和沉积物　无机元素的测定　波长色散 X 射线荧光光谱法》（HJ 780—2015）	土壤 / 沉积物	粉末压片	波长色散 X 射线荧光光谱仪	1.6
	环境	《土壤和沉积物　12 种金属元素的测定　王水提取－电感耦合等离子体质谱法》（HJ 803—2016）	土壤 / 沉积物	酸消解	电感耦合等离子体质谱仪	0.03

　　《土壤和沉积物　12种金属元素的测定　王水提取－电感耦合等离子体质谱法》（HJ 803—2016）。土壤和沉积物样品用王水溶液经电热板或微波消解仪消解后，采用电感耦合等离子体质谱仪进行测定。根据元素的质谱图或特征离子进行定性，内标法定量。《土壤和沉积物　无机元素的测定　波长色散 X 射线荧光光谱法》（HJ 780—2015）适用于土壤和沉积物中 25 种无机元素和 7 种氧化物的测定，样品经过衬垫压片或塑料环压片后，装入样品杯中采用 X 射线荧光光谱仪进行分析。通过测量特征 X 射线的强度来定量分析试样中各元素的质量分数。

　　《土壤质量铅、镉的测定　石墨炉原子吸收分光光度法》（GB/T 17141—1997）采用盐酸—硝酸—氢氟酸—高氯酸分解样品，使试样中的待测元素全部进入试液，将试液注入石墨炉中，设置升温程序，样品经过干燥、灰化、原子化等过程，通过计算对特征谱线的吸收进行定量分析，标准曲线法定量。

　　《区域地球化学样品分析方法第 11 部分：银、硼和锡量测定交流电弧－发射光谱法》（DZ/T 0279.11—2016）。试样以硫酸钾、硫粉、碳粉、聚三氟氯乙烯粉、三氧化二铝和氧化镁混合物作缓冲剂，镉和锑作内标，于平面光栅摄谱仪上，用水平电极对电极摄谱。通过测量各元素谱线的相对黑度和校准曲线特征光谱的相对黑度计算试样中银、硼、锡的含量。

2.2.2　国内文献报道分析方法

　　除国内对银、硼、锡等 9 种元素检测的标准分析方法外，文献中也有相关报道。表 6-3 列举了一些样品类型为土壤、沉积物、岩石的分析方法，检测所用仪器主要有电感耦合等离子体发射光谱仪、电感耦合等离子体质谱仪、原子吸收分光光度计、交流电弧摄谱仪、电弧直读发射光谱仪等，样品前处理方式主要包括酸消解法和粉末搅拌法。

表6-3 国内文献关于银、硼、铜、锡、铅、锌、钼、镍、钴等9种元素检测的分析方法

序号	样品类型	目标物	分析方法摘要	仪器	检出限	参考文献
1	土壤	钴	在 KED 模式下，建立了 ICP-MS 同时测定红壤中的铜、铅、锌等9种元素的分析方法。方法研究了利用动能歧视（KED）碰撞技术测定这些元素的最佳工作条件，为避免样品分解中 Ge 的挥发损失，采用 HNO_3-HF-H_2O_2 分解试样，Rh 和 Ir 作内标元素消除质谱非质谱干扰，用校正公式消除质谱干扰	电感耦合等离子体质谱仪	0.58 mg/kg	地质学刊，2020，44（1-2）：218-222.
		镍			0.48 mg/kg	
		铜			0.73 mg/kg	
		铅			0.93 mg/kg	
		锌			1.69 mg/kg	
2	土壤、沉积物、岩石	银	采用垂直电极装样，二米平面光栅交流电弧摄谱测定地质样品中的痕量元素银、硼、锡、钼等，以三氧化二铝、焦硫酸钾、氟化钠、碳粉和硫磺作缓冲剂，锗、锗作内标。各元素12次测定的相对标准偏差（RSD）均小于10%。用水系沉积物、土壤、岩石国家一级标准物质进行验证，测定值与标准值基本一致，符合多目标地球化学填图的质量要求	交流电弧摄谱仪	0.019 mg/kg	岩矿测试，2010，29（4）：458-460.
		硼			0.85 mg/kg	
		锡			0.26 mg/kg	
		钼			0.12 mg/kg	
3	土壤	铜	采用分类消解—电感耦合等离子体光谱法对环境土壤中铜、铅、锌、钴、镍等15种金属元素进行测定。其中钼、锌等6种元素以硝酸-氢氟酸-高氯酸混合酸为消解体系，采用全自动消解法进行消解，铜、铅、钴、镍等9种金属元素采用硝酸-氢氟酸-盐酸混合酸为消解体系，采用微波消解法进行消解。以氩为内标元素校正土壤基体的雾化率及电离效率	电感耦合等离子体原子发射光谱仪	0.5 mg/kg	理化检验（化学分册），2018，54（4）：428-432.
		铅			1.0 mg/kg	
		锌			2.5 mg/kg	
		钴			1.5 mg/kg	
		镍			1.5 mg/kg	
		钼			0.2 mg/kg	

续表

序号	样品类型	目标物	分析方法摘要	仪器	检出限	参考文献
4	土壤、沉积物	银	采用固体粉末进样交流电弧法测定区域地球化学调查样品中的痕量银、硼、锡、铅。对实验条件进行了优化，激发电流为14 A，曝光时间为40 s。用所建方法对两个土壤成标准物质和三个水系沉积物质标准进行测试，银、硼、锡、铅的测定值与标准值的对数差控制在−0.031～0.029，测定结果的相对标准偏差控制在10%以内	交流电弧摄谱仪	0.01 mg/kg	化学分析计量, 2018, 27（3）：16-19.
		硼			1.1 mg/kg	
		锡			0.2 mg/kg	
		铅			0.7 mg/kg	
5	土壤、沉积物、岩石	银	采用固体缓冲剂－交流电弧直读发射光谱法同时测定地球化学样品中银、硼、锡、铅、铜、钴、镍、钼、锌、镓、铬、钛、锰、钒等14种易挥发与难挥发微量元素。将配制缓冲剂的化合物按照如下质量比：氟化钠：焦硫酸钾：碳粉：硫粉：聚三氟氯乙烯：氟化铝：氟化镓 = 25：20：15：15：5：10：10（内含0.05%海绵钯和0.01%氧化锗），干玛瑙研钵中混合均匀，放置在干燥试剂瓶中备用。易挥发元素银、锡、铅、镓选择锗作内标；难挥发元素硼、铜、钼、铬、钛、钴、镍、锰、锌、钒选择钯作内标。方法采用垂直电极法，上电极为平头柱状，φ3 mm，长10 mm；下电极为细颈杯状，φ4.0 mm，孔深6 mm，壁厚1.0 mm，细颈φ2.6 mm，颈长4 mm，距离杯口5 mm处打孔	CCD-I型电弧直读发射光谱仪	0.016 mg/kg	岩矿测试, 2018, 36（4）：367-373.
		硼			0.57 mg/kg	
		锡			0.67 mg/kg	
		铅			1.12 mg/kg	
		铜			1.02 mg/kg	
		锌			9.12 mg/kg	
		钼			0.13 mg/kg	
		镍			1.09 mg/kg	
		钴			0.81 mg/kg	

续表

序号	样品类型	目标物	分析方法摘要	仪器	检出限	参考文献
6	土壤	铜	应用电感耦合等离子体质谱和电感耦合等离子体发射光谱两种元素分析法，分析广州市流溪河水质监测点周边土壤中镉、铅、铬、铜、锌、镍的含量及化学形态总量。考察pH、有机质和阴离子交换量对重金属态含量的影响，通过风险评价编码法评价该区域生态风险状态，为掌握研究区周边土壤生态风险及应对提供依据	电感耦合等离子体质谱仪/电感耦合等离子体原子发射光谱仪	—	分析仪器，2021，4（1）：59-66.
		锌				
		铅				
		镍				
7	土壤、沉积物、岩石	银	采用交流电弧直读光谱仪对粉末状地球化学样品中的银、硼、锡、钼、铅进行交流电弧直读光谱法测定，采用光谱缓冲剂：m（$K_2S_2O_7$）+m（NaF）+m（Al_2O_3）+m（C）+m（GeO_2）= 22+20+43+14+0.007，选择Ge作为内标元素，其精密度和准确度均可满足行业规范的要求，其测定值与ICP-MS和ICP-AES的分析结果相符	交流电弧直读光谱仪	0.012 mg/kg	中国无机分析化学，2013，3（4）：16-19.
		硼			1.65 mg/kg	
		锡			0.24 mg/kg	
		钼			0.20 mg/kg	
		铅			1.30 mg/kg	
8	土壤、沉积物	银	建立了交流电弧直读光谱法快速测定地球化学样品中银、硼、锡、钼和铅含量的方法，在样品上扎一个直径1 mm的孔（顶孔）和电极杯侧面扎一个直径1 mm的孔（侧孔）这两种方式采取放样品摄谱燃烧释放的气体。最终确定采取侧孔方式能够有效解决摄谱过程中样品冒出的问题，提高了测试精密度，改善了对土电极交叉污染，降低了成本。银、锡、钼、硼和铅的检出限均符合地球化学普查规范（比例尺1：50000）样品分析技术的要求	交流电弧直读光谱仪	0.015 mg/kg	理化检验（化学分册），2020，56（12）：1320-1325.
		硼			3.6 mg/kg	
		锡			0.63 mg/kg	
		钼			0.11 mg/kg	
		铅			2.1 mg/kg	

续表

序号	样品类型	目标物	分析方法摘要	仪器	检出限	参考文献
9	土壤、沉积物、岩石	银	建立了交流电弧直读原子发射光谱法测定地球化学样品中银、硼、锡、钼、铅的分析方法。以对数坐标一次曲线拟合标准曲线，并采取两次平行分析取平均值的计算方法，选取13个不同成分不同含量的岩石、水系沉积物、土壤国家一级地球化学标准物质进行准确度和精密度实验。结果表明，本方法测定值与标准物质认定值相吻合，各元素的精密度小于10%	交流电弧直读发射光谱仪	0.011 mg/kg	地质学报, 2016, 90 (8)：2070-2082.
		硼			0.54 mg/kg	
		锡			0.034 mg/kg	
		钼			0.11 mg/kg	
		铅			0.66 mg/kg	
10	土壤	铜	通过改进ICP-OES仪器的进样装置，采用氢化反应气与ICP-OES雾化气双管路同时进样的方法，实现了一次设备同步测定样品中的砷和多种金属元素。土壤样品经氢氟酸、硝酸、高氯酸、盐酸溶解后，用10%盐酸羟胺提取，抗坏血酸将砷元素预还原为+3价后双流路同时进样测定。对溶液中共存的离子干扰情况进行了探究，方法提高了砷的测定灵敏度，实现了同时测定易氢化的痕量和微量元素铜、铅、锌、镍、钒等元素。方法精密度高（RSD<5%）	氢化反应电感耦合等离子体原子发射光谱仪	1.2 mg/kg	岩矿测试, 2020, 39 (2)：235-242.
		铅			1.6 mg/kg	
		锌			1.7 mg/kg	
		镍			0.7 mg/kg	
11	土壤、沉积物、岩石	银	在前人研究基础上建立了应用全谱发射光谱仪固体粉末进样，一次性高效、准确分析地质样品中银锡硼钼铅的方法。采用国家一级标准物质（岩石、土壤和水系沉积物）对合成硅酸盐标准曲线进行第二次拟合以降低基体类的干扰；设置各元素分析谱线换算实现元素的分析谱线的简单切换，不同的样品含量使用不同的分析谱线，达到分析结果更加接近样品真值的效果，扩大了标准曲线线性范围	交流电弧直读发射光谱仪	0.0077 mg/kg	岩矿测试, 2020, 39 (4)：555-565.
		硼			0.68 mg/kg	
		锡			0.19 mg/kg	
		钼			0.058 mg/kg	
		铅			0.49 mg/kg	

续表

序号	样品类型	目标物	分析方法摘要	仪器	检出限	参考文献
12	土壤、沉积物、岩石	银	采用全谱交直流电弧原子发射光谱仪建立了地球化学样品中银、硼、锡等项的分析方法，该方法省去了洗像、译谱等预项的步骤。采用多线处理，分段拟合的方法，使元素测定范围更宽。该方法经实践验证，其检出限低，精密度好，准确度高，简化了分析流程，提高了生产效率	交流电弧直读光谱仪	0.02 mg/kg	理化检验（化学分册），2019, 55 (10): 1231-1234.
		硼			0.51 mg/kg	
		锡			0.21 mg/kg	
13	土壤	银	采用直接固体进样，使用 CCD-I 型交流电弧直读发射光谱同时测定土壤中的银、锡，以氟化铯为缓冲剂，通过滴加液体缓冲物质，使难挥发元素 Sn 快速蒸发，增强了检测信号强度，提高了灵敏度	交流电弧直读光谱仪	0.035 mg/kg	中国无机分析化学，2020, 10 (2): 39-41.
		锡			0.52 mg/kg	
14	土壤	铜	通过电感耦合等离子体质谱（ICP-MS）对比了 5 种不同消解体系对国家分析标准成分分析标准物中 6 种重金属元素的萃取效率。以 103Rh 作为内标元素，不同测定元素选择合适的监测模式，同时针对有机质含量较高土壤样品的消解方法进行了深入的研究，采用烧失量法－硝酸－氢氟酸消解体系消解得更为彻底，且加酸量少、干扰小，适用于对大批量有机物含量偏高的样品进行消解	电感耦合等离子体质谱仪	<0.6 mg/kg	光谱学与光谱分析，2021, 41 (7): 2122-2128.
		铅			<2.0 mg/kg	
		锌			<2.0 mg/kg	
		镍			<0.3 mg/kg	
15	土壤	铝	建立石墨炉原子吸收法测定土壤中铝、钴等 5 种元素含量的方法。优化了石墨炉原子吸收光谱法测定条件，在最佳实验条件下，采用硝酸－盐酸－氢氟酸－双氧水混合酸系微波消解土壤样品，适用抗环血酸－硝酸镁混合溶液为基体改进剂	石墨炉原子吸收分光光度计	0.06 mg/kg	化学分析计量，2020, 29 (2): 95-97.
		钴			0.04 mg/kg	

续表

序号	样品类型	目标物	分析方法摘要	仪器	检出限	参考文献
16	土壤、底泥	铜	采用王水提取－电感耦合等离子体质谱法同时测定土壤和底泥样品中 As, Co, Cu, Ni, Cd, Mo, Sb 等 7 种重金属元素，选用 Rh 和 Ge 作为内标物，在一定的质量浓度范围内与其信号强度呈线性关系，其相对系数达 0.999 以上。样品加标回收率为 83.0%～100%，对标准控制样平行测定 6 次，其相对标准偏差为 3.0%～8.6%。对镇江市农田土壤和河流底泥进行重金属分析，其测定结果符合合标准要求	电感耦合等离子体质谱仪	0.38 mg/kg	环保科技, 2021, 27 (1): 54–58.
		镍			1.42 mg/kg	
		钼			0.018 mg/kg	
		钴			0.03 mg/kg	
17	土壤、沉积物、岩石	银	以国家一级标准物质硅酸盐系列 GSES I 为标准，电弧发射光谱法测定地球化学样品中的 Ag, B, Sn, Pb, Mo。采用光谱缓冲剂：$m (K_2S_2O_7)$ + $m (NaF)$ +$m (Al_2O_3)$ +$m (C)$ +$m (GeO_2)$ = 22+20+43+14+0.007, 选择 Ge 作为内标元素，通过对国家一级标准物质的验证表明，检出限、精密度和准确度都能满足 1:25 万和 1:5 万填图要求	交流电弧直读光谱仪	0.019 mg/kg	四川地质学报, 2018, 38 (2): 342–344.
		硼			0.95 mg/kg	
		锡			0.40 mg/kg	
		铅			1.25 mg/kg	
		钼			0.18 mg/kg	

2.2.3 国内相关分析方法与本方法的关系

本方法对银、硼、锡等9种元素有效检测方法进行了系统梳理，前处理上参考了国内分析方法并进行了优化；缓冲剂的组成主要参考了文献，通过优化确定了本方法的缓冲剂组成及配比；内标元素的选择及元素曝光时间的优化主要参考了文献；电极形状的确定方式主要参考了文献以及国家地质行业标准 DZ/T 0279.11—2016；待测元素分析谱线的选择主要参照标准谱线表；谱线强度积分时间的优化主要参考了文献。

3 方法研究报告

3.1 研究缘由

目前环保领域尚未确立对土壤中银、硼、锡、钼的测试方法和土壤中铜、铅、锌、镍、钴等元素检测，主要采用的方法是 HJ 491—2019、HJ 1081—2019、HJ 780—2015 和 HJ 803—2016，以上分析方法具有效率低、成本高、前处理对环境不友好等缺点。鉴于目前国内分析状况及国内外相关的质量标准和排放标准，建立土壤中银、硼、锡、铜、铅、锌、钼、镍、钴9种元素的分析方法是十分必要的。采用固体进样技术，前处理简单，具有绿色环保、快速经济等优势。

3.2 研究目标

规定了对土壤中银、硼、锡、铜、铅、锌、钼、镍、钴的监测分析方法，包括适用范围、方法原理、干扰和消除、实验材料和试剂、仪器和设备、样品采集和保存、样品制备、定性定量方法、结果的表示、质量控制和质量保证等几个方面的内容。研究的主要目的在于建立既适应当前环境保护工作的需求，又满足当前实验室仪器设备要求的标准分析方法。

本方法拟达到的特性指标：

（1）根据《土壤环境质量 建设用地土壤污染风险管控标准（试行）》
（GB 36600—2018）和《土壤环境质量 农业用地土壤污染风险管控标准
（试行）》（GB 15618—2018）规定的第一类用地部分元素筛选值，要求本
方法对土壤中银、锡、铜等9种元素的检出限低于2.5 mg/kg。

（2）精密度和正确度的要求：当测定结果小于方法测定下限时，相对
偏差应≤30%；当测定结果大于方法测定下限时，相对偏差应≤20%。当
测定结果小于方法测定下限时，相对误差的绝对值应≤35%；当测定结果
大于方法测定下限时，相对误差的绝对值应≤25%。

3.3 实验部分

3.3.1 实验材料

除非另有说明，分析时均使用符合国家标准的优级纯试剂。实验用水
符合GB/T 6682的分析实验室用水二级水或一级水要求。

3.3.1.1 焦硫酸钾（$K_2S_2O_7$），光谱纯。

3.3.1.2 氟化钠（NaF），光谱纯。

3.3.1.3 三氧化二铝（Al_2O_3），光谱纯。

3.3.1.4 碳粉（C），光谱纯。

3.3.1.5 二氧化锗（GeO_2），光谱纯。

3.3.1.6 二氧化硅（SiO_2），光谱纯。

3.3.1.7 三氧化二铁（Fe_2O_3），光谱纯。

3.3.1.8 硫酸钠（Na_2SO_4），光谱纯。

3.3.1.9 硫酸钾（K_2SO_4），光谱纯。

3.3.1.10 白云岩［$CaMg(CO_3)_2$］。

3.3.1.11 蔗糖溶液（2%）：称取20 g蔗糖，加入500 mL水和500 mL

无水乙醇，摇匀备用。

3.3.1.12　光谱缓冲剂：分别称取 22 g 焦硫酸钾、20 g 氟化钠、44 g 三氧化二铝、14 g 碳粉、0.01 g 二氧化锗，将其研磨混合均匀备用。

3.3.1.13　合成标准基物：分别称取 72 g 二氧化硅、15g 三氧化二铝、4 g 三氧化二铁、4 g 白云岩、2.5 g 硫酸钠、2.5 g 硫酸钾将其研磨混合均匀备用。

所用基物均应进行相应的空白实验，经验证所含被测定元素的含量（Ag<0.02 μg/g；B<0.10 μg/g；Sn<0.10 μg/g；Cu、Pb、Zn、Ni、Co<0.50 μg/g；Mo<0.01 μg/g）时才能被采用。

3.3.1.14　标准系列

采用国家一级合成硅酸盐光谱分析标准物质 GBW 07701～GBW 07709（GSES-1～GSES-9）建立工作曲线。其标准系列中各元素的含量见表 6-4。

表 6-4　标准系列的元素含量　　单位：mg/kg

元素	GBW 07701（GSES I-1）	GBW 07702（GSES I-2）	GBW 07703（GSES I-3）	GBW 07704（GSES I-4）	GBW 07705（GSES I-5）	GBW 07706（GSES I-6）	GBW 07707（GSES I-7）	GBW 07708（GSES I-8）	GBW 07709（GSES I-9）
Ag	0.034	0.064	0.11	0.21	0.51	1.0	2.0	5.0	10
B	2.1	5.1	10.0	20.0	50.0	100	200	500	—
Sn	0.21	0.51	1.1	2.1	5.1	10	20	50	100
Cu	2.0	5.0	10.0	20.0	50.0	100	200	500	1 000
Pb	2.5	5.5	10.5	20.5	50.5	100	200	500	1 000
Zn	3.0	6.0	11.0	21	51	101	200	500	1 000
Mo	0.21	0.51	1	2	5	10	20	50	100
Ni	2.6	5.6	10.6	20.6	50.6	101	200	500	—
Co	2.6	5.6	10.6	20.6	50.6	101	200	500	—

石墨电极（光谱纯），上电极为平头圆柱状，ϕ 3.0 mm，长 10 mm；下电极为细颈杯状，ϕ 4.0 mm，孔深 6.0 mm，壁厚 1.0 mm，细颈 ϕ 2.6 mm，颈长 4.0 mm，离杯口 5.0 mm 处打对孔。

3.3.2 仪器设备

3.3.2.1 CCD—I 型电弧直读发射光谱仪

六块 CCD 一次测量光谱范围约 82 nm，光栅刻线 2 400 条/mm，焦距 1 000 mm，色散倒数 0.37 nm/mm，三透镜照明系统，狭缝宽度 7 μm，高 4 mm。

3.3.2.2 电弧发生器

预燃电流 5 A，预燃时间 3 s，激发电流 14 A，激发时间 40 s，背景采集时间 6 s。

分析线对与谱线条件见附录 A，元素谱线强度对数值与元素浓度对数值直线拟合，建立工作曲线，计算机自动计算结果。

3.3.2.3 玛瑙研钵

3.3.2.4 分析天平，感量 0.1 mg

3.3.2.5 烘箱

3.3.3 样品测试

3.3.3.1 采集与保存

按照《土壤环境监测技术规范》（HJ/T 166—2004）规定采集及保存土壤样品。

样品采集后保存在事先清洗洁净的广口棕色玻璃瓶或聚四氟乙烯衬垫螺口玻璃瓶中，应尽快分析。

3.3.3.2 试样的制备

去除样品中石子、枝叶等异物，将所采样品完全混合均匀。按照 HJ/T 166 和 GB 17378.3 的要求，取适量样品平铺于干净的搪瓷盘或玻璃板上，避免阳光直射，且环境温度不超过 40 ℃，自然风干。研磨后过 74 μm 样品筛，混匀，105 ℃烘干后待测。

3.3.3.3 标准曲线的建立

分别称取 0.200 0 g 标准系列和 0.200 0 g 缓冲剂于玛瑙研钵中研磨 2 min 后装入两根下电极中压紧，滴加 2 滴 2% 蔗糖溶液，75 ℃烘箱中烘干备测。

按照仪器参考条件，从低含量到高含量依次进样摄谱分析，以分析元素含量对数值为横坐标，分析元素和内标元素强度值的比值对数值为纵坐标，建立标准曲线。

3.3.3.4 试样的测定

称取 0.200 0 g 试料和 0.200 0 g 缓冲剂于玛瑙研钵中研磨 1 min 将试料与缓冲剂混匀，装入两根下电极中压紧，滴加 2 滴 2% 蔗糖溶液，75 ℃烘箱中烘干备测。

试样置于交流电弧直读发射光谱仪中，按照设定时间激发摄谱。激发完成后，检测器自动记录分析元素与内标元素的谱线强度及其背景强度。按附录 C 中表 C.2 设置好分析软件谱线条件，自动读取谱线强度。根据分析元素与内标元素谱线强度比值与元素浓度值绘制工作曲线之后，样品含量可根据其谱线相对强度值在工作曲线上查得。

3.4 结果讨论

3.4.1 缓冲剂的选择

发射光谱法是一种半经验性分析方法，对于物质在电弧中的激发过程没有成熟的理论研究。电弧的激发过程包含物相转化和电离平衡两个化学平衡过程。电弧是一个敞开式激发电源，电弧的激发温度受缓冲物质的沸点与电离电位的控制。碱金属的沸点较低，大量碱金属的存在可以稳定电弧温度，减弱了由样品基体组成变化对电弧温度波动的影响，同时可以降低光谱背景。

根据文献报道，在缓冲剂中加入少量碳粉，可以减小电弧激发过程中样品喷溅、熔珠脱落现象，对维持电弧稳定起到重要作用。碳粉的沸点较高，可以提高电弧温度，有利于难挥发元素的激发。实验选择在缓冲剂组成中加入不同重量的碳粉，其质量分数分别为8%、10%、12%、14%、16%、18%、20%，绘制碳粉含量对 Co、Ni 谱线强度的影响图，如图 6-1 所示。

如图 6-1 所示，碳粉含量达到 14 % 以上时，Co、Ni 两种元素的强度达到最大，则缓冲剂中碳粉含量最少为 14%，才能保证此两种元素的谱线强度能够达到最大值。考虑到碳粉含量过高，激发过程稳定性会变差，因此实验选择碳粉含量为 14%。经过实验确定 Ag、B、Sn、Cu、Pb、Zn、Mo、Ni、Co 9 种元素选用缓冲剂组成为焦硫酸钾：氟化钠：氧化铝：碳粉 = 22：20：44：14。

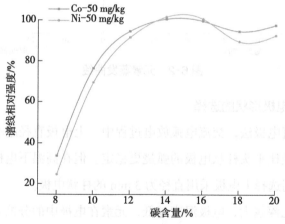

图 6-1 碳粉含量对元素谱线强度的影响

3.4.2 内标元素和曝光时间的选择

由于光源的波动和基体效应的干扰影响，改变了被测元素的蒸发和激发行为，导致了分析谱线绝对强度的波动，因此选用分析线和内标谱线的强度比进行测定，可以消除或减小由于光源波动、元素蒸发行为受基体影响等因素对分析结果的影响。内标元素一般采用定量加入的方法，选择内标元素时，首先要考虑所用的内标元素和分析元素的蒸发行为尽量一致，激发能尽量接近，并且内标元素谱线不受其他元素的干扰。

称取 0.100 0 g 国家一级标样 GBW 07706 与 0.100 0 g 缓冲剂，混匀后装入石墨电极中，按照上述工作条件激发摄谱，制作元素的蒸发曲线，如图 6-2 所示。蒸发曲线图显示 Ag、B、Sn、Cu、Pb、Zn、Mo、Ni、Co 与内标元素 Ge 的蒸发行为一致，故选择 Ge 为内标。

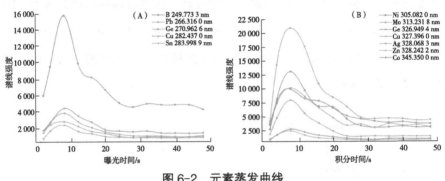

图 6-2　元素蒸发曲线

3.4.3　电极形状的选择

采用垂直电极法，交流电弧放电过程中，上电极直径越小，弧烧越稳定，锥形电极比平头柱状电极的弧烧更稳定。但在高温下电极越细，电极烧蚀越快，则选择上电极采用直径为 3 mm 的柱状电极。

下电极孔深越大，电极温度越低，元素在电极中的分馏效应加强，难挥发元素在电弧中挥发变慢，并在电极底部有所富集。沸点较高的难挥发元素在电弧中被激发时可能发生电离滞后现象，本文观察了 Ni 元素在孔深为 4 mm、6 mm、8 mm 3 种规格电极中的蒸发行为，蒸发曲线如图 6-3 所示，电极深度为 8 mm 时 Ni 元素的蒸发时间过长。深度为 6 mm 的下电极中难挥发元素能在缓冲剂作用下消除分馏现象，相比 4 mm 深度电极能够得到较高信号强度，则本文下电极深度选为 6 mm。

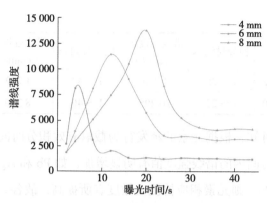

图 6-3　不同深度电极中镍元素蒸发曲线

3.4.4　谱线强度积分时间的优化

谱线积分强度为一段曝光时间内采集谱线强度值的平均值。分析元素
从开始被激发到激发完全所需时间为元素的有效激发时间，当曝光时间越
大于元素的有效曝光时间，谱线的平均强度值越低。为了提高分析谱线的
强度值，进而提高元素的检测灵敏度，本实验只采集有效曝光时间内的分
析线强度值。选取样品 GBW 07706 按照上述条件激发，对比不同积分时
间的谱线强度值如表 6-5 所示。

表 6-5　不同积分时间谱线强度对比

元素	分析线 / nm	积分时间 /s	谱线强度值 （count）	积分时间 /s	谱线强度值 （count）	强度增加 百分比 /%
B	249.773 3	1～22	10 547	1～40	9 292	14
Pb	266.316 0	1～22	2 434	1～40	1 791	36
Cu	282.437 0	1～20	1 340	1～40	1 120	20
	327.396 0	1～25	19 876	1～40	15 602	27
Sn	283.998 9	1～20	2 374	1～40	1 837	29
Ni	305.082 0	1～25	9 566	1～40	8 382	14
Mo	313.231 8	1～20	11 565	1～40	8 927	30
Ag	328.068 3	1～20	4 927	1～40	3 634	36

续表

元素	分析线 / nm	积分时间 /s	谱线强度值 （count）	积分时间 /s	谱线强度值 （count）	强度增加 百分比 /%
Zn	328.242 2	1～25	1 455	1～40	1 202	21
Co	345.350 0	1～25	10 205	1～40	8 320	23

由表 6-5 可知，根据元素的蒸发行为截取有效积分时间的强度值，相比截取全曝光时间内的谱线强度值有明显增加，如 Pb 和 Ag 谱线强度值最高能够提高 36%，则元素相应检测灵敏度有所提高，故各元素的谱线积分时间按照表 6-5 所示采用分段积分的方式。

3.4.5　分析谱线及分析线对的选择

分析谱线的选择既要保证有足够高的谱线强度，又要保证没有其他元素的谱线干扰。通常分析高含量样品时，选用灵敏度低的谱线；分析低含量样品，选用灵敏度高的谱线。分析线对的选择应遵循谱线就近原则，即短波分析线与短波内标线组成分析线对；长波分析线与长波分析线组成分析线对。通过实验表明，按照附录 C 表 C.1 谱线选用情况，分析结果的精密度、正确度等指标满足测试要求。

3.4.6　检出限和测定下限

《环境监测分析方法标准制订技术导则》（HJ 168—2020）规定，按照样品分析的全部步骤，对预计含量为方法检出限 3～5 倍的样品进行不少于 7 次平行测定。本方法对基物样品进行 7 次重复制样分析，根据以下公式计算标准偏差和方法检出限，以 4 倍方法检出限作为测定下限。

$$MDL = t_{(n-1,0.99)} \times S$$

式中，MDL——方法检出限；

　　　　n——样品平行测定次数，本实验为 8 次；

　　　　$t_{(n-1, 0.99)}$——取 99% 置信区间时对应自由度下 t 值，本实验自

　　　　　　　　由度为 7，$t_{(7, 0.99)}$ 值取 2.998；

S——n 次平行测定结果的标准偏差。

结果见表 6-6，目标元素的方法检出限范围和测定下限范围分别是 $0.01 \sim 2.4$ mg/kg 和 $0.04 \sim 9.6$ mg/kg。

表 6-6　方法检出限和测定下限　　　　单位：mg/kg

平行号		银	硼	锡	铜	铅	锌	钼	镍	钴
测定结果	空白 1	0.03	1.9	0.38	0.43	2.2	5.4	0.33	1.3	1.4
	空白 2	0.01	1.9	0.58	0.55	1.2	4.8	0.22	2.3	1.6
	空白 3	0.02	2.0	0.40	0.44	2.1	4.5	0.27	1.4	1.2
	空白 4	0.02	1.5	0.73	0.87	1.2	6.2	0.29	1.4	1.2
	空白 5	0.01	1.9	0.35	0.43	1.7	6.7	0.28	2.6	1.1
	空白 6	0.01	2.0	0.66	0.65	2.4	4.9	0.36	1.4	0.86
	空白 7	0.02	2.1	0.39	0.44	1.2	4.7	0.37	1.4	0.70
	空白 8	0.02	1.7	0.37	0.34	1.8	5.9	0.27	1.1	1.2
平均值		0.02	1.9	0.48	0.52	1.7	5.4	0.30	1.6	1.2
标准偏差		0.005	0.18	0.15	0.17	0.49	0.80	0.05	0.53	0.28
t 值		2.998								
方法检出限		0.01	0.55	0.45	0.51	1.5	2.4	0.15	1.6	0.83
方法测定下限		0.04	2.2	1.8	2.0	6.0	9.6	0.60	6.4	3.3

3.4.7　实验室内方法精密度和正确度

选取不同类型的土壤国家一级标准物质 5 种和沉积物国家一级标准物质样品 3 种，来验证实验室内方法精密度和正确度，每种元素的含量范围实现高、中、低全覆盖。按照 3.3.3.4 进行制备，平行分析 6 次。测定结果各元素相对标准偏差（RSD）分别为 Ag 3.4%～6.3%、B 1.7%～7.5%、Sn 4.3%～9.8%、Cu 1.3%～6.8%、Pb 1.8%～6.2%、Zn 1.1%～8.2%、Mo 2.2%～7.1%、Ni 1.2%～4.7% 和 Co 1.7%～7.8%；各元素的相对误差（RE）分别为 Ag 0.25%～3.4%、B 0.19%～9.1%、Sn 1.1%～5.9%、Cu 0.001%～3.9%、Pb 0.39%～5.1%、Zn 0.15%～3.7%、Mo 0.02%～4.5%、Ni 0.11%～9.6% 和 Co 0.13%～7.2%，结果汇总于表 6-7～表 6-15。

表6-7 银的精密度、正确度测试数据

平行样品编号		银 Ag							
		GBW 07403	GBW 07405	GBW 07406	GBW 07407	GBW 07408	GBW 07305a	GBW 07306	GBW 07307a
测定结果/(mg/kg)	1	0.088	4.38	0.20	0.055	0.057	0.60	0.33	1.1
	2	0.097	4.55	0.21	0.056	0.064	0.60	0.36	1.2
	3	0.084	4.51	0.21	0.052	0.061	0.67	0.36	1.2
	4	0.094	4.47	0.21	0.058	0.057	0.57	0.36	1.2
	5	0.085	4.11	0.19	0.052	0.063	0.61	0.36	1.1
	6	0.091	4.12	0.19	0.061	0.065	0.61	0.37	1.2
平均值/(mg/kg)		0.090	4.36	0.20	0.056	0.061	0.61	0.36	1.2
有证标准物质含量/(mg/kg)		0.091 ± 0.007	4.4 ± 0.4	0.20 ± 0.02	0.057 ± 0.011	0.060 ± 0.009	0.63 ± 0.06	0.36 ± 0.03	1.20 ± 0.08
相对误差 RE/%		1.3	1.0	0.58	2.3	1.9	3.4	1.3	0.25
标准偏差/(mg/kg)		0.005 1	0.20	0.009 1	0.003 5	0.003 5	0.031	0.012	0.050
相对标准偏差 RSD/%		5.7	4.5	4.5	6.3	5.7	5.1	3.4	4.1

表6-8　硼的精密度、正确度测试数据

硼 B

平行样品编号		GBW 07403	GBW 07405	GBW 07406	GBW 07407	GBW 07408	GBW 07305a	GBW 07306	GBW 07307a
测定结果/（mg/kg）	1	22.6	57.0	56.9	9.5	52.4	96.4	53.5	204
	2	22.9	57.0	54.8	9.6	50.9	89.5	52.9	212
	3	23.2	57.7	59.3	10.4	55.4	99.9	53.9	224
	4	20.5	57.7	55.9	10.7	56.8	97.1	48.7	192
	5	24.6	57.8	56.5	9.4	50.6	95.6	48.2	185
	6	20.7	59.7	52.6	9.3	53.6	96.3	49.4	191
平均值/（mg/kg）		22.4	57.807	55.987	9.805	53.285	95.813	51.073	201
有证标准物质含量/（mg/kg）		23±3	53±6	57±5	（10）	54±4	96±8	50±7	195±32
相对误差RE/%		2.6	9.1	1.8	2.0	1.3	0.19	2.1	3.2
标准偏差/（mg/kg）		1.6	1.0	2.2	0.61	2.5	3.4	2.6	15.0
相对标准偏差RSD/%		7.0	1.7	4.0	6.3	4.6	3.6	5.1	7.5

235

表 6-9　锡的精密度、正确度测试数据

锡 Sn

平行样品编号		GBW 07403	GBW 07405	GBW 07406	GBW 07407	GBW 07408	GBW 07305a	GBW 07306	GBW 07307a
测定结果/(mg/kg)	1	2.5	18.9	65.6	3.4	2.9	4.8	2.8	2.4
	2	2.8	20.3	78.0	3.7	2.8	4.9	3.2	2.4
	3	2.4	17.2	65.2	4.3	3.0	4.8	3.2	2.5
	4	2.5	18.3	75.4	3.8	3.1	5.4	2.8	2.3
	5	2.3	17.5	70.6	3.3	3.1	4.9	2.8	2.3
	6	2.3	17.2	68.5	3.4	2.9	4.6	2.9	2.6
平均值/(mg/kg)		2.4	18.2	70.5	3.6	3.0	4.9	2.9	2.4
有证标准物质含量/(mg/kg)		2.5±0.3	18±3	72±7	3.6±0.7	2.8±0.5	5.0±0.5	2.8±0.7	2.5±0.4
相对误差RE/%		2.1	1.2	2.0	1.1	5.9	2.2	4.6	3.9
标准偏差/(mg/kg)		0.19	1.2	5.2	0.36	0.13	0.26	0.20	0.13
相对标准偏差RSD/%		8.0	6.6	7.4	9.8	4.3	5.4	6.7	5.6

表 6-10 铜的精密度、正确度测试数据

平行样品编号		铜 Cu								
		GBW 07403	GBW 07405	GBW 07406	GBW 07407	GBW 07408	GBW 07305a	GBW 07306	GBW 07307a
测定结果/（mg/kg）	1	12.2	144	397	93.2	25.0	119	382	23.3
	2	10.4	139	382	98.6	24.7	119	384	23.0
	3	10.8	150	403	91.1	24.5	119	394	22.1
	4	10.5	142	391	96.5	24.9	119	384	23.3
	5	11.5	141	391	94.4	24.0	118	381	22.0
	6	10.3	148	397	97.7	24.7	114	380	22.6
平均值/（mg/kg）		11.0	144	393	95.3	24.6	118	384	22.7
有证标准物质含量/（mg/kg）		11.4±1.1	144±6	390±14	97±6	24.3±1.2	118±4	383±12	22.5±1.0
相对误差 RE/%		3.9	0.001	0.89	1.8	1.3	0.01	0.28	0.96
标准偏差/（mg/kg）		0.74	4.3	7.3	2.9	0.37	1.8	5.0	0.57
相对标准偏差 RSD/%		6.8	3.0	1.9	3.0	1.5	1.6	1.3	2.5

表6-11 铅的精密度、正确度测试数据

平行样品编号		GBW 07403	GBW 07405	GBW 07406	GBW 07407	GBW 07408	GBW 07305a	GBW 07306	GBW 07307a
		铅 Pb							
测定结果/(mg/kg)	1	26.1	571	305	12.6	20.9	105	26.7	544
	2	25.3	543	317	12.9	21.7	100	29.0	566
	3	25.1	530	307	14.5	22.8	100	29.6	553
	4	25.0	543	307	14.2	21.6	104	25.3	539
	5	24.1	538	307	12.9	22.7	101	26.0	541
	6	23.1	529	318	13.0	22.7	100	28.0	544
平均值/(mg/kg)		24.8	542	310	13.4	22.1	102	27.4	548
有证标准物质含量/(mg/kg)		26±3	552±29	314±13	14±3	21±2	102±4	27±4	555±19
相对误差RE/%		4.8	1.7	1.1	4.6	5.1	0.39	1.6	1.3
标准偏差/(mg/kg)		1.0	15.5	5.8	0.82	0.76	2.6	1.7	10.1
相对标准偏差RSD/%		4.2	2.9	1.9	6.1	3.4	2.5	6.2	1.8

表6-12 锌的精密度、正确度测试数据

平行样品编号		GBW 07403	GBW 07405	GBW 07406	GBW 07407	锌 Zn GBW 07408	GBW 07305a	GBW 07306	GBW 07307a
测定结果 / (mg/kg)	1	33.7	521	92.1	146	68.1	260	137	776
	2	33.8	503	91.1	152	71.8	260	143	791
	3	33.6	477	94.7	146	69.2	263	144	784
	4	29.0	499	100	148	71.6	265	140	781
	5	29.6	487	93.5	150	70.8	261	151	775
	6	28.6	497	92.7	142	68.5	267	143	763
平均值 / (mg/kg)		31.4	497	94.0	147	70.0	263	143	778
有证标准物质含量 / (mg/kg)		31±3	494±25	97±6	142±11	68±4	263±5	144±7	780±19
相对误差 RE/%		1.2	0.71	3.1	3.7	2.9	0.15	0.73	0.21
标准偏差 / (mg/kg)		2.6	14.9	3.2	3.6	1.6	2.9	4.6	9.5
相对标准偏差 RSD/%		8.2	3.0	3.4	2.5	2.3	1.1	3.2	1.2

表6-13 钼的精密度、正确度测试数据

平行样品编号		钼 Mo							
		GBW 07403	GBW 07405	GBW 07406	GBW 07407	GBW 07408	GBW 07305a	GBW 07306	GBW 07307a
测定结果/（mg/kg）	1	0.31	5.0	18.8	2.8	1.2	1.6	8.2	0.85
	2	0.31	4.2	19.2	2.7	1.1	1.6	8.1	0.81
	3	0.31	4.6	16.8	2.6	1.2	1.7	7.8	0.85
	4	0.31	4.6	16.9	2.7	1.2	1.6	7.9	0.82
	5	0.28	4.3	19.5	3.1	1.1	1.6	7.5	0.78
	6	0.30	4.8	16.9	2.7	1.2	1.7	8.0	0.88
平均值/（mg/kg）		0.30	4.6	18.0	2.8	1.1	1.6	7.9	0.83
有证标准物质含量/（mg/kg）		0.31±0.06	4.6±0.4	18±2	2.9±0.3	1.16±0.10	1.64±0.09	7.7±0.8	0.82±0.05
相对误差RE/%		2.2	0.80	0.02	4.5	1.3	1.5	2.5	1.4
标准偏差/（mg/kg）		0.01	0.29	1.3	0.18	0.07	0.04	0.26	0.04
相对标准偏差RSD/%		4.0	6.3	7.1	6.5	5.8	2.2	3.3	4.3

表6-14 镍的精密度、正确度测试数据

平行样品编号		镍 Ni							
		GBW 07403	GBW 07405	GBW 07406	GBW 07407	GBW 07408	GBW 07305a	GBW 07306	GBW 07307a
测定结果/(mg/kg)	1	13.2	38.2	56.4	287	32.6	31.7	82.4	22.1
	2	13.8	36.1	51.2	275	30.8	30.7	79.9	22.3
	3	13.2	41.0	54.8	267	29.8	31.1	80.2	22.3
	4	12.7	37.1	52.8	278	33.0	30.4	82.0	21.7
	5	13.5	36.5	49.5	268	30.3	30.9	81.2	22.0
	6	12.4	38.2	52.3	289	32.7	30.3	77.9	22.5
平均值/(mg/kg)		13.1	37.8	52.8	277	31.5	30.8	80.6	22.2
有证标准物质含量/(mg/kg)		12±2	40±4	53±4	276±15	31.5±1.8	31±1	78±5	22.0±0.6
相对误差RE/%		9.6	5.4	0.32	0.52	0.11	0.52	3.3	0.70
标准偏差/(mg/kg)		0.55	1.8	2.5	9.2	1.4	0.53	1.6	0.26
相对标准偏差RSD/%		4.2	4.7	4.6	3.3	4.4	1.7	2.0	1.2

表 6-15 钴的精密度、正确度测试数据

平行样品编号		钴 Co								
		GBW 07403	GBW 07405	GBW 07406	GBW 07407	GBW 07408	GBW 07305a	GBW 07306	GBW 07307a
测定结果 /（mg/kg）	1	5.1	12.2	7.0	95.2	13.4	15.0	24.8	15.7
	2	5.9	10.9	7.3	101	11.9	14.9	23.3	15.0
	3	5.2	10.6	6.7	102	12.3	14.9	23.0	15.3
	4	6.2	10.9	8.1	93.0	11.8	15.2	24.2	15.3
	5	5.5	11.4	7.6	95.0	13.4	15.0	23.2	14.8
	6	5.2	10.7	7.8	98.1	13.0	15.6	22.9	15.1
平均值 /（mg/kg）		5.5	11.1	7.4	97.4	12.6	15.1	23.6	15.2
有证标准物质含量 /（mg/kg）		5.5±0.7	12±2	7.6±1.1	97±6	12.7±1.1	15.3±0.5	24.4±1.9	15.2±0.7
相对误差 RE/%		0.24	7.2	2.3	0.40	0.55	1.4	3.4	0.13
标准偏差 /（mg/kg）		0.43	0.60	0.52	3.6	0.71	0.26	0.74	0.31
相对标准偏差 RSD/%		7.8	5.4	7.0	3.7	5.6	1.7	3.1	2.0

3.5　实验结论及注意事项

3.5.1　实验结论

（1）银、硼、锡等9种元素的方法检出限：银为0.01 mg/kg、硼为0.55 mg/kg、锡为0.45 mg/kg、铜为0.51 mg/kg、铅为1.5 mg/kg、锌为2.4 mg/kg、钼为0.15 mg/kg、镍为1.6 mg/kg、钴为0.83 mg/kg，均低于方法制定的2.5 mg/kg的目标要求。

（2）根据元素含量的高低分别选用8个土壤、沉积物国家一级标准物质GBW 07403、GBW 07405、GBW 07406、GBW 07407、GBW 07408、GBW 07305a、GBW 07306、GBW 07307a进行6次精密度、正确度实验，银、硼、锡等9种元素的相对误差：银为0.25%～3.4%、硼为0.19%～9.1%、锡为1.1%～5.9%、铜为0.01%～3.9%、铅为0.39%～4.8%、锌为0.15%～3.7%、钼为0.02%～4.5%、镍为0.11%～9.6%、钴为0.13%～7.2%；相对标准偏差：银为3.4%～6.3%、硼为1.7%～7.5%、锡为4.3%～9.8%、铜为1.3%～6.8%、铅为1.8%～6.2%、锌为1.1%～8.2%、钼为2.2%～7.1%、镍为1.2%～4.7%、钴为1.7%～7.8%，均满足方法制定拟＜10%的要求。

3.5.2　注意事项

（1）每20个样品或每批次（少于20个样品）须做两个空白实验，测定结果中待测元素含量不应超过方法测定下限。否则，应检查试剂空白、仪器系统以及前处理过程。

（2）每批样品分析时应至少测定1个土壤国家有证标准物质，计算测定值与标准值的相对误差，当测定结果小于方法测定下限时，相对误差的绝对值应≤35%；当测定结果大于方法测定下限时，相对误差的绝对值应≤25%。

（3）每 20 个样品或每批次（少于 20 个样品）应分析一个平行样，计算样品重复分析结果与基本分析结果的相对偏差（RD），当测定结果小于方法测定下限时，相对偏差应≤30%；当测定结果大于方法测定下限时，相对偏差应≤20%。

（4）如果被分析物含量足够高，需选用次灵敏线进行测定，或用基物逐级稀释（稀释浓度至少为方法 10 倍检出限以上）。

（5）试样称重与缓冲剂称重误差控制在 0.000 5 g 以内。

参考文献

［1］周丽丽.浅谈植物修复土壤中重金属污染的研究进展［Z］.中国环境科学学会科学技术年论文集，2020: 3774-3777.

［2］秦旭磊.生态环境中重金属元素 EDXRF 检测精度的影响因素研究［D］.长春：长春理工大学，2014.

［3］邱超.钙、镁、硼肥对常山胡柚产量、品质及果实养分累积的影响［D］.武汉：华中农业大学，2015.

［4］刘鹏，杨玉爱.钼、硼对大豆品质的影响［J］.中国农业科学，2003(2): 184-189.

［5］梁和，马国瑞，石伟勇，等.硼钙营养对不同品种柑橘糖代谢的影响［J］.土壤通报，2002(5): 377-380.

［6］张玉芝.微量元素与人体健康［J］.微量元素与健康研究，2004，21(3): 52-55.

［7］邹晓蒙，李伟，周冰.发射光谱法测定三江源地区土壤样中银、硼、锡［J］.宁夏农林科技，2011，52(6): 60-70.

［8］坚文娇.原子荧光光谱法测定土壤中的铅、铬、镉、汞、砷、锌、铜、镍等元素研究［J］.世界有色金属，2020(4): 177-178.

［9］陈素兰，池靖，陈波，等.X 射线荧光光谱法测定土壤样品中铅的不确定度评定［J］.中国环境监测，2008，24(6): 43-47.

［10］余涛，蒋天宇，刘旭，等.土壤重金属污染现状及检测分析技术研究进展［J］.

中国地质，2021，48(2): 460-476.

[11] 李璐，王瑾，赵兢兢，等. ICP-MS 法测定土壤中 5 种痕量重金属元素实验研究
[J]. 环境保护与循环经济，2021，41(5): 79-80.

[12] 荆路. 电感耦合等离子体发射光谱法测定化探样品中微量元素的方法研究 [D].
济南：山东大学，2014.

[13] 鲁照玲，胡红云，姚洪. 土壤中重金属元素电感耦合等离子体质谱定量分析方法
的研究 [J]. 岩矿测试，2012，31(2): 241-246.

[14] E I Geana, A M Iodache, C Vocia, et al. Comparison of three digestion methods for
heavy metals determination in soils and sediments materials by ICP-MS technique [J].
Asian Journal of Chemistry, 2011, 23(12): 5213-5216.

[15] Cayan G. Heavy metals, trace and major elements in 16 wild mushroom species
determined by ICP-MS [J]. Atomic Spectroscopy, 2018, 39(1): 29-37.

[16] C Moor, T Lymberopoulou, VJ Dietrich. Determination of heavy metals in soils,
sediments and geological materials by ICP-AES and ICP-MS [J]. Microchimica
Acta, 2001, 136(3-4): 123-128.

[17] Martin A. Direct multielement determination of trace elements in boron carbide
powders by direct current arc atomic emission spectrometry using a CCD spectrometer
[J]. Microchimica Acta, 2011, 172: 261-267.

[18] 胡丹心，熊凡，黄秋鑫，等. 基于元素分析法评价广州市流溪河水质监测点周边
土壤镉、铅、铬、铜、锌、镍生态风险 [J]. 分析仪器，2021(1): 59-66.

[19] 黄晶. 王水提取－电感耦合等离子体质谱法（ICP-MS）测定土壤和底泥中 7 种重
金属元素 [J]. 环保科技，2021，27(1): 54-58.

[20] 孟茹，杜金花，刘云华，等. ICP-MS 测定土壤重金属元素消解方式的探索 [J].
光谱学与光谱分析，2021，41(7): 2122-2128.

[21] 龚仓，帅林阳，夏祥，等. 交流电弧直读光谱法快速测定地质样品中银、锡、钼、
硼和铅 [J]. 理化检验（化学分册），2020，56(12): 1320-1325.

[22] 贺攀红，杨珍，龚治湘. 氢化物发生－电感耦合等离子体发射光谱法同时测定土

壤中的痕量砷铜铅锌镍钒［J］.岩矿测试，2020，39(2): 235-242.

［23］黄海波，沈加林，陈宇，等.全谱发射光谱仪应用于分析地质样品中的银锡硼钼铅［J］.岩矿测试，2020，39(4): 555-565.

［24］谭龙奇.直接滴加液体缓冲剂CCD-I型交流电弧直读发射光谱法测定土壤中银锡［J］.中国无机分析化学，2020，10(2): 39-41.

［25］侯鹏飞，江冶，曹磊.KED ICP-MS测定云南地区红壤中的铁、钴、镍、铜、铅、锌、镓、锗、镉［J］.地质学刊，2020，44(Z1): 218-222.

［26］孙慧莹，李小辉，朱少旋，等.原子发射光谱法测定地球化学样品中银、锡、硼的含量［J］.理化检验（化学分册），2019，55(10): 1231-1234.

［27］张更宇，刘伟，崔世荣，等.分类消解-电感耦合等离子体原子发射光谱法测定环境土壤中15种金属元素的含量［J］.理化检验（化学分册），2018，54(4): 428-432.

［28］杨俊，林庆文，刘瑱，等.固体粉末进样交流电弧法测定区域地球化学调查样品中痕量银、硼、锡、铅［J］.化学分析计量，2018，27(3): 16-19.

［29］聂高升.CCD-I型平面光栅电弧直读发射光谱仪测Ag、B、Sn、Pb、Mo［J］.四川地质学报，2018，38(2): 342-344.

［30］王鹤龄，李光一，曲少鹏，等.氟化物固体缓冲剂-交流电弧直读发射光谱法测定化探样品中易挥发与难挥发微量元素［J］.岩矿测试，2017，36(4): 367-373.

［31］郝志红，姚建贞，唐瑞玲，等.交流电弧直读原子发射光谱法测定地球化学样品中银、硼、锡、钼、铅的方法研究［J］.地质学报，2016，90(8): 2070-2082.

［32］张文华，王彦东，吴冬梅，等.交流电弧直读光谱法快速测定地球化学样品中的银、锡、硼、钼、铅［J］.中国无机分析化学，2013，3(4): 16-19.

［33］曹成东，魏轶，刘江斌.发射光谱法同时测定地球化学样品中微量银铍硼锡铋钼［J］.岩矿测试，2010，29(4): 458-460.

［34］焦二虎.石墨炉原子吸收法测定土壤中铅、镉、钴、锑、铍［J］.化学分析计量，2020，29(2): 95-97.

《土壤 银、硼、锡、铜、铅、锌、钼、镍、钴的测定 交流电弧－发射光谱法》方法文本

1 范围

本方法规定了测定土壤中银、硼、锡、铜、铅、锌、钼、镍、钴9种元素的交流电弧发射光谱法。

本方法适用于土壤中银、硼、锡、铜、铅、锌、钼、镍、钴9种元素的测定。

本方法9种元素的检出限为0.01～2.4 mg/kg，测定下限为0.04～9.6 mg/kg。详见附录A。

2 规范性引用文件

本方法内容引用了下列文件或其中的条款。凡是不注明日期的引用文件，其有效版本适用于本方法。

GB/T 6682 分析实验室用水规格和实验方法

HJ/T 166 土壤环境监测技术规范

3 方法原理

缓冲剂能够控制电弧温度，并维持电弧火焰稳定性，控制元素激发行为。试料与缓冲剂混匀，于交流电弧直读发射光谱仪激发，并自动采集分析元素、内标元素谱线信息。其强度值的比值对数值与元素浓度对数值采用一次曲线拟合，并根据试料中谱线相对强度值的高低计算得到试料中银、硼、锡、铜、铅、锌、钼、镍、钴的含量。

4 试剂和材料

警告：使用本部分的人员应有正规实验室工作的实践经验。本部分并未指出所有可能的安全问题。使用者有责任采取适当的安全和健康措施，并保证符合国家有关法规规定的条件。

除非另有说明，分析时均使用符合国家标准的优级纯试剂。实验用水

符合 GB/T 6682 的分析实验室用水二级水要求。

4.1 焦硫酸钾（$K_2S_2O_7$）：光谱纯

4.2 氟化钠（NaF）：光谱纯

4.3 三氧化二铝（Al_2O_3）：光谱纯

4.4 碳粉（C）：光谱纯

4.5 二氧化锗（GeO_2）：光谱纯

4.6 二氧化硅（SiO_2）：光谱纯

4.7 三氧化二铁（Fe_2O_3）：光谱纯

4.8 白云岩 [$CaMg(CO_3)_2$]：光谱纯

4.9 硫酸钠（Na_2CO_3）：光谱纯

4.10 硫酸钾（K_2SO_4）：光谱纯

4.11 2% 蔗糖溶液：（水：乙醇 = 1：1）

4.12 缓冲剂的配制

缓冲剂的成分：22 g 焦硫酸钾（4.1）、20 g 氟化钠（4.2）、44 g 三氧化二铝（4.3）、14 g 碳粉（4.4）、0.01 g 二氧化锗（4.5），将其研磨均匀。

4.13 基物

合成标准基物按（72：15：4：4：2.5：2.5）的比例称取 72 g 二氧化硅（4.6）、15 g 三氧化二铝（4.3）、4 g 三氧化二铁（4.7）、4 g 白云岩（4.8）、2.5 g 硫酸钠（4.9）、2.5 g 硫酸钾（4.10）。混合基物在 950 ℃温度条件下灼烧，冷却后磨均备用。所用基物均应进行相应的空白实验，验证所含被测定元素的含量（Ag<0.02 μg/g；B<0.10 μg/g；Sn<0.10 μg/g；Cu、Pb、Zn、Ni、Co<0.50 μg/g；Mo<0.01 μg/g）时才能被采用。

4.14 标准系列

采用国家一级合成硅酸盐光谱分析标准物质 GBW 07701～GBW 07709（GSES-1～GSES-9）绘制工作曲线，标准系列中各元素的含量见附录B。

4.15　石墨电极

光谱纯石墨电极，上电极为平头圆柱状，ϕ3.0 mm，长 10 mm；下电极为细颈杯状，ϕ4.0 mm，孔深 6.0 mm，壁厚 1.0 mm，细颈ϕ2.6 mm，颈长 4.0 mm，离杯口 5.0 mm 处打对孔。

5　仪器和设备

5.1　电弧直读发射光谱仪

光栅刻线不低于 2 400 条 /mm，CCD 接收光谱信号转换为谱线强度信息。

5.2　电弧发生器

电源 220 V，额定功率 3.5 kW，电流 0～20 A，电流、电压、频率可控，为不同分析目标提供最佳的激发参数。预燃电流 5 A，预燃时间 3 s，激发电流 14 A，激发时间 40 s，背景采集时间 6 s。

5.3　玛瑙研钵

5.4　分析天平：感量为 0.1 mg

5.5　烘箱：最高温度不低于 110 ℃，控温精度 ±1 ℃

6　样品

6.1　样品采集和保存

按照《土壤环境监测技术规范》（HJ/T 166—2004）规定采集及保存土壤样品；样品采集后保存在事先清洗洁净的广口棕色玻璃瓶或聚四氟乙烯衬垫螺口玻璃瓶中，应尽快分析。

6.2　样品加工

去除样品中石子、枝叶等异物，将所采样品完全混合均匀。按照 HJ/T 166 和 GB 17378.3 的要求，取适量样品平铺于干净的搪瓷盘或玻璃板上，避免阳光直射，且环境温度不超过 40 ℃，自然风干。研磨后过 74 μm 样品筛，混匀，待测。

6.3 样品制备

称取 0.200 0 g（精确至 ±0.000 5 g）样品（6.2）和 0.200 0 g（精确至 ±0.000 5 g）缓冲剂（4.12）于玛瑙研钵（5.3）中研磨 1 min 将试料与缓冲剂混匀，装入两根下电极（4.15）中压紧，滴加两滴 2% 蔗糖溶液（4.11），放入 75 ℃烘箱（5.5）中烘干备测。

7 实验步骤

7.1 空白实验

随同样品分析全过程用基物（4.13）做双份空白实验，所用试剂应取自同一试剂瓶，加入同等的量，按照与样品相同的条件进行空白试样的测定。

7.2 验证实验

随同样品分析同类型、含量相近似的标准物质。

7.3 工作标准系列的制备

分别称取 0.200 0 g 标准系列（4.14）和 0.200 0 g 缓冲剂（4.12）于玛瑙研钵（5.3）中研磨 2 min 后装入两根下电极（4.15）中压紧，滴加两滴 2% 蔗糖溶液（4.11），放入 75 ℃烘箱（5.5）中烘干备测。

7.4 测定

样品（6.3）置于交流电弧直读发射光谱仪中，按照设定时间激发摄谱。激发完成后，检测器自动记录分析元素与内标元素的谱线（分析谱线见附录 C 表 C.1）强度及其背景强度。按附录 C 表 C.2 设置好分析软件谱线条件，自动读取谱线强度。根据分析元素与内标元素谱线强度比值与元素浓度值绘制工作曲线之后，样品含量可根据其谱线相对强度值在工作曲线上查得。

8 结果计算与表示

8.1 结果计算

按式（1）计算银、硼、锡、铜、铅、锌、钼、镍、钴的含量，以毫克每千克（mg/kg）表示：

$$\omega_i = (\omega_1 - \omega_0) \times f \qquad （1）$$

式中，ω_i——样品中待测元素 i 的质量分数的数值，mg/kg；

$\qquad \omega_1$——测得待测元素 i 的质量分数的数值，mg/kg；

$\qquad \omega_0$——测得空白实验中待测元素 i 的质量分数的数值，mg/kg；

$\qquad f$——稀释倍数。

8.2 结果表示

小数位数的保留与方法检出限一致，结果最多保留 3 位有效数字。

9 精密度和正确度

选取不同类型的土壤国家一级标准物质 5 种和沉积物国家一级标准物质样品 3 种，来验证实验室内方法精密度和正确度，每种元素的含量范围实现高、中、低全覆盖。按照 6.3 进行制备，平行分析 6 次。测定结果各元素相对标准偏差（RSD）分别为 Ag 3.4%～6.3%、B 1.7%～7.5%、Sn 4.3%～9.8%、Cu 1.3%～6.8%、Pb 1.8%～6.2%、Zn 1.1%～8.2%、Mo 2.2%～7.1%、Ni 1.2%～4.7% 和 Co 1.7%～7.8%；各元素的相对误差（RE）分别为 Ag 0.25%～3.4%、B 0.19%～9.1%、Sn 1.1%～5.9%、Cu 0.001%～3.9%、Pb 0.39%～5.1%、Zn 0.15%～3.7%、Mo 0.02%～4.5%、Ni 0.11%～9.6% 和 Co 0.13%～7.2%。

10 质量控制和质量保证

10.1 空白实验

每 20 个样品或每批次（少于 20 个样品）须做两个空白实验，测定结果中待测元素含量不应超过方法检出限。否则，应检查试剂空白、仪器系统以及前处理过程。

10.2 精密度

每 20 个样品或每批次（少于 20 个样品）应分析一个平行样，计算样品重复分析结果与基本分析结果的相对偏差（RD），当测定结果小于方法测定下限时，相对偏差应≤30%；当测定结果大于方法测定下限时，相对偏差应≤20%。

10.3　正确度

每批样品分析时应至少测定1个土壤国家有证标准物质，计算测定值与标准值的相对误差，当测定结果小于方法测定下限时，相对误差的绝对值应≤35 %；当测定结果大于方法测定下限时，相对误差的绝对值应≤25 %。

10.4　谱线选择

如果被分析物含量足够高，需选用次灵敏线进行测定，或用基物逐级稀释（稀释浓度至少为方法10倍检出限以上）。

10.5　称量误差

试样称重与缓冲剂称重误差控制在0.000 5 g以内。

11　废物处理

实验中所产生的所有废液和其他废弃物（包括检测后的残液）应集中密封存放，并附警示标志，委托有资质的单位集中处置。

附录 A

（规范性）

方法检出限和测定下限

　　表 A.1 给出了本标准测定土壤中银、硼、锡、铜、铅、锌、钼、镍、钴 9 种元素的方法检出限和测定下限。

表 A.1　测定元素分析方法检出限和测定下限　　　　单位：mg/kg

序号	元素	检出限	测定下限	序号	元素	检出限	测定下限
1	Ag	0.01	0.04	6	Zn	2.4	9.6
2	B	0.55	2.20	7	Mo	0.15	0.60
3	Sn	0.45	1.80	8	Ni	1.6	6.4
4	Cu	0.51	2.04	9	Co	0.83	3.32
5	Pb	1.5	6.0				

附录 B

（资料性）

标准系列中各元素的含量

标准系列中各元素的含量见表 B.1。

表 B.1　标准系列的元素含量

单位：mg/kg

	GSES-1	GSES-2	GSES-3	GSES-4	GSES-5	GSES-6	GSES-7	GSES-8	GSES-9
Ag	0.034	0.064	0.11	0.21	0.51	1.0	2.0	5.0	10
B	2.1	5.1	10.0	20.0	50.0	100	200	500	—
Sn	0.21	0.51	1.1	2.1	5.1	10	20	50	100
Cu	2.0	5.0	10.0	20.0	50	100	200	500	1 000
Pb	2.5	5.5	10.5	20.5	50	100	200	500	1 000
Zn	3.0	6.0	11.0	21	51	101	200	500	1 000
Mo	0.21	0.51	1	2	5	10	20	50	100
Ni	2.6	5.6	10.6	20.6	50.6	101	200	500	—
Co	2.6	5.6	10.6	20.6	50.6	101	200	500	—

附录 C

（资料性）

仪器参数工作条件

元素分析谱线、内标线、测定范围见表 C.1。

表 C.1 分析线对及测定范围

元素	分析线 /nm	内标线 /nm	测定范围 /（mg/kg）
B	249.773 3	Ge 270.962 6	2.10～500
Pb	266.316 0	Ge 270.962 6	2.50～1 000
Cu	282.437 0	Ge 270.962 6	50.0～1 000
Sn	283.998 9	Ge 270.962 6	1.10～100
Ni	305.082 0	Ge 326.949 4	2.60～500
Mo	313.231 8	Ge 326.949 4	0.51～50.0
Cu	327.396 0	Ge 326.949 4	2.00～50.0
Ag	328.068 3	Ge 326.949 4	0.034～10.0
Zn	328.242 2	Ge 326.949 4	6.00～1 000
Co	345.350 0	Ge 326.949 4	2.60～200

电弧直读光谱仪软件工作参数见表 C.2。

表 C.2 软件工作参数

元素	分析线 / nm	积分时间 / s	扫描宽度	背景位置 / nm	峰值方式	拟合方式	最低峰值
B	249.773 3	1～22	9	249.862 2	高斯曲线	直线函数	300
Pb	266.316 0	1～22	9	266.384 5	高斯曲线	直线函数	200
Cu	282.437 0	1～20	5	282.694 2	高斯曲线	直线函数	100
	327.396 0	1～25	7	327.501 2	高斯曲线	直线函数	300

元素	分析线 / nm	积分时间 / s	扫描宽度	背景位置 / nm	峰值方式	拟合方式	最低峰值
Sn	283.998 9	1~20	9	283.947 2	高斯曲线	直线函数	100
Ni	305.082 0	1~25	7	—	高斯曲线	直线函数	200
Mo	313.231 8	1~20	7	313.123 1	高斯曲线	直线函数	150
Ag	328.068 3	1~20	9	328.168 4	高斯曲线	直线函数	150
Zn	328.242 2	1~25	5	328.183 4	高斯曲线	直线函数	200
Co	345.350 0	1~25	5	—	高斯曲线	直线函数	200

《土壤和沉积物 砷、锑和铋的测定 水浴消解/电感耦合等离子体质谱法》方法研究报告

1 方法研究的必要性和创新性

1.1 目标元素的理化性质和环境危害

砷，化学符号是 As，原子序号 33，相对原子质量 74.92，密度 5.727 g/cm³，熔点 817 ℃（28 大气压），加热到 613 ℃直接升华成为蒸气，砷蒸气具有一股难闻的大蒜臭味。砷属于类金属，主要以硫化物的形式存在，有 3 种同素异形体：黄砷、黑砷、灰砷，此元素剧毒，且无臭无味。砷可与 O_2、S、X_2 等直接化合成三价化合物，和 F_2 反应生成五价化合物，其三价砷化合物比五价砷化合物毒性强。砷在地壳中的平均含量，一般都在 $1.7 \times 10^{-4}\%\sim 5 \times 10^{-4}\%$ 的范围内。通常以硫砷矿（AsS）、雌黄（As_2S_3）、雄黄（As_4S_4）、砷硫铁矿（FeAsS）存在或者伴生于 Cu、Pb、Zn 等硫化物。砷随岩石的风化，砷矿与有色金属矿的开采和冶炼，煤炭燃烧而被带入空气、土壤和水环境中，是重要的环境污染物之一，是我国实施排放总量控制的指标之一。它是一种具有较强毒性和致癌作用的元素，可引起皮肤癌、膀胱、肝脏、肾、肺和前列腺以及冠状动脉等疾病。国际癌症研究机构（IARC）确认砷化物是人类致癌物和神经毒物。

锑，化学符号是 Sb，原子序数 51，相对原子质量 121.75，密度 6.68 g/cm³，熔点 630.5 ℃，沸点 1 440 ℃。锑是银白色金属，负三价锑的氢化物毒性剧烈，在自然界中不稳定，易氧化分解为金属和水。锑在地壳中的含量为 0.000 1%，主要以单质或辉锑矿、方锑矿的形式存在。世界目前已探明的锑矿储量为 400 多万吨，中国占了一半多。中国锑的储量、产量、出口量均居世界第一位。水中锑的污染主要来自选矿、冶金、电镀、制药、铅字印刷、皮革等行业排放的废水。动物实验表明老鼠长时间暴露在含高浓度锑的空气中，肺部会产生炎症，进而染上肺癌。锑会刺激人的眼、鼻、喉咙及皮肤，持续接触可破坏心脏及肝脏功能，吸入高含量的锑会导致锑中毒，症状包括呕吐、头痛、呼吸困难，严重者可能死亡。锑被人体吸收后会导致癌症或脑病，急性有机锑中毒可导致血钾降低。

铋，化学符号是 Bi，原子序数 83，相对原子质量 208.98，密度 9.8 g/cm³，熔点 271.3 ℃，沸点 1 560 ± 5 ℃。铋为灰白色并带有粉红色的脆性金属，质脆易粉碎，化学性质较稳定。以前铋被认为是相对原子质量最大的稳定元素，但在 2003 年，发现了铋有极其微弱的放射性。在自然界中以游离金属和矿物两种形式存在，除用于医药行业外，也广泛应用于半导体、超导体、阻燃剂、颜料、化妆品、化学试剂、电子陶瓷等领域，但医疗用量过大或长期饮用铋剂均可引起中毒。铋属微毒类，大多数以化合物、特别是盐基性盐类存在，在消化道中难吸收，不溶于水，仅稍溶于组织液，不能经完整皮肤黏膜吸收。铋是人体非必需的有毒元素，主要累积在哺乳动物的肾脏，肝次之，大部分贮存在体内的铋可在数周以至数月内由尿排出，接触高浓度的铋会引起肾脏、肝脏、神经系统和皮肤等部位的损伤。

1.2　相关环保标准和环保工作的需要

土壤环境质量关系到百姓"菜篮子""米袋子""水缸子"的安全，是事关经济社会发展和子孙后代健康和生存安全的重大民生问题。针对土壤和沉积物的环境管理，我国已经建立了相对完善的质量标准体系。生态环境部发布实施的《土壤环境质量　农用地土壤污染风险管控标准（试行）》（GB 15618—2018）和《土壤环境质量　建设用地土壤污染风险管控标准（试行）》（GB 36600—2018）中涉及的金属主要包括镉、汞、砷、铜、铅、铬、镍及锑、铍、钴和钒，共 11 种。砷、锑和铋均为环境背景调查必测元素，其中砷和锑的标准限值见表 7-1。

表 7-1　农用地和建设用地土壤中砷、锑的限值

标准名称	元素	筛选值 mg/kg	管控值 mg/kg
《土壤环境质量　建设用地土壤污染风险管控标准（试行）》（GB 36600—2018）	砷	第一类 20；第二类 60	第一类 120；第二类 140
	锑	第一类 20；第二类 180	第一类 40；第二类 360
《土壤环境质量　农用地土壤污染风险管控标准（试行）》（GB 15618—2018）	砷（水田）	pH≤5.5，30；5.5＜pH≤6.5，30；6.5＜pH≤7.5，25；pH＞7.5，20	pH≤5.5，200；5.5＜pH≤6.5，150；6.5＜pH≤7.5，120；pH＞7.5，100
	砷（其他）	pH≤5.5，40；5.5＜pH≤6.5，40；6.5＜pH≤7.5，30；pH＞7.5，25	

2016 年，国务院印发了《土壤污染防治行动计划》，其中涉及土壤环境监测相关的款项就有 17 项，对土壤环境监测明确提出 6 项任务，其中包括完成土壤环境监测、调查评估等技术规范制修订任务。为此，原环境保护部印发的《国家环境保护标准"十三五"发展规划》中也明确提出具体的实施措施，其中包括"制修订一批涉及土壤重金属等有毒有害污染物

的监测分析方法标准"。

《土壤和沉积物　12种金属元素的测定　王水提取－电感耦合等离子体质谱法》（HJ 803—2016）采用的是电热板和微波消解方法，不涉及项目铋。目前，水浴消解／电感耦合等离子体质谱法尚无测定土壤及沉积物中砷、锑、铋的标准分析方法；水浴消解法相较于微波消解法，具有仪器设备简单、操作简便、无须容器转移等优势。

2　国内外相关分析方法研究

自1984年第一台ICP-MS商品仪器问世以来，ICP-MS已从最初在地质科学研究的应用，迅速应用于环境、冶金、石油、生物、医学、半导体和核材料等领域。它能够快速检测少量样品中的多种元素，具有检出限低、干扰少、线性范围宽、灵敏度高、同时测定几十种元素等优点。

2.1　主要国家、地区及国际组织相关分析方法研究

目前，美国、欧洲等国家测定砷、锑、铋所涉及的标准方法有《土壤质量　电感耦合等离子体质谱法》（ISO/TS 16965）、《污泥，处理过的生物废弃物和土壤.利用电感耦合等离子体质谱法》（DIN CEN/TS 16171）和 EPA 6020A 等，主要是使用电感耦合等离子体质谱法（ICP-MS）。涉及土壤和沉积物中金属的前处理标准方法主要有 EPA 3050B、EPA 3051A、EPA 3052、ISO 11047 和 DIN CEN TS 16175 等，主要是使用硝酸、氢氟酸等，消解方式有电热板消解和微波消解。国外相关分析方法标准见表7-2。

表 7-2　国外相关标准方法

标准编号	标准名称	设备试剂	目标化合物	备注
EPA 3050B	Acid Digestion of Sediments, Sludges, and Soils	电热板，硝酸－双氧水	As、Be、Cd、Cr、Co、Fe、Pb、Mo、Se、Tl	沉积物、淤泥、土壤的前处理手段，与EPA Method 6020/6020A配套使用；不破硅，非总量处理
EPA 3051/3051A	Microwave Assisted Acid Digestion of Sediments, Sludges, Soils, and Oils	微波消解，硝酸浸提	Al、Sb、As、Ba、Be、B、Cd、Ca、Cr、Co、Cu、Fe、Pb、Mg、Mn、Hg、Mo、Ni、K、Se、Ag、Na、Sr、Tl、V、Zn	沉积物、淤泥、土壤的前处理手段，与EPA Method 6020/6020A配套使用；不破硅，非总量处理
EPA 3052	Microwave Assisted Acid Digestion of Siliceous and Organically Based Matrices	微波、硝酸－氢氟酸－双氧水－盐酸	Al、Sb、As、B、Ba、Be、Cd、Ca、Cr、Co、Cu、Fe、Pb、Mg、Mn、Hg、Mo、Ni、K、Se、Ag、Na、Sr、Tl、V、Zn	含硅、含有机质的基体样品的前处理手段，与EPA Method 6020/6020A配套使用；破硅、总量处理
DIN CEN TS 16175-1	Sludge, treated biowaste and soil–Determination of mercury –Part 1	电热板、王水提取、冷蒸气原子吸收光谱法测定	Hg	淤泥、固废、土壤的汞元素的测定
EPA Method 6020/6020A	Inductively Coupled Plasma Mass Spectrometry	ICP-MS测定	Al、Sb、As、Ba、Be、Cd、Ca、Cr、Co、Cu、Fe、Pb、Mg、Mn、Hg、Ni、K、Se、Ag、Na、Tl、V、Zn	对应EPA 3050B、EPA 3051/3051A、EPA 3052 ICP-MS仪器分析方法

261

续表

标准编号	标准名称	设备试剂	目标化合物	备注
DIN CEN/ TS 16171— 2013	Sludge, treated biowaste and soil-Determination of elements using ICP-MS	电热板，王水提取，ICP-MS 测定	Al、Sb、As、Ba、Be、Pb、B、Cd、Cs、Ca、Ce、Cr、Dy、Fe、Er、Eu、Gd、Ga、Ge、Au、Hf、Ho、In、Ir、K、Co、Cu、La、Li、Lu、Mg、Mn、Mo、Na、Nd、Ni、Pd、P、Sr、Te、Tl、Th、Tm、Ti、U、V、W、Bi、Yb、Y、Zn、Sn、Zr、Pt、Pr、Hg、Re、Rh、Rb、Ru、Sm、Sc、S、Se、Ag、Si	污泥、固废、土壤的多元素的 ICP-MS 仪器分析方法
ISO/TS 16965— 2013	Soil quality: Determination of trace elements using ICP-MS	电热板，王水提取，ICP-MS 测定	Al、Sb、As、Ba、Be、Bi、B、Cd、Ca、Ce、Cs、Cr、Co、Cu、Dy、Er、Eu、Gd、Ga、Ge、Au、Hf、Ho、In、Ir、Fe、La、Pb、Li、Lu、Mg、Mn、Hg、Mo、Nd、Ni、Pd、P、Pt、K、Pr、Re、Rh、Rb、Ru、Sm、Sc、Se、Si、Ag、Na、Sr、S、Te、Tb、Tl、Th、Tm、Sn、Ti	土壤中多元素的 ICP-MS 仪器分析方法

2.2　国内相关分析方法研究

2.2.1　国内相关标准分析方法

在我国土壤分析标准方法体系中，ICP-MS 相关方法处于起步阶段。2004 年发布的《土壤环境监测技术规范》（HJ/T 166—2004）中，将 ICP-MS 法作为测定金属元素的等效方法；2008 年出版的《全国土壤污染状况调查样品分析测试技术规定》中，列举了《土壤中镉、铅、铜、锌、铁、锰、镍、钼、砷和铬的测定　电感耦合等离子体质谱法》作为部分元素的推荐方法；2016 年，《土壤和沉积物　12 种金属元素的测定　王水提取–电感耦合等离子体质谱法》（HJ 803—2016）正式发布。该方法是我国第一个针对土壤中元素分析正式颁布的 ICP-MS 标准方法，在土壤污染现状调查、综合治理土壤污染以及制定土壤环境质量标准等领域的运用均具有重要的里程碑意义。2018 年，全国土壤污染状况详查借鉴了《固体废物　金属元素的测定　电感耦合等离子体质谱法》（HJ 766—2015），采用的是硝酸–盐酸–氢氟酸和双氧水的微波消解 ICP-MS 法，国内相关分析方法标准见表 7-3。

表 7-3　国内相关标准方法

序号	标准号	标准名称	测定元素	备注
1	GB/T 22105—2008	《土壤质量　总汞、总砷、总铅的测定原子荧光法》	砷、汞、铅	水浴，盐酸–硝酸
2	GB/T 25282—2010	《土壤和沉积物　13 个微量元素形态顺序提取程序》	砷、镉、钴等13 个微量元素	盐酸–硝酸–氢氟酸–高氯酸分解
3	HJ 680—2013	《土壤和沉积物　汞、砷、硒、铋、锑的测定　微波消解/原子荧光法》	汞、砷、硒、铋、锑	微波，硝酸–盐酸

续表

序号	标准号	标准名称	测定元素	备注
4	HJ 766—2015	《固体废物 金属元素的测定 电感耦合等离子体质谱法》	银、砷和钡等17种金属元素	微波消解，硝酸＋盐酸＋氢氟酸＋双氧水
5	HJ 803—2016	《土壤和沉积物 12种金属元素的测定 王水提取－电感耦合等离子体质谱法》	镉、钴、铜等12种金属元素	王水，电热板、微波消解仪
6	NY/T 1104—2006	《土壤中全硒的测定》	硒	硝酸－高氯酸，自动控温消化炉
7	NY/T 1121.10—2006	《土壤检测 第10部分：土壤总汞的测定》	汞	王水，沸水浴
8	NY/T 1121.11—2006	《土壤检测 第11部分：土壤总砷的测定》	砷	王水，沸水浴
9	DZ/T 0279.3—2016	《区域地球化学样品分析方法第3部分：钡、铍、铋等15个元素量测定 电感耦合等离子体质谱法》	砷、锑和铋等15个元素量的测定	硝酸－氢氟酸－高氯酸分解

2.2.2 国内相关分析方法与本方法的关系

ICP-MS法具有线性范围宽、分析速度快、灵敏度高、可多元素同时测定等优点，已在环境监测工作中广泛应用。我国已经颁布了ICP-MS法测定多种元素的水、气和固废标准方法，也颁布了土壤和沉积物领域的王水提取ICP-MS标准方法。HJ 803采用王水提取进行试样制备，对电热板加热消解测定砷、锑相对偏差要求分别为小于30%、40%；对微波消解测定砷和锑的相对偏差要求为小于30%，其质量控制均无法满足《土壤环境监测技术规范》（HJ/T 166—2004）的精密度要求。对于土壤和沉积物测定中常用的总量元素测定，尚未建立ICP-MS标准方法。在借鉴美国和欧盟等国外方法的基础上，我国多个省市环境监测机构建立了土壤和沉积物中金属元素 ICP-MS 的自建方法，但其可比性、适用性和技术严谨性等尚存在不足，亟须标准化。

3　方法研究报告

3.1　研究缘由

目前，《土壤质量　总汞、总砷、总铅的测定　原子荧光法》（GB/T 22105—2008）采用王水水浴消解／原子荧光法测定土壤中总砷和总汞，在 2018 年农用地状况详查和 2020 年重点行业企业用地土壤污染状况详查中发挥了重要作用；该样品消解方法操作简单，适合大批量样品处理，缺点是适合元素少，试料的制备麻烦。电感耦合等离子体质谱仪（ICP-MS）具有灵敏度高、分析速度快、多元素同测、线性范围宽等优点，目前测定土壤及水系沉积物样品中 As、Se、Sb、Hg、Bi 等 5 种元素尚无其标准分析方法，学者对其能否准确测定样品中 Se、Hg 尚存争议。

（1）王水水浴消解 /ICP-MS 是否可以准确测定土壤中 As、Sb 和 Bi ？

对于土壤中 As、Sb 和 Bi 的分析，刘珂珂采用"王水用量为 5 mL、超声水浴温度为 80 ℃、超声提取时间为 45 min"为消解条件，开发了 ICP-MS 测定土壤中 As 的分析方法；阳国运等采用"浓王水冷浸样品 30 min，再 90 ℃水浴 10 min"为消解条件，实现了 ICP-MS 快速测定土壤中 As 和 Sb，分析结果的精密度为 2.6%～10.3%；宋涛等采用王水分解样品 /ICP-MS 测定土壤中 As、Sb、Hg、Bi 4 种重金属元素，方法检出限分别为 0.121 2 μg/g、0.028 6 μg/g、0.006 μg/g、0.006 μg/g。但文典等实验显示，王水消解的提取率为 31%～60%；程小会等研究表明，王水消解的测定结果为负数。

（2）王水水浴消解 /ICP-MS 是否适合测定土壤中 Se ？

赵宗生、林海兰等的研究表明，王水水浴可以胜任土壤中 Se 的处理，并且实现了王水水浴消解 /AFS 准确测定土壤样品中的 Se；对于 ICP-MS

测定土壤中的 Se，不同研究者尚存异议。薛静等、闫学全、韩亚等、季海冰等的实验说明，ICP-MS 在碰撞模式下采用 ^{77}Se 或 ^{78}Se 或 ^{82}Se 可实现样品的准确测定；屈明华等、王俊伟等的研究显示，ICP-MS 只有采用 CH_4 作为反应气才能消除干扰，获得满意结果。

（3）王水水浴消解 /ICP-MS 是否适合测定土壤中 Hg ？

刘凤枝等编制实施的国家标准分析方法 GB/T 22105—2008 包括土壤中 Hg 的测定；对于 ICP-MS 测定土壤中 Hg，不同研究者尚存争议。闫学全在碰撞模式下取得了满意结果，李耀磊等在碰撞模式下采用 ^{202}Hg 测定冬虫夏草区域土壤样品，孙杰等在标准模式下获得了准确结果，刘珂珂等在碰撞模式下采用 ^{202}Hg 获得了理想结果，阳国运等、张廷忠等通过王水水浴消解样品，在碰撞模式下测定样品中 Hg；王海鹰等、秦德萍等分别通过氧气模式、高分辨磁质谱，方能实现［WO］$^+$ 干扰物的消除，获得符合标准物质认定值的实验结果。

3.2 研究目标

3.2.1 ICP-MS 干扰研究

结合消解试剂和土壤样品，讨论 ICP-MS 测定土壤中 As、Se、Sb、Hg、Bi 的同量异位素离子、多原子离子、氧化物离子及双电荷离子等质谱干扰以及非质谱干扰。

3.2.2 方法适用性分析

参考 GB/T 22105—2008 的前处理方法并优化实验条件。研究王水水浴消解 /ICP-MS 测定土壤中 As、Sb、Bi 的方法检出限、精密度和正确度等技术指标。

3.2.3 测定硒和汞的情况

获得王水水浴消解 /ICP-MS 测定土壤中 Se、Hg 实验情况，结合质谱干扰和样品分析原因，以免学者因选取土壤标准物质不一，导致错误结论。

3.3　实验部分

3.3.1　仪器设备

电感耦合等离子体质谱仪（安捷伦 7700 x、赛默飞 iCAP Q）；恒温数显水浴锅 HH-DZ-40（常州未来），万分之一分析天平 MSE125P-100-DU（赛多利斯）等。原子荧光光度计的工作参数、标准溶液、试样制备、样品测试、实验数据等见相关文献或仪器说明书。结合质谱干扰和同位素丰度情况，ICP-MS 测定 As、Se、Sb、Hg、Bi 的质量数分别选择 75、77/78/82、121、201/202、209；结合电离能和样品中元素含量情况，四极杆采集 Se、Hg 质量数 77/78/82、201/202 的积分时间为 2.0 s，其他元素质量数的积分时间为仪器默认的 0.3 s；ICP-MS 其他工作参数见相关文献或仪器说明书。

注意事项：ICP-MS 选择质量数要兼顾丰度和质谱干扰，一般选取丰度高、质谱干扰少的质量数，碰撞模式对同量异位素离子和双电荷离子干扰无能为力。灵敏度与待测元素的电离能、质量数大小及丰度有关，同时与仪器的参数如载气流量、检测器电压、分析模式（标准模式、碰撞模式、反应模式）有关。ICP-MS 可以测定的、电离能较高的元素有 Be（9.32 eV）、P（10.49 eV）、Zn（9.39 eV）、As（9.81 eV）、Se（9.75 eV）、Br（11.81 eV）、Cd（8.99 eV）、Te（9.01 eV）、I（10.45 eV）、Ir（9.12 eV）、Pt（9.02 eV）、Au（9.22 eV）、Hg（10.44 eV）。

无灵敏度原因排查：调谐溶液中目标元素几乎无灵敏度。首先确认进样针是否吸入调谐液、蠕动泵卡的是否合适、仪器雾化是否正常。接着检查调谐质量数 56、80 的信号值，如 56、80 无信号则调整检测器电压；如 56、80 有信号则检查质量校准参数。调谐液中目标元素仍几乎无灵敏度，则检查接口系统、调谐液污染（碰撞模式还需考虑平衡时间）。

灵敏度低原因排查：如调谐液中目标元素灵敏度低于预期，调整载气流量、透镜电压等参数；如调谐液中目标元素灵敏度波动较大，应查看泵卡的松紧或仪器是否存在污染。

3.3.2　仪器调谐

通过 ICP-MS 调谐检查仪器状态，主要参考标准为《四极杆电感耦合等离子体质谱仪　校准规范》（JJF 1159—2006），包括背景噪声、检出限、灵敏度、丰度灵敏度、氧化物离子产率、双电荷离子产率、质量稳定性、分辨率、冲洗时间、同位素丰度比测量精密度、短期稳定性、长期稳定性等 13 个技术指标。通常情况下，调谐溶液覆盖低（^{7}Li 或 ^{9}Be）中（^{89}Y 或 ^{115}In）高质量数（^{205}Tl 或 ^{209}Bi）及难解离氧化物元素（Ce）和低第二电离能元素（Ba），通过 ICP-MS 仪器分析浓度为 1.0 μg/L 的调谐溶液，主要关注灵敏度及精密度、氧化物离子产率、双电荷离子产率、质量稳定性、分辨率等 5 个技术指标，仪器调谐界面参见图 7-1。

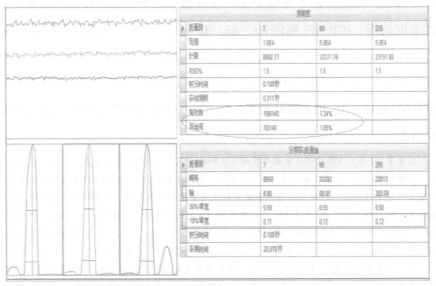

图 7-1　ICP-MS 调谐信息：灵敏度及精密度、氧化物产率、双电荷产率、
质量数和分辨率

（1）灵敏度及精密度

JJF 1159—2006 规定，低、中、高质量数灵敏度应分别不低于 5 MCPS/（mg/L）、30 MCPS/（mg/L）、20 MCPS/（mg/L）。以图 7-1 中质量数 ^{89}Y 为例，32 371.76÷0.1（积分时间 0.1 s）CPS/（μg/L）= 3.24 × 10^{4} ÷ 0.1 × 10^{3} CPS/（mg/L）=3.24 × 10^{8} CPS/（mg/L）=324 MCPS/（mg/L）＞ 30 MCPS/（mg/L），中质量数灵敏度满足 JJF 1159—2006 要求。同理计算可以判断，低、高质量数也满足规范要求；如果灵敏度不能满足要求，参

考3.3.1注意事项排除和调节仪器参数。

图7-1显示低质量数、中质量数、高质量数的灵敏度的精密度为1.5%、1.8%、1.5%，均远优于ICP-MS分析方法标准如《水质 65种元素的测定 电感耦合等离子体质谱法》（HJ 700—2014）"调谐溶液中所含元素信号强度的相对标准偏差≤5%"技术指标要求；如果灵敏度满足要求而相对标准偏差不能满足要求，可能是蠕动泵管路卡的松紧不合适或进样管路、内标管路磨损需要更换。蠕动泵上的样品管路、内标管路和废液管路，均要与卡口对位理顺整齐，样品管路和内标管路松紧调节方法为：在标准泵速下，首先从溶液中拿起再放下样品管路，以使其内有一段气泡；接着观察气泡，调节压臂螺母使得气泡恰好停止前进；最后压壁螺母拧紧1.5～2圈。对于废液管路蠕动泵调节，只需要废液脉冲式排出、不在雾化室积液即可，否则容易导致等离子体熄火。

（2）氧化物离子产率

氧化物离子产率一般用 $^{156}CeO^+/^{140}Ce^+$ 表示，选择元素Ce的原因是CeO解离能高；JJF 1159—2006规定 $^{156}CeO^+/^{140}Ce^+ \leqslant 3.0\%$，该指标适用标准模式；如果是碰撞模式，氧化物离子产率要求更好，即氧化物离子产率更低。氧化物离子产率越低，越有利于消除多原子离子和氧化物离子干扰，ICP-MS测定土壤及沉积物中V、Cr、As、Cd、Ag等元素时，需调节仪器参数如载气流量、采样深度、碰撞气流量，以使氧化物离子产率尽可能低。

如果氧化物离子产率指标明显无法满足JJF 1159—2006要求，ICP-MS管路受污染可能性较大，其潜在污染源元素见表7-4。如果 $^{154}BaO^+/^{138}Ba^+$ 明显大于3%，则可能是受La、Ce、Sm、Gd等稀土元素影响；正常情况下，实验氛围及实验用水中稀土元素含量非常低。可能是实验人员分析稀土元素样品或测定土壤及沉积物样品，即使ICP-MS测试土壤及沉积中无机元素项目时不包含稀土元素，但样品中客观存在稀土元素，特别是 La、Ce 在土壤及沉积物中含量较高，也会造成进样系统残留，建议在 ICP-MS 分析状态下，先采用（2+98）硝酸溶液、再使用实验用水冲洗数分钟。同理，如果 $^{156}CeO^+/^{140}Ce^+$ 明显大于 3%，则可能是 Gd、Dy 残留。

表 7-4　ICP-MS 调谐时，氧化物离子产率异常的潜在干扰元素

元素	Ba	La	Ce	Sm	Gd	Ce	Gd	Dy
同位素	138	138	138	154	154	140	156	156
丰度 /%	71.7	0.09	0.25	22.75	2.18	88.45	20.47	0.06
第一电离能 /eV	5.21	5.58	5.54	5.64	6.15	5.54	6.15	5.94
第二电离能 /eV	10.00	11.06	10.88	11.09	12.13	10.88	12.13	11.71
氧化物产率要求	$^{154}BaO^+/^{138}Ba^+ \leqslant 3.0\%$ 或 $^{156}CeO^+/^{140}Ce^+ \leqslant 3.0\%$							

（3）双电荷离子产率

双电荷离子产率一般用 $^{138}Ba^{2+}/^{138}Ba^+$ 表示，选择元素 Ba 的原因是其第二电离能低；JJF 1159—2006 规定 $^{138}Ba^{2+}/^{138}Ba^+ \leqslant 3.0\%$。双电荷离子干扰无法通过碰撞模式消除，因此不管是标准模式还是碰撞模式，理想状态是双电荷离子产率低。

双电荷离子产率 $^{138}Ba^{2+}/^{138}Ba^+$ 如果明显偏高，可能是进样系统被 Ga、Zn 污染，也可能是调谐溶液被污染。建议在 ICP-MS 分析状态下，先采用（2+98）硝酸溶液、再采用实验用水冲洗数分钟，以检查是否为进样管路残留所致；如果双电荷离子产率 $^{138}Ba^{2+}/^{138}Ba^+$ 仍然明显偏高，需重新配制调谐溶液再次进行调谐。如果双电荷离子产率 $^{140}Ce^{2+}/^{140}Ce^+$ 明显偏高，最大可能是进样管路等残留内标元素 Ge。ICP-MS 双电荷离子产率技术指标异常时，其潜在干扰元素见表 7-5。

表7-5　ICP-MS调谐时，双电荷离子产率异常的潜在干扰元素

元素	Ba	La	Ce	Ga	Ce	Zn	Ge
同位素	138	138	138	69	140	70	70
丰度 /%	71.7	0.09	0.25	60.11	88.45	0.63	20.38
第一电离能 /eV	5.21	5.58	5.54	6.00	5.54	9.39	7.90
第二电离能 /eV	10.00	11.06	10.88	20.51	10.88	17.96	15.93
双电荷产率要求	$^{138}Ba^{2+}/^{138}Ba^{+} \leqslant 3.0\%$						

（4）分辨率

JJF 1159—2006规定，分辨率以某元素质量峰高10%处的峰宽表示，要求分辨率≤0.8 u；图7-2显示，低质量数、中质量数和高质量数的分辨率分别为0.71 u、0.72 u、0.72 u，满足规范要求。事实上，分辨率越高，即元素质量峰高10%处的峰宽越小，越有利于ICP-MS四极杆质量分析器区别待测元素和干扰物，但待测元素灵敏度也随之下降，因此日常工作中也要求：元素质量峰高10%处峰宽大于0.60 u。如果分辨率不能满足实验要求，可通过微调质量增益和补偿两个参数：增大质量增益，可以使高质量数峰宽变窄；增大质量补偿，有利于所有质量数峰变窄。

（5）质量数稳定性

JJF 1159—2006规定，质量稳定性表示较长时间内某元素质量峰中心偏移的程度，要求质量数稳定性介于 -0.05～0.05 u/h。图7-2显示，低中高质量数 ^{7}Li、^{89}Y、^{205}Tl 峰中心分别是6.95、88.95、205.00，似乎均满足JJF 1159—2006规定要求。

从质量数稳定性概念可知，实验人员要首先清楚各元素质量峰中心，继而通过调节相关参数（质量轴通过轴增益和轴补偿两个参数优化：增大轴增益，则高质量数元素的质量数增大；增大轴补偿，则所有元素的质量数变大），使四极杆分析器的稳定性更好。表7-6覆盖了JJF 1159—2006

指定的低质量数（^{7}Li 或 ^{9}Be）、中质量数（^{89}Y 或 ^{115}In）、高质量数（^{205}Tl 或 ^{209}Bi）较为准确的质量峰中心，如 ^{7}Li、^{89}Y、^{205}Tl 峰中心分别为 7.016、88.905 9、204.874 4；表 7-6 也进一步说明，JJF 1159—2006 规定的质量数稳定性也需要明确各质量数峰中心，如 ^{205}Tl 峰中心为 204.874 4，应使质量数稳定在 204.824 4～204.924 4；如果 ICP-MS 调谐显示 ^{205}Tl 质量轴为 204.82，表面看不满足 JJF 1159—2006 要求，实则符合 JJF 1159—2006 规定；如果 ICP-MS 调谐显示 ^{205}Tl 质量轴为 205.05，表面看满足 JJF 1159—2006 要求，实则不符合 JJF 1159—2006 规定。

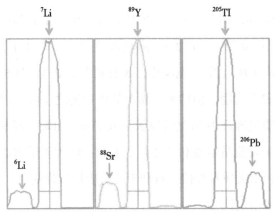

图 7-2　ICP-MS 调谐低、中、高质量数对应峰型

图 7-2 显示的为 ICP-MS 调谐低、中、高质量数对应峰型，^{7}Li 和 ^{89}Y 左侧、^{205}Tl 右侧各有一小峰。Li 有 ^{6}Li 和 ^{7}Li 两种稳定同位素，其丰度分别为 7.42% 和 92.55%，因此 ^{7}Li 左侧有峰，如果 ICP-MS 同时调谐显示了 ^{6}Li 和 ^{7}Li 的信号计数，其之比应为 1∶12.5，因此 ^{7}Li 峰左侧应该有峰，且峰高大约为 ^{7}Li 峰高的 8%。^{89}Y 峰左侧小峰最有可能是 ^{88}Sr，正常情况下调谐液中没有 Sr，可能是实验用水或进样管路残留、调谐容器溶出或调谐溶液酸介质中含 Sr 所致；^{205}Tl 峰右侧的小峰最大可能是 ^{206}Pb 峰，理论

表 7-6　ICP-MS 调谐时，质量数错峰的潜在干扰元素

低质量数元素				中质量数元素				高质量数元素			
元素	同位素	精确同位素数	丰度	元素	同位素	精确同位素数	丰度	元素	同位素	精确同位素数	丰度
Li	6	—	7.59%	Sr	88	—	82.58%	Pb/Hg	204	—	1.4%/6.87%
Li	7	7.016	92.41%	Y	89	88.9059	100.00%	Tl	205	204.8744	70.48%
Be	9	9.0122	100.00%	Zr	90	—	51.45%	Pb	206	—	24.1%
B	10	—	19.90%	Cd/Sn	114	—	28.73%/0.66%	Pb	208	—	52.4%
—	—	—	—	In	115	114.9034	95.71%	Bi	209	208.9804	100.00%
—	—	—	—	Cd/Sn	116	—	7.49%/14.54%	—	—	—	—

273

上调谐液中并没有 Pb，其可能是进样管路残留、调谐容器溶出或调谐溶液酸介质中含 Pb 杂质；如果进样管路残留、调谐容器溶出或调谐溶液酸介质中含 Pb 杂质较高，ICP-MS 调谐界面图 7-2 甚至会出现 ^{206}Tl 峰而没有 ^{205}Tl 峰，此时轴增益和轴补偿两个参数设置并没有问题。其他低质量数、中质量数、高质量数峰型也会张冠李戴，如 ^{6}Li 代替 ^{7}Li（内标溶液 ^{6}Li 残留在进样系统）、^{10}B 代替 ^{9}Be（实验用水 B 含量高，或调谐液保存在玻璃容器等）、^{88}Sr 或 ^{90}Zr 代替 ^{89}Y（实验用水 Sr 含量高等）、^{114}Cd 及 ^{114}Sn 或 ^{116}Cd 及 ^{116}Sn 代替 ^{115}In（进样系统残留 Cd 及 Sn 等）、^{208}Pb 代替 ^{209}Bi 等；如果出现张冠李戴，一般不是轴增益和轴补偿所致（注意保存轴增益和轴补偿参数大小，最好不要随意修改），可以先采用（2+98）硝酸溶液、再使用实验用水冲洗数分钟冲洗进样系统；如果问题没有解决，再使用娃哈哈或屈臣氏蒸馏水重新配制纯水介质调谐溶液，以排除调谐溶液污染所致还是实验用水，抑或调谐溶液酸介质有问题。在碰撞模式下，如果调谐目标元素没有出峰，建议采用高流量 He 气吹扫碰撞池数小时后再调谐。

特别强调的是，在一定范围内氧化物离子产率和灵敏度是一对矛盾的技术指标，ICP-MS 调谐时不要一味地追求高灵敏度，需结合样品及潜在真实干扰情况，选择优先考虑低氧化物离子产率还是高灵敏度。

3.3.3 主要试剂

（1）样品制备试剂

①盐酸及硝酸：含量分别为 37%、65%，德国默克分析纯级试剂。

②消解液：（1+1）王水溶液。

③标准溶液介质：Hg 标准溶液介质为（1+49）硝酸溶液 -200 μg/L 金离子溶液，As、Bi、Sb 和 Se 标准溶液介质为（1+49）硝酸溶液。

（2）标准使用液

①砷、硒、锑和铋标准使用液：混合标准溶液（5183—4688，安捷

伦），Fe、K、Ca、Na、Mg 的浓度为 1 000 mg/L，Ag、Al、As、Ba、Be、Cd、Co、Cr、Cu、Mn、Mo、Ni、Pb、Sb、Se、Tl、V、Zn、Th、U 浓度为 10 mg/L；铋标准溶液［GBW（E）082137，中国计量科学研究院］：100 μg/mL。以（1+49）硝酸溶液为介质，通过质量法逐级稀释配制浓度为 0.500 μg/L、2.000 μg/L、5.000 μg/L、10.00 μg/L、50.00 μg/L、100.0 μg/L 的标准溶液系列。

②汞标准使用液：母液浓度为 10 mg/L 的 Hg 标准溶液（8500—6940，安捷伦）。以（1+49）硝酸溶液 -200 μg/L 金离子标准溶液为介质，通过质量法逐级稀释配制浓度为 0.100 μg/L、0.200 μg/L、0.500 μg/L、0.800 μg/L、1.000 μg/L、1.500 μg/L、2.000 μg/L 的标准溶液系列。

③内标溶液：母液浓度为 1 000 mg/L 的 Ge、Rh、Re 的单标溶液（GSB 04—1728—2004、GSB 04—1746—2004、GSB 04—1745—2004，国家有色金属及电子材料分析测试中心）。以（1+49）硝酸溶液为介质，为 ICP-MS 7700x 和 iCAP Q 配制浓度 500 μg/L、50 μg/L 混合内标溶液。

④干扰物标准溶液：溶液浓度为 1 000 mg/L 的 W 的单标溶液（GSB 04—1760—2004，国家有色金属及电子材料分析测试中心），以（1+49）硝酸溶液为介质，通过质量法逐级稀释配制浓度为 250 μg/L、500 μg/L、1 000 μg/L 的标准使用液；母液浓度为 10 mg/L 的混合标准溶液（8500—6944，安捷伦），含 Ce、Dy、Er、Eu、Gd、Ho、La、Lu、Nd、Pr、Sc、Sm、Tb、Th、Tm、Y、Yb，以（1+49）硝酸溶液为介质，通过质量法逐级稀释配置浓度为 10.0 μg/L 的标准使用液。

（3）土壤及水系沉积物标准物质

①消解时间实验标准物质：土壤标准物质样品 GBW 07430（GSS-16）和沉积物标准物质样品 GBW 07457（GSS-28）。

②方法实验标准物质：结合土壤及水系沉积物标准物质样品的类型

和来源、主成分及待测物、干扰物含量，筛选 GBW 07406（GSS-6）、GBW 07430（GSS-16）、GBW 07453（GSS-24）、GBW 07456（GSS-27）和 GBW 07311（GSD-11）、GBW 07312（GSD-12）等 6 个国家标准物质样品。GSS-16、GSS-24、GSS-24、GSS-27 分别代表土壤及水系沉积物中 SiO_2、Al_2O_3 含量中位数的标准物质样品；GSD-11、GSD-12、GSS-16、GSS-27 分别代表土壤及水系沉积物中 SiO_2、Al_2O_3、TC 含量高的标准物质样品。GSS-24、GSS-27、GSS-6 和 GSD-11 代表中、高含量的 As 标准物质样品；GSS-24 和 GSS-16 分别代表中、高含量的 Se 标准物质样品；GSS-24、GSS-27、GSD-11 和 GSS-6 分别代表低、中、高含量的 Sb 标准物质样品；GSD-12、GSS-27 和 GSS-16 分别代表低、中、高含量的 Hg 标准物质样品；GSS-27、GSS-28、GSD-12、GSS-6 和 GSD-11 分别代表低、中和高含量的 Bi 标准物质样品。GSS-27、GSS-28 代表 Cl 含量中位数标准物质样品；GSD-12 代表 Dy、Gd、Nd、Sm 含量中位数标准物质样品；GSS-24、GSD-11 分别代表 Cl、Gd 含量较高的标准物质样品；GSS-16 代表 Gd、Sm 含量高的标准物质样品。

③砷受钕和钐影响的标准物质：GBW 07402（GSS-2）代表中含量 As、高含量 Nd 和 Sm 的标准物质，GBW 07380（GSD-29）和 GBW 07384（GSD-33）代表低含量 As、高含量 Nd 和 Sm 的标准物质。

注意事项：就分析检测角度而言，土壤及沉积物样品和其他环境样品有较大差异。首先是样品制备，要保证分析样品具有代表性，从采样、晾晒、研磨到保存都须遵循这一原则。其次是样品消解，土壤及沉积物成分复杂，样品间差异较大，样品消解要尽可能满足各种类型土壤及沉积物，需考虑样品中主成分二氧化硅、三氧化二铝、有机质含量等，同时包括实验空白在内所有样品的加酸类型及用量要保持一致。最后是样品分析，土壤及沉积物成分比分析废水等环境样品遇到的干扰多；同时，土壤及沉积物的标准物质丰富，涵盖不同类型、不同矿区，可以了解待测物含量范围，结合特征认定值及相关仪器知识，判断是否存在干扰，干扰物含量及对待测物分析的影响。

注：实验涉及的沉积物是指水系沉积物，不包括海洋沉积物。

3.3.4　样品测试

（1）样品消解

称取过 0.149 mm 尼龙筛的混匀样品 0.200 0 g 于干燥、具塞的 50.0 mL 玻璃比色管底部，沿管壁加入新配制的（1+1）王水溶液 10.0 mL，充分轻摇后盖塞、放置水浴锅。待水沸后计时 180 min，每间隔 30 min 摇匀消解液一次；样品消解完成后，自然冷却、实验用水定容。同时带 3 个实验空白。定容液放置过夜获得上清液，取上清液采用实验用水稀释 5 倍，待测。

注意事项：称样玻璃比色管应保持干燥，王水溶液需临用现配。水浴锅最好盛充足一次去离子水避免结垢和消解中途加水，消解完毕后及时放水。摇匀消解液要戴手套，避免烫伤。

（2）样品测定

在碰撞模式下，采集 ^{72}Ge、^{75}As、^{77}Se、^{78}Se、^{82}Se、^{103}Rh、^{121}Sb、^{185}Re、^{201}Hg、^{202}Hg、^{209}Bi 的响应值。Ge、Rh 和 Re 分别作为 As、Se、Sb、Hg 和 Bi 的内标，绘制标准曲线，仪器自动计算浓度。结合仪器浓度、取样量、定容体积及稀释倍数，计算样品中 As、Se、Sb、Hg 和 Bi 5 种元素的含量。

注意事项：对浑浊上机液，务必抽滤或离心避免堵塞雾化器甚至采样锥孔；雾化器一旦堵塞，灵敏度会骤然下降，内标回收率降为 0 左右，可采用一定压力的实验用水反冲（如将雾化器嘴对着超纯水仪器冲洗）疏通雾化器。

3.4　结果讨论

3.4.1　干扰及消除

（1）质谱干扰及消除

目前，水质、空气与废气、固体废物、食品等标准分析方法中，ICP-MS 分析 As、Se、Sb、Hg 和 Bi 选取的质量数分别是 75、77/78/82、

121、201/202、209；质谱干扰是 ICP-MS 不容回避的主要干扰，包括多原子离子、氧化物离子、双电荷离子和同量异位素离子干扰。结合消解样品溶液王水、土壤及沉积物中元素含量、等离子体 Ar 的第一电离能等，ICP-MS 测定 ^{75}As、^{77}Se、^{78}Se、^{82}Se、^{121}Sb、^{201}Hg、^{202}Hg、^{209}Bi 的主要质谱干扰见表 7-7，多原子离子和氧化物离子的丰度为对应质量数的丰度之积，如 $^{75}As^+$ 受 $[^{40}Ar^{35}Cl]^+$、$[^{38}Ar^{37}Cl]^+$ 多原子离子干扰，其干扰丰度 75.48% 由 $[^{40}Ar^{35}Cl]^+$（99.60% × 75.77% = 75.467%）、$[^{38}Ar^{37}Cl]^+$（0.063% × 24.23% = 0.0153%）叠加而得。5 种元素中，Se 存在同量异位素离子干扰，当载气中杂质 Kr 含量比上机液中 Se 含量低 2 个数量级时，通过编辑干扰方程能消除 $^{78}Kr^+$、$^{82}Kr^+$ 对 $^{78}Se^+$、$^{82}Se^+$ 的影响；As 和 Se 均存在稀土元素双电荷离子的干扰，ICP-MS 测定 As 和 Se 的有利条件是 Nd、Sm、Gd、Dy、Er 的第二电离能高于 As 和 Se 的第一电离能，王水水浴消解方法不能完全破坏土壤及水系沉积物矿物晶格，降低了稀土元素及 Zr、Nb、Sn、Hf 等的溶出率。相比土壤及水系沉积物中 Se 的含量，Sm、Gd、Dy、Er 含量均要高 2 个数量级，同时受两种元素双电荷离子干扰，且丰度大于目标元素质量数的丰度。对于 5 种元素存在的氧化物离子、多原子离子干扰，可以通过碰撞模式解决。

综上所述，Sb 和 Bi 存在的质谱干扰可以忽略，也可在标准模式下进行分析；As、Se 和 Hg 存在的多原子离子、氧化物离子干扰需要通过碰撞模式减缓；Se 存在的同量异位素离子可以通过干扰方程解决；但 As 和 Se 存在的双电荷离子干扰无法通过标准模式和碰撞模式解决。为节省标准模式和碰撞模式切换需要的平衡时间，该实验在碰撞模式下测定 As、Se、Sb、Hg 和 Bi 5 种元素。

表7-7　5种元素同位素存在的质谱干扰（电离能和丰度单位分别是 eV 和 %）

元素/第一电离能	元素质量数（丰度）	多原子离子（丰度）	氧化物离子（丰度）	双电荷离子（丰度）/第二电离能	同量异位素离子（丰度）/第一电离能
As/9.81	$^{75}As^+$ (100)	$ArCl^+$ (75.48)、ArK^+ (0.32)、$CaCl^+$ (73.44)	CoO^+ (99.76)、NiO^+ (0.03)	$^{150}Nd^{++}$ (5.60)/10.78、$^{150}Sm^{++}$ (7.38)/11.09	—
Se/9.75	$^{77}Se^+$ (7.63)	$ArCl^+$ (24.14)、ArK^+ (0.08)、CCu^+ (30.49)、NCu^+ (68.92)	NiO^+ (1.15)、CoO^+ (0.20)	$^{154}Sm^{++}$ (22.75)/11.09、$^{154}Gd^{++}$ (2.18)/12.13	—
	$^{78}Se^+$ (23.77)	$ArAr^+$ (0.12)、$CaCl^+$ (23.99)、CZn^+ (27.59)、CCu^+ (0.34)、NZn^+ (48.42)、NCu^+ (0.25)	NiO^+ (3.67)	$^{156}Gd^{++}$ (20.47)/12.13、$^{156}Dy^{++}$ (0.06)/11.71	$^{78}Kr^+$ (0.35)/14.00
	$^{82}Se^+$ (8.73)	$ArCa^+$ (0.65)、$ArTi^+$ (0.03)、CZn^+ (0.59)、CGa^+ (0.66)、NZn^+ (18.73)	ZnO^+ (28.01)、CuO^+ (0.01)	$^{164}Dy^{++}$ (28.26)/11.71、$^{164}Er^{++}$ (1.60)/11.92	$^{82}Kr^+$ (11.59)/14.00
Sb/8.64	$^{121}Sb^+$ (57.21)	$ArRb^+$ (0.24)	RhO^+ (0.20)	—	—
Hg/10.44	$^{201}Hg^+$ (13.18)	NRe^+ (62.37)	WO^+ (0.04)、ReO^+ (37.31)	—	—
	$^{202}Hg^+$ (29.86)	$ArDy^+$ (25.40)、NRe^+ (0.23)	WO^+ (28.42)、ReO^+ (0.02)	—	—
Bi/7.29	$^{209}Bi^+$ (100)	$ArTm^+$ (99.60)	—	—	—

（2）非质谱干扰及消除

ICP-MS 非质谱干扰主要包括记忆效应、酸度、盐分、空间电荷效应。质谱法分析 As、Se、Sb 和 Bi 时记忆效应不明显，Hg 的记忆效应可借助金离子形成金汞齐合金解决。基于某些土壤及水系沉积物中 Sb、Hg、Bi 等含量超低，实验对上清液稀释 5 倍，上机液体［（1+49）王水溶液］与标准溶液［（1+49）硝酸溶液］酸度一致；上机液相当于对土壤及水系沉积物稀释 1 250 倍，加之对样品没有完全消解，上机液盐分含量低于 0.08%，酸度和盐分均满足 ICP-MS 测试样品要求，对 ICP-MS 的采样锥和截取锥损害较小。为了保持仪器接口系统平衡，先采用实际样品稳定仪器 30 min，再依次使用（1+49）硝酸溶液、实验用水冲洗，之后建立标准曲线、测试样品。为了进一步降低仪器漂移、标准曲线溶液和样品溶液酸度类型与盐分之间的差异，以及空间电荷效应，通过内标法校正标准曲线和样品测试结果。

3.4.2　方法适用性分析

（1）样品消解时间的确定

参考国家标准分析方法 GB/T 22105—2008，实验样品取样量、（1+1）王水消解液使用量和消解时间分别确定为 0.200 0 g、10 mL、120 min；借鉴参考文献，同时进行了沸水浴消解时间 60 min、180 min，沸水浴消解时间对测定结果的影响见表 7-8：

①沸水浴消解时间对 ICP-MS 测定结果影响不大。当样品消解 60 min、120 min、180 min 时，As 和 Sb 的测定结果均符合标准物质认定值要求；当样品消解 60 min、180 min 时，Bi 的分析结果虽然不在标准物质认定值范围，但两者差异不足 3.3% 且回收率均大于 85%。

②沸水浴消解时间对 AFS 测定结果影响较大。当消解时间为 60 min 时，Bi 测试结果满足质控范围，As 和 Sb 的分析结果明显低于标准物质认定值下限；当消解时间为 120 min 时，Sb 回收率略低于 85%；当消解时间

为 180 min 时，AFS 测定样品中 As、Sb、Bi 与标准物质认定值吻合。对土壤及水系沉积物标准物质，ICP-MS 需要消解时间之所以比 AFS 要短，是因为样品中 As、Sb 可能以不同形态存在，不同赋存价态影响 AFS 的氢化还原反应能否进行及反应速率快慢，继而作用于测试结果，而 ICP-MS 的高温等离子体无须考虑溶液中待测元素的存在形式。为比较 ICP-MS 与 AFS 测定结果，同时兼顾特殊难消解样品，该实验以 AFS 法的样品消解时间 180 min 为准。

表7-8　水浴消解时间对测定结果的影响

样品	元素	认定值（mg/kg）	ICP-MS 测定结果（mg/kg）/ 回收率			AFS 测定结果（mg/kg）/ 回收率		
			60 min	120 min	180 min	60 min	120 min	180 min
GSS-16	As	18 ± 2	18.2/102%	19.4/108%	19.3/108%	15.1/83.8%	18.2/101%	18.9/105%
	Sb	1.7 ± 0.2	1.59/93.5%	1.52/89.4%	1.74/103%	1.08/63.5%	1.41/82.9%	1.59/93.5%
	Bi	1.44 ± 0.11	1.32/91.7%	1.41/97.9%	1.26/87.5%	1.53/106%	1.59/110%	1.56/109%
GSS-28	As	28.5 ± 2.0	29.2/103%	28.4/99.6%	28.9/102%	24.4/85.6%	26.7/93.7%	26.9/94.4%
	Sb	3.6 ± 0.2	3.42/95.0%	3.52/97.8%	3.48/96.7%	2.87/79.7%	2.93/81.4%	3.53/98.1%
	Bi	1.53 ± 0.08	1.42/92.8%	1.54/101%	1.48/96.7%	1.39/90.8%	1.46/95.4%	1.58/104%

（2）方法的适用性

①检出限：按照 HJ 168—2020，通过 7 份实验空白（全程序空白）的测定和计算见表 7-9，水浴消解 /ICP-MS 法测定土壤及水系沉积物中 As、Sb 和 Bi 的方法检出限分别为 0.2 mg/kg、0.03 mg/kg 和 0.005 mg/kg，能够满足所有标准物质中 3 种元素低含量的测定；与 AFS 法相比，ICP-MS 测定 Bi 的方法检出限明显改善，原因是其没有质谱干扰且电离能很低；ICP-

MS 测定 As 的方法检出限略高，其原因主要是消解试剂盐酸产生［ArCl］⁺干扰。

表7-9　检出限实验结果　　　单位：mg/kg

元素	1	2	3	4	5	6	7	检出限
As	0.103	0.111	0.192	0.099	0.144	0.167	0.105	0.2
Sb	0.017	0.032	0.015	0.007	0.019	0.022	0.028	0.03
Bi	0.003	0.006	0.002	0.004	0.005	0.002	0.004	0.005

②精密度：标准物质样品测定结果见表 7-10，ICP-MS 测定 As、Sb 和 Bi 结果的精密度分别是 2.1%～4.3%、1.3%～4.9%、1.5%～4.5%，满足《土壤环境监测技术规范》（HJ/T 166—2004）要求；该方法相对偏差均小于 5%，相比 AFS 法精密度更具有优势，其原因是水浴消解方法操作简单，无须加入硫脲/抗坏血酸、盐酸等重新转移、定容等操作。

③正确度：ICP-MS 测定标准物质样品中 As 的结果均落入质控范围，Sb 和 Bi 的部分结果与标准物质认定值吻合；As、Sb 和 Bi 的平均相对误差分别是 -4.8%～7.2%、-8.0%～7.4%、-12.8%～2.7%，标准物质样品中 3 种元素的回收率为 87.2%～108%，符合 HJ/T 166—2004 和《多目标区域地球化学调查规范（1∶250 000）》（DZ/T 0258—2014）要求。相比 AFS 测定土壤及水系沉积物中的 As，ICP-MS 法测定结果整体偏高但更符合质控要求，其分析结果略微偏高的主要原因是受样品中 Nd、Sm 双电荷离子的正干扰，高含量样品中 As 部分以有机态存在导致 AFS 测定结果偏低，因此 ICP-MS 分析 As 具有制备试样简单、测定结果可靠等特点。相比 AFS 测定 Sb 的平均相对误差 -11%～-1.9%，ICP-MS 分析土壤及水系沉积物中 Sb 更有准确优势。

注意事项：ICP-MS 测定土壤及沉积物砷应在碰撞模式下进行，在调节仪器参数时应尽可能降低氧化物离子产率至 1.0% 以下。内标溶液中不能含有待测元素，待测溶液中不含内标元素；内标溶液宜以（1+49）硝酸溶液为介质，不宜以其他浓度的酸溶液为介质。

282

表7-10　土壤及水系沉积物标准物质中砷、锑和铋测定结果

样品	认定值/（mg/kg）			ICP-MS/AFS 测定 As 结果			ICP-MS/AFS 测定 Sb 结果			ICP-MS/AFS 测定 Bi 结果		
	As	Sb	Bi	均值/（mg/kg）	RSD/%	$\overline{RE}$/%	均值/（mg/kg）	RSD/%	$\overline{RE}$/%	均值/（mg/kg）	RSD/%	$\overline{RE}$/%
GSS-6	220±14	60±7	49±5	217/204	2.1/3.7	-1.4/7.3	61.7/53.4	2.9/5.1	2.8/11	50.3/48.6	4.5/2.3	2.7/-0.1
GSS-16	18±2	1.7±0.2	1.44±0.11	19.3/18.9	2.2/3.9	7.2/5.0	1.74/1.59	1.7/4.4	2.3/6.5	1.26/1.56	1.7/1.2	-12.8/8.3
GSS-24	15.8±0.9	1.05±0.05	0.98±0.03	16.4/15.8	4.3/3.1	3.8/0	1.06/1.03	4.9/3.4	1.0/1.9	0.89/1.07	3.6/1.7	-9.2/9.2
GSS-27	13.3±1.1	1.21±0.04	0.79±0.02	14.0/13.9	3.0/7.7	5.3/4.5	1.30/1.17	1.4/4.4	7.4/3.4	0.746/0.866	1.5/1.4	-5.6/9.6
GSD-11	188±13	14.9±1.2	50±4	190/171	2.1/3.9	1.2/9.0	13.7/13.9	2.2/2.9	-8.0/6.7	50.7/51.6	2.2/0.4	1.5/3.3
GSD-12	115±6	24±3	10.9±0.9	110/104	4.2/2.5	-4.8/9.6	25.6/23.4	1.3/3.8	6.6/2.5	9.52/10.6	2.2/4.1	-12.6/6.4

3.4.3 ICP-MS 测定硒和汞的讨论

（1）硒的测定情况

ICP-MS 和 AFS 测定土壤及水系沉积物中 Se 的结果见表 7-11：ICP-MS 测定结果的相对偏差最大为 6.7%，与 AFS 测定结果均具有良好的精密性。ICP-MS 采用 ^{77}Se、^{78}Se、^{82}Se 测定结果分别是真值的 60～120 倍、8～20 倍、20～40 倍，与王俊伟等研究结论一致；不同质量数实验结果的相对误差具有一致性，即同一样品均为 ^{77}Se 实验结果最大、^{78}Se 实验结果最小。AFS 测定结果与标准物质认定值吻合，说明王水沸水浴消解可以实现土壤及水系沉积物中 Se 完全溶出；^{78}Se、^{82}Se 和 AFS 测定 Se 的实验空白含量在 0.020 mg/kg 左右，^{77}Se 的实验空白高达 1.53 mg/kg，为正常实验空白的 75 倍，高于中国地质科学院物化所研制的 74 个土壤及水系沉积物标准样品中 Se 的含量。

^{77}Se 实验空白偏高的原因分析。As 和 Se 的物理参数和实验空白信号值情况见表 7-12：^{77}Se、^{75}As 的电离能、质量数相近，实验空白干扰［ArCl］$^+$ 来源相同，理论推导实验空白浓度之比为 4.19；^{77}Se、^{75}As 实验空白浓度为 6.85 μg/L、1.11 μg/L，实验空白浓度比为 6.17，与理论结果有一定的差异。对于实验空白和 10.0 μg/L 标准溶液，在相同碰撞模式参数下 ICP-MS 测试质荷比 77 的信号值分别为 177 CPS 和 283 CPS，测试质荷比 75 的信号值为 1.64×10^3 CPS 和 1.44×10^5 CPS，实验空白信号之比 1∶9.24 大于干扰物［ArCl］$^+$ 对应丰度之比 1∶3.13，说明 ICP-MS 测定实验空白 As 除了受［ArCl］$^+$ 干扰外，硝酸或盐酸试剂本身含有待测物质；^{77}Se、^{75}As 灵敏度比仅为 1∶509，远小于对应质量数丰度比 1∶13.1，初步解释了［ArCl］$^+$ 引起的 ^{77}Se、^{75}As 实验空白浓度关系和理论推测之间的差异，也说明 ICP-MS 测试灵敏度除了受仪器参数、电离能、质量数及丰度影响外，还需考虑元素的电子结构——As、Se 同属于第四周期，Se 原子序数

表 7-11　标准物质中硒的测定结果

样品	认定值/(mg/kg)	AFS 测定结果			ICP-MS 测定 77Se 结果			ICP-MS 测定 78Se 结果			ICP-MS 测定 82Se 结果		
		均值/(mg/kg)	RSD/%	RE/%	均值/(mg/kg)	RSD/%	真值倍数	均值/(mg/kg)	RSD/%	真值倍数	均值/(mg/kg)	RSD/%	真值倍数
实验空白	—	0.017	23	—	1.53	9.0	—	0.019	30	—	0.020	17.9	—
GSS-16	0.51±0.05	0.477	2.4	-6.5	31.5	6.7	61.8	4.51	6.1	8.84	10.3	5.5	20.1
GSS-24	0.20±0.03	0.174	6.4	-13	22.7	4.8	114	3.25	3.1	16.3	7.75	2.5	38.7
GSS-27	0.29±0.04	0.285	6.6	-1.7	21.1	5.7	72.6	3.06	6.9	10.6	7.46	3.0	25.7

表 7-12　砷和硒的物理参数及实验空白情况

元素单位	原子序数	电离能/eV	电负性/eV	同位素	同位素丰度/%	ArCl 干扰丰度/%	10 μg/L 标液信号/CPS	实验空白信号/CPS	实验空白浓度/(μg/L)
As	33	9.81	2.18	75	100.00	75.48	143 968	1 636	1.11
Se	34	9.75	2.55	77	7.63	24.14	283	177	6.85

285

较大，离子半径更小，原子核对核外电子吸引力更大致使其难失去电子而被电离，因而在相同条件下 ICP-MS 测定 As 的灵敏度高于 Se。因此 ICP-MS 选用 ^{77}Se 分析王水消解样品时，实验空白受到 [ArCl]$^+$ 干扰而使结果明显异常。

^{78}Se、^{82}Se 测定结果明显偏高原因分析。由表 7-7 可知，ICP-MS 在碰撞模式下测定 ^{78}Se$^+$（23.77%）、^{82}Se$^+$（8.73%）时，主要受到 ^{156}Gd^{2+}（20.47%）和 ^{156}Dy^{2+}（0.06%）、^{164}Dy^{2+}（28.26%）和 ^{164}Er^{2+}（1.60%）的干扰，碰撞模式虽然可以消除多原子离子、氧化物离子干扰，但对双电荷离子、同量异位素离子干扰无能为力。按照《四极杆电感耦合等离子体质谱仪校准规范》（JJF 1159—2006）中对"双电荷离子产率应不大于 3%"的规定，ICP-MS 选择 ^{78}Se、^{82}Se 受双电荷离子干扰导致测定结果偏大。如果不考虑低丰度 ^{156}Dy^{2+}（0.06%）、^{164}Er^{2+}（1.60%）对测定 ^{78}Se$^+$、^{82}Se$^+$ 的影响，以所有 75 个土壤及水系沉积物成分分析标准物质样品中 Se 含量中位数 0.20 mg/kg 对应的标准物质 GSS-24 为例，Gd 和 Dy 含量分别为 6.1 mg/kg 和 3.5 mg/kg，干扰物 Gd、Dy 含量是 Se 的 30.5 倍、17.5 倍。ICP-MS 采集 10.0 μg/L 标准溶液 Se、10.0 μg/L 混合稀土标准溶液，质量数 78、82 对应的信号值分别是 279 CPS 和 155 CPS、268 CPS 和 594 CPS，结合取样量 0.200 0 g 定容体积 50.0 mL，若 GSS-24 中稀土元素完全提取出来，则上清液中 Se、Gd、Dy 浓度分别为 0.80 μg/L、24.4 μg/L、14.0 μg/L，则 ^{156}Gd^{2+} 干扰相当于对 GSS-24 中 ^{78}Se 浓度增加了 23.4 μg/L（268 ÷ 279 × 24.4 = 23.4），^{164}Dy^{2+} 干扰相当于对 GSS-24 中 ^{82}Se 浓度增加了 53.7 μg/L，即 ICP-MS 测定 GSS-24 中 Se 选用质量数 78、82 时，Gd、Dy 使样品含量增加了 5.85 mg/kg、13.4 mg/kg，与实验结果 4.51 mg/kg、10.3 mg/kg 相符但明显偏高，偏高的主要原因是王水水浴消解方法并不能把干扰稀土元素从样品中全部提取出来。因此 ICP-MS 采用 ^{78}Se、^{82}Se 测

定土壤及水系沉积物即使在碰撞模式下，测定结果也会明显偏高；^{78}Se 和 ^{82}Se 所受干扰物在样品中的含量及丰度类似，但 ^{78}Se 和 ^{82}Se 丰度之比为 2.7，因而同一样品 ^{82}Se 受到双电荷离子干扰影响更大。

综上所述，ICP-MS 测定 Se 的灵敏度相比同电离能的 As 明显偏低；ICP-MS 在碰撞模式下采用质量数 77、78、82 分析土壤及水系沉积物中 Se 时，分别主要受 ^{77}[ArCl]$^{+}$ 和 ^{154}Sm^{2+}、^{156}Gd^{2+}、^{164}Dy^{2+} 的干扰，导致测定结果比真实值高数十倍。

（2）汞的测定情况

ICP-MS 和 AFS 测定土壤及水系沉积物中 Hg 的结果见表 7-13：测定结果相对偏差均不大于 10%，满足 HJ/T 166—2004 质量控制要求；AFS 测定标准物质样品中 Hg 具有良好的准确度，ICP-MS 采用 ^{201}Hg、^{202}Hg 测定 GSS-16、GSS-24 的结果满足认定值要求，^{201}Hg 测定 GSS-27、GSD-12 的结果尚可。但是，^{201}Hg 测定 GSD-11、GSS-6 和 ^{202}Hg 测定 GSS-27、GSD-11、GSD-12、GSS-6 的结果均不同程度高于标准物质认定值，以 GSD-11 为例，^{201}Hg、^{202}Hg 实验结果是真值的 1.69 倍、14.0 倍。

由表 7-7 可知，ICP-MS 在碰撞模式下测定 Hg 时，^{201}Hg^{+}（13.18%）、^{202}Hg^{+}（29.86%）分别受 ^{201}[WO]$^{+}$（0.04%）、^{202}[WO]$^{+}$（28.42%）干扰，待测质量数和干扰物丰度之比为 330、1.05，即 [WO] 对 ^{201}Hg、^{202}Hg 测定结果的叠加影响分别是 0.303%、95.2%，初步说明 ^{201}Hg 受 [WO] 正干扰影响远远小于 ^{202}Hg，因此 ICP-MS 测定含 W 的样品中 Hg 时，^{202}Hg 测定结果应该比 ^{201}Hg 大，表 7-13 实验结果支持该结论，同时显示随着样品中 W 和 Hg 含量之比增加，实验结果的相对正误差也越大：当样品中 W 和 Hg 含量之比小于 50 时，^{202}Hg 受 [WO] 干扰可忽略；当样品中 W 和 Hg 含量之比小于 600 时，^{201}Hg 受 [WO] 不影响测定结果，此时干扰对 Hg 测定结果的影响为 1.82 与氧化物离子产率之积

表7-13 标准物质中汞的测定结果

样品	标准物质认定值/(mg/kg)	AFS测定结果			ICP-MS测定 ^{201}Hg结果			ICP-MS测定 ^{202}Hg结果			干扰物W情况	
		均值/(mg/kg)	RSD/%	$\overline{RE}$/%	均值/(mg/kg)	RSD/%	$\overline{RE}$/%	均值/(mg/kg)	RSD/%	$\overline{RE}$/%	W含量	W与Hg含量比
GSS-6	0.072±0.007	0.068	4.1	-5.6	0.102	2.7	41.7	0.583	1.2	810	90±7	1 250
GSS-16	0.46±0.05	0.462	2.5	0.4	0.451	5.5	-2.1	0.469	5.4	2.1	5.8±0.2	12.6
GSS-24	0.075±0.007	0.075	2.9	0	0.070	8.6	-7.0	0.080	6.0	6.8	4.1±0.2	54.7
GSS-27	0.116±0.012	0.128	3.9	10.3	0.129	7.8	10.9	0.525	7.7	353	(45)	388
GSD-11	0.072±0.009	0.075	2.9	4.2	0.122	2.5	69.4	1.08	2.4	1 396	126±9	1 750
GSD-12	0.056±0.006	0.051	3.7	-8.9	0.068	2.5	20.9	0.353	2.5	547	37±2	661

（600×0.04%÷13.18%×氧化物离子产率 = 1.821×氧化物离子产率），而氧化物离子产率大多为 1%～3%，即当样品中 W 和 Hg 含量之比为 600 时，W 对 ^{201}Hg 实验结果的最大正影响为 5.5%，理论推导结果大于表 7-13 实验结果。图 7-3 进一步佐证样品中 W、Hg 含量之比与 ICP-MS 测定结果的相对误差有显著线性相关，^{201}Hg、^{202}Hg 一次曲线斜率分别为 0.041 6、0.759 9，两者之比 1∶16.6 明显小于［WO］干扰对 ^{201}Hg、^{202}Hg 叠加影响之比 1∶314。

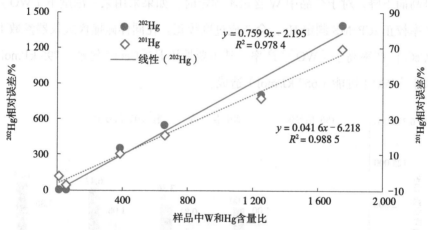

图 7-3　样品中 W 与 Hg 含量之比与实验相对误差的线性关系

为进一步了解 ICP-MS 测定 Hg 受到［WO］干扰程度，解释 W 对 Hg 实验结果低于理论分析原因，结合土壤及水系沉积物中 Hg、W 含量，配制 1.00 μg/L 标准溶液 Hg 及 250 μg/L、500 μg/L、1 000 μg/L 标准溶液 W。在［CeO］$^+$ 产率 1.06% 的碰撞模式下，采集标准空白溶液、Hg 及 W 的标准溶液在质量数 186、201、202 的信号值，见图 7-4：1.00 μg/L 标准溶液 Hg 在质量数 201、202 信号值为 680 CPS、1 648 CPS，250 μg/L 标准溶液 W 在质量数 201、202 信号值为 556 CPS、5 293 CPS，结合标准空白溶液折算，250 μg/L 标准溶液 W 贡献 Hg 浓度为 0.81 μg/L、3.36 μg/L，同理 500 μg/L、1 000 μg/L 标准溶液 W 叠加 ^{201}Hg、^{202}Hg 浓度分别为 1.08 μg/L 和 1.86 μg/L、6.47 μg/L 和 12.3 μg/L。不论是 ^{201}Hg 还是 ^{202}Hg，W 对 Hg 影响浓度与其浓度不是严格正比例贡献，其贡献比率随浓度增加有下降趋势，与 W 在 250 μg/L、500 μg/L、1 000 μg/L 浓度下氧化物离子产率（202/186）0.490%、0.458%、0.436% 依次下降相吻合，［WO］$^+$ 产率低于 0.5% 是造成上述理论分析偏高的原因；同时，［WO］$^+$ 产率随着浓度升高而下降，对于样品中 W 含量不固定时，如果采用某一浓度下 ［WO］$^+$ 产率校正 ICP-MS 测定 Hg，会造成过度校正。在同样碰撞模式仪器参数下 ［CeO］$^+$ 产率高于 ［WO］$^+$ 产率，其主要原因是 ［CeO］键能（795 kJ/mol）大于 ［WO］键能（653 kJ/mol）造成。

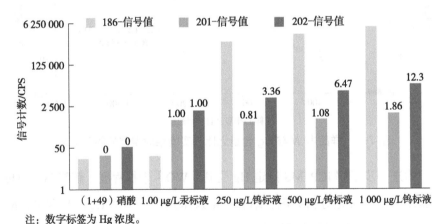

注：数字标签为 Hg 浓度。

图 7-4　不同 W 标准溶液下 ICP-MS 采集质量数 201、202 信号值及对应的 Hg 浓度

综上所述，ICP-MS 可以准确测定部分土壤及水系沉积物标准物质样品中的 Hg；当 W 含量与 Hg 含量之比大于 50 时，［WO］$^+$ 干扰在标准模式或碰撞模式无法彻底消除，导致测试结果无法满足 HJ/T 166—2004 质量

控制要求，此时需要通过反应模式或高分率质谱消除干扰。

注意事项：ICP-MS 仪器或标准分析方法中的条件是推荐的，我们务必大胆求证!!! ICP-MS 不能直接分析土壤及沉积物中的汞，不代表不能分析水与废水等样品中的汞；可分析水与废水等样品中的汞，不表示能直接分析富钨水样中的汞——我们测定结果是相对准确的，而不是绝对准确的；ICP-MS 测试样品中硒的情况同汞。我们在摸索方法时，一定要结合样品基体和干扰物来判断，我们的消解方法、分析方法能否放之四海而皆准，是否需要限定条件？

3.4.4 ICP-MS 测定砷受钕和钐的影响讨论

实验发现，经水浴消解 60 min，ICP-MS 在碰撞模式下测定 GSS-2、GSD-29、GSD-33 中 As 的结果明显高于标样认定值，其中 GSS-2 和 GSD-33 的对数误差无法满足 DZ/T 0258—2014 的准确度质量控制要求，结果见表 7-14。由表 7-7 可知，ICP-MS 在碰撞模式下测定 $^{75}As^+$ 受 $^{150}Nd^{2+}$ 和 $^{150}Sm^{2+}$ 的干扰，因此分析结果受到正干扰影响；由表 7-7 可知，3 个标准物质中 Nd、Sm 含量均高于 75 个土壤及沉积物标准物质中位数，GSS-2 中 Nd、Sm 含量为所有标准物质最高值——75 个标准物质中 Nd、Sm 含量的中位数是 24.5 mg/kg、4.7 mg/kg。

双电荷离子干扰是干扰元素的第二电离能低于 Ar 的第一电离能造成，无法通过标准模式或碰撞模式消除。实验发现，在碰撞模式测试 5.00 μg/L、10.0 μg/L、20.0 μg/L、50.0 μg/L、100 μg/L 的 Nd 标准曲线溶液不同质量数的信号值，$[^{150}Nd^{2+}/^{150}Nd^+]$ 的产率依次为 1.781%、1.243%、1.029%、0.807%、0.795%，即双电荷离子产率随干扰元素 Nd 浓度的增加而减小，降到一定程度后趋于稳定；同时，双电荷离子产率的精密性也随干扰物浓度的增加而减小，因此当干扰物元素达到一定浓度时，假定双电荷离子产率是一个固定常数，通过监控单电荷离子 $^{150}Nd^+$ 和 $^{150}Sm^+$，与固定常数之积即为干扰元素产生的信号。即

$$^{75}As^+信号值 = {}^{75}M^+信号值 - k_1 \times {}^{150}Nd^+信号值 - k_2 \times {}^{150}Sm^+信号值$$

$$^{150}Nd^+信号值 = {}^{150}Nd同位素丰度 \div {}^{146}Nd同位素丰度 \times {}^{146}Nd^+信号值$$
$$= 5.60\% \div 17.20\% \times {}^{146}Nd^+信号值$$
$$= 0.325\ 6\ {}^{146}Nd^+信号值$$

$$^{150}Sm^+信号值 = {}^{150}Sm同位素丰度 \div {}^{147}Sm同位素丰度 \times {}^{147}Sm^+信号值$$
$$= 7.38\% \div 14.99\% \times {}^{147}Sm^+信号值$$
$$= 0.492\ 3 \times {}^{147}Sm^+信号值$$

合并上述三个式子，可得

$^{75}As^+$ 信号值 $= {}^{75}M^+$ 信号值 $-0.325\ 6 \times k_1 \times {}^{146}Nd^+$ 信号值 $-0.492\ 3 \times k_2 \times$ $^{147}Sm^+$ 信号值

式中，k_1 和 k_2 通过 ICP-MS 测试 50.0 μg/L 的 Nd 和 Sm 单标准溶液获得。插入干扰方程，ICP-MS 再次在碰撞模式下测定 GSS-2、GSD-29、GSD-33 中的结果见表 7-14，分析结果均落在标样值范围，相对误差最大为 107%，对数最大误差为 0.030，满足 HJ/T 166—2004 和 DZ/T 0258—2014 质量控制要求。

表 7-14　ICP-MS 在碰撞模式下校正方程对测定土壤及沉积物中砷的影响

测定值单位：mg/kg

标准物质	使用校正方程			未使用校正方程			标准物质标样值		
	测定值	相对误差	对数误差	测定值	相对误差	对数误差	As	Nd	Sm
GSS-2	14.0	102%	0.009	17.8	130%	0.113	13.7 ± 1.2	210 ± 14	18 ± 2
GSD-29	3.75	107%	0.030	4.06	116%	0.064	3.5 ± 0.3	47.8 ± 3.2	8.97 ± 0.62
GSD-33	3.64	104%	0.018	4.40	126%	0.100	3.5 ± 0.3	56.8 ± 3.8	10.8 ± 0.8

3.5　实验结论

（1）建立了王水水浴消解/ICP-MS 测定土壤及沉积物中 As、Sb 和 Bi 3 种元素的方法。As、Sb、Bi 的方法检出限、精密度和正确度依次为：0.2 mg/kg、2.1%～4.3%、95.2%～108%，0.03 mg/kg、1.3%～4.9%、92%～108%，0.005 mg/kg、1.5%～4.5%、87.2%～103%。相比 AFS 法，ICP-MS 测试样品的消解时间可以缩短；消解试剂盐酸中含大量 Cl，同时土壤及沉积物样品也含 Cl 成分，ICP-MS 需在碰撞模式分析 As；对高干扰物 Nd 和 Sm 含量、低待测物 As 含量的样品，建议通过干扰方程消除正干扰，否则测试结果可能无法满足相关质量控制要求。

（2）ICP-MS 不宜直接用于土壤和沉积物中 Se、Hg 的测定。ICP-MS 在标准模式下测定 Se 的干扰包括 Ar 的多原子离子和稀土元素的双电荷离子，碰撞模式下主要受样品中高含量的 Sm、Gd、Dy、Er 等元素的双电荷离子干扰，致使测试结果远远高于真实值。ICP-MS 测定 Hg 主要受 $[WO]^+$ 干扰导致部分样品测试结果明显偏高：当样品中 W 和 Hg 含量之比小于 50 时，^{202}Hg 受 $[WO]$ 干扰可忽略；当样品中 W 和 Hg 含量之比小于 500 时，^{201}Hg 受 $[WO]$ 影响可控。

参考文献

［1］《土壤和沉积物 金属元素总量的测定 电感耦合等离子体质谱法》编制说明．

［2］赵小学，位志鹏，王建波，等．王水水浴消解/ICP-MS 法测定土壤及水系沉积物中 As、Se、Sb、Hg、Bi 的适用性研究［J］．中国测试，2021，47(9): 61-69.

［3］文典，陈楚国，李蕾，等．微敞开体系快速全消解 ICP-MS 法测定土壤中总砷［J］．环境化学，39(8): 2317-2320.

［4］薛静，安帅，汪寅夫，等．王水水浴消解－电感耦合等离子体质谱法测定土壤中的硒［J］．岩矿测试，2020，39(5): 720-725.

［5］韩亚，郭伟，汪洪．电感耦合等离子体质谱（ICP-MS）法与氢化物发生－原子吸收光谱（HG-AAS）法测定土壤中硒含量的对比研究［J］．中国无机分析化学，2020，10(3): 28-32.

［6］季海冰，潘荷芳．异丙醇增感电感耦合等离子体质谱法直接测定土壤和沉积物中硒［J］．中国环境监测，2010，26(6): 16-19.

［7］屈明华，陈雄弟，倪张林，等．DRC-ICP-MS 法测定土壤硒前处理方法研究［J］．土壤通报，2019，50(3): 698-703.

［8］王俊伟，钱蜀，李海霞，等．电感耦合等离子体质谱法测定土壤样品中的痕量硒元素［J］．中国环境监测，2012，28(3): 97-100.

［9］李耀磊，徐健，金红宇，等．冬虫夏草及产区土壤中 5 种重金属及有害元素污染评价［J］．药物分析杂志，2019，39(4): 677-684.

［10］孙杰，吴玥，蒋沄泱，等．稀酸酸解－电感耦合等离子体质谱法测定土壤中 14 种无机元素的含量［J］．理化检验（化学分册），2017，53(3): 315-321.

［11］刘珂珂，霍现宽，褚艳红，等．超声辅助－王水提取法在测定土壤中重金属元素的应用［J］．冶金分析，2019，39(1): 48-53.

［12］阳国运，何雨珊，肖江，等．电感耦合等离子体质谱仪同时测定土壤样品中的砷、汞、锑［J］．云南化工，2020，47(5): 76-77, 81.

［13］张廷忠，何建华．电感耦合等离子体质谱法快速测定岩石、土壤中的砷、锑、铋、汞［J］．世界有色金属，2017(7): 118-119.

［14］王海鹰，白建军，师熙撼，等．动态反应池电感耦合等离子体质谱法消除钨的氧化物对汞的质谱干扰［J］．理化检验（化学分册），2015，21(5): 659-663.

［15］秦德萍，黄志勇，邓志兰，等．土壤及蔬菜中微量汞的同位素稀释电感耦合等离子体质谱测定［J］．分析测试学报，2010，29(2): 142-146.

［16］赵小学，王芳，刘丹，等．沸水浴消解－原子荧光光谱法测定土壤及水系沉积物中 5 种元素［J］．理化检验（化学分册），2020，56(12): 1307-1312.

［17］赵宗生，赵小学，姜晓旭，等．原子荧光光谱测定土壤和水系沉积物中硒的干扰来源及消除方法［J］．岩矿测试，2019，38(3): 333-340.

［18］赵小学，赵宗生，陈纯，等．电感耦合等离子体－质谱法内标元素选择的研究［J］．中国环境监测，2016，32(1): 84-87.

［19］赵小学，张霖琳，张建平，等．ICP-MS 在环境分析中的质谱干扰及其消除［J］.

中国环境监测，2014，30(3): 101-106.

［20］张春华，陈春桃，韩必恺，等. ICP-MS 测定 5 种中药注射液中重金属及有害元素［J］. 中国测试，2020，46(1): 71-76.

［21］李超，王登红，屈文俊，等. 关键金属元素分析测试技术方法应用进展［J］. 岩矿测试，2020，39(5): 658-669.

［22］程小会，邓敬颂. ICP-MS 法测定土壤中 12 种金属元素时的样品前处理方法［J］. 化学分析计量，2019，28(4): 115-118.

［23］董贵斌，王玉兰，赵朔. 王水分解－电感耦合等离子体质谱法测定土壤中砷镉［J］. 化学工程师，2015(3): 31-33.

［24］曹静. 微波消解－原子荧光法测定土壤中铋［J］. 环境与职业医学，2015，32(4): 366-369.

［25］赵小学，赵宗生，王玲玲. 水中汞的电感耦合等离子体－质谱法测定［J］. 中国测试，2013，39(6): 50-52.

［26］地球化学标准物质参考样研究组. 地球化学标准参考样的研制与分析方法 GSD1-8［M］. 北京：地质出版社，1986.

［27］魏俊发，张安运，杨祖培，等译. 兰氏化学手册（第 15 版）［M］. 北京：科学出版社，2003.

《土壤和沉积物　砷、锑和铋的测定　水浴消解／电感耦合等离子体质谱法》方法文本

1　适用范围

本方法规定了测定土壤和沉积物中金属元素的电感耦合等离子体质谱法（ICP-MS）。

本方法适用于土壤和沉积物中的砷（As）、锑（Sb）和铋（Bi）等3种金属元素的测定。

当称样量为 0.2 g 时，砷、锑和铋方法检出限分别为 0.2 mg/kg、0.03 mg/kg 和 0.005 mg/kg，测定下限分别为 0.8 mg/kg、0.12 mg/kg 和 0.020 mg/kg。

2　规范性引用文件

本方法引用了下列文件或其中的条款。凡是不注明日期的引用文件，其有效版本适用于本方法。

GB/T 32722　土壤质量　土壤样品长期和短期保存指南

GB/T 36197　土壤质量　土壤采样技术指南

HJ 25.2　建设用地土壤污染风险管控和修复　监测技术导则

HJ/T 166　土壤环境监测技术规范

HJ 494　水质采样技术指导

HJ 495　水质　采样方案设计技术规定

HJ 613　土壤干物质和水分的测定　重量法

GB 17378.5　海洋监测规范　第 5 部分：沉积物分析

3　方法原理

土壤和沉积物样品经消解后，试样由载气带入雾化系统进行雾化，以气溶胶形式进入高温等离子体通道，被充分蒸发、解离、原子化和电离，

转化成的带电荷离子经离子采集系统进入质谱仪，根据离子的质荷比进行分离并定性，内标法定量。在一定浓度范围内，离子的质荷比所对应的信号响应值与其浓度成正比。

4 干扰和消除

4.1 质谱型干扰

质谱型干扰主要包括多原子离子干扰、同量异位素干扰、氧化物干扰和双电荷干扰等。多原子离子干扰是电感耦合等离子体质谱仪最主要的干扰来源，通常由载气或样品中的某些组分在等离子体或接口系统中形成，可利用干扰校正方程、仪器优化、碰撞／反应池技术等加以解决。同量异位素干扰是由于不同元素的同位素具有相同质荷比不能被质谱仪分辨出来而产生的干扰，可以使用其他质量数消除或使用干扰校正方程进行校正，或在分析前对样品使用化学分离等方法进行消除。氧化物干扰和双电荷干扰可通过调节仪器参数降低影响。As 的质谱干扰主要为 $^{75}[ArCl]^+$、$^{75}[CaCl]^+$ 等多原子离子和 $^{150}Nd^{2+}$、$^{150}Sm^{2+}$ 等双电荷离子，其中多原子离子可采用碰撞模式降低甚至消除。

4.2 非质谱型干扰

非质谱型干扰主要包括基体抑制干扰、空间电荷效应干扰和物理效应干扰等。非质谱型干扰程度与样品基体性质有关，可通过内标法、仪器条件优化或标准加入法、基体匹配等降低干扰。

5 试剂和材料

警告：配制砷等剧毒物质的标准溶液时，应避免与皮肤直接接触。实验中使用的硝酸具有强腐蚀性和强氧化性，盐酸具有强挥发性和腐蚀性，操作时应按规定要求佩戴防护用品，相关实验过程须在通风橱中进行操作，避免酸雾吸入呼吸道和接触皮肤或衣物。

除非另有说明，分析时均使用符合国家标准的优级纯或纯度级别更高的试剂。

5.1 实验用水：新制备的二次去离子水或亚沸蒸馏水，电阻率≥18.2 MΩ·cm（25 ℃）。

5.2 硝酸：$\rho(HNO_3) = 1.42$ g/mL。

5.3 盐酸：$\rho(HCl) = 1.19$ g/mL。

5.4 硝酸溶液：1+9。

5.5 硝酸溶液：2+98。

5.6 王水（1+1）

盐酸（5.2）和硝酸（5.1）以 3∶1 体积混合后，加入 4 体积水，摇匀。

5.7 单元素标准贮备液：$\rho = 1\ 000.0$ mg/L

5.7.1 砷标准贮备液：$\rho = 1\ 000.0$ mg/L。

准确称取 0.153 0 g（精确至 0.1 mg）五氧化二砷（As_2O_5），置于烧杯中，加入 10 mL 硝酸溶液（1+1）溶解，移入 1 000 mL 容量瓶中，用水稀释至刻度，摇匀，4 ℃以下冷藏保存，有效期两年。五氧化二砷使用前经 105 ℃干燥 2 h，置于硅胶干燥器中备用。也可购买市售有证标准溶液。

5.7.2 锑标准贮备液：$\rho = 1\ 000.0$ mg/L

准确称取 0.120 0 g（精确至 0.1 mg）三氧化二锑（Sb_2O_3），置于烧杯中，加入 20 mL 硝酸溶液（1+1）溶解，移入 100 mL 容量瓶中，用水稀释至刻度，摇匀，4 ℃以下冷藏保存，有效期两年。三氧化二锑使用前经 105 ℃干燥 2 h，置于硅胶干燥器中备用。也可购买市售有证标准溶液。

5.7.3 铋标准贮备液：$\rho = 1\ 000.0$ mg/L

准确称取 0.112 0 g（精确至 0.1 mg）三氧化二铋（Bi_2O_3），置于烧杯中，加入 20 mL 硝酸溶液（1+1），低温加热至完全溶解。冷却后移入 100 mL 容量瓶中，用水稀释至刻度，摇匀，4 ℃以下冷藏保存，有效期两年。三氧化二铋使用前经 105 ℃干燥 2 h，置于硅胶干燥器中备用。也可购买市售有证标准溶液。

5.8 多元素标准贮备液：$\rho = 100.0$ mg/L

用硝酸溶液（5.5）稀释单元素标准贮备液（5.7）配制成浓度为 100.0 mg/L 的多元素标准贮备液，4 ℃以下冷藏保存，有效期两年。也可购买市售有证标准溶液。

5.9 多元素标准使用液：$\rho = 1.00$ mg/L。

用硝酸溶液（5.5）稀释多元素标准贮备液（5.8）配制成浓度为 1.00 mg/L 的多元素标准使用液，4 ℃以下冷藏保存，有效期 1 年。也可购买市售有证标准溶液。

5.10 内标标准贮备液：$\rho = 10.0$ mg/L。

宜选用 ^{72}Ge、^{103}Rh 和 ^{185}Re 等为内标元素，可用金属、盐类或氧化物（基准或高纯试剂）配制，4 ℃以下冷藏保存，有效期两年。也可直接购买市售标准溶液。

5.11 内标标准使用液

用硝酸溶液（5.5）稀释内标标准贮备液（5.11），配制成适当浓度内标标准使用液，使内标元素在内标溶液与样品溶液混合后的浓度为 10～100 µg/L。4 ℃以下冷藏保存，有效期 1 年。

5.12 调谐溶液

宜选用含有 Co、Y、In、Ba、Ce、U 等几种或多种元素的混合溶液为质谱仪的调谐溶液。用硝酸溶液（5.5）稀释至 1.0～10.0 µg/L。4 ℃以下冷藏保存，有效期 6 个月。也可直接购买市售有证标准溶液配制。

5.13 氩气：纯度≥99.999%。

5.14 氦气：纯度≥99.999%。

注：所有元素的标准贮备液和使用液配制后均应在密封的聚乙烯或聚丙烯瓶中保存。

6 仪器和设备

6.1 电感耦合等离子体质谱仪。

6.2 分析天平：精度为 0.1 mg。

6.3 恒温水浴锅（可控温）。

6.4 尼龙筛：10 目和 100 目。

6.5 其他实验室常用仪器和设备。

7 样品

7.1 采集和保存

按照 HJ/T 166、HJ 25.2、GB/T 36197 和 GB/T 32722 的相关规定进行土壤样品的采集和保存；按照 HJ 494 和 HJ 495 的相关规定进行水体沉积物样品的采集。

采集后的样品保存于洁净的玻璃容器中，4 ℃以下保存，砷、锑和铋可以保存 180 天。

7.2 样品的制备

除去样品中的枝棒、叶片、石子等异物，按照 HJ/T 166 的要求，将采集的样品进行风干、粗磨、细磨，过尼龙筛（6.4）后备用。

将样品置于风干盘中，平摊成 2～3 cm 厚的薄层，先剔除异物，适时压碎和翻动，自然风干。

按四分法取混匀的风干样品，研磨，过 2 mm（10 目）尼龙筛。取粗磨样品研磨，过 0.149 mm（100 目）尼龙筛，装入样品袋或玻璃样品瓶中。

7.3 水分的测定

土壤样品干物质含量的测定按照 HJ 613 执行，沉积物样品含水率的测定按照 GB 17378.5 执行。

7.4 试样的制备

称取过 0.149 mm 尼龙筛的混匀样品 0.20 g（记录精确至 0.1 mg）于干

燥、具塞的 50.0 mL 比色管底部，沿管壁加入新配制的（1+1）王水溶液 10.0 mL，充分轻摇后盖塞、放置水浴锅。待水沸后计时 180 min，每间隔 30 min 摇匀消解液一次；样品消解完成后，自然冷却、实验用水定容、摇匀、放置过夜。用实验用水稀释 5～20 倍待测。

注意事项：水浴锅内加纯水为好，避免结垢影响传热；并且在消解前要加充足水，保持消解过程水面高于消解液，不要二次加水，更不要蒸干。

建议：样品从室温加热，减少比色管嘭盖；摇匀消解液时，戴上里为棉线、外为橡胶的手套，以免烫伤。

7.5 空白试样的制备

不称取样品，采用与实际样品制备相同的步骤和试剂，制备空白试样。空白试样稀释 5 倍。

8 分析步骤

8.1 仪器参考条件

不同型号仪器的最佳工作条件不同，标准模式、反应模式或碰撞模式应按照仪器使用说明书进行操作。质量数、内标元素的选取及分析模式见表 1。

表 1 各元素推荐质量数、内标元素与分析模式

元素	质量数	内标元素及质量数	分析模式
As	75	^{72}Ge、^{103}Rh、^{185}Rh	碰撞
Sb	121	^{72}Ge、^{103}Rh、^{185}Rh	标准、碰撞
Bi	209	^{72}Ge、^{103}Rh、^{185}Rh	标准、碰撞

8.2 仪器调谐

点燃等离子体后，仪器预热稳定 10～25 min，然后用调谐溶液（5.12）对仪器性能进行优化，使仪器的灵敏度、氧化物、双电荷、质量轴和分辨率满足要求，且质谱仪给出的调谐溶液中所含元素信号强度的相对标准偏差应＜5%。

8.3 标准曲线的建立

分别取一定体积的多元素标准使用液（5.9）和内标标准贮备液（5.10）于容量瓶中，用硝酸溶液（5.5）进行稀释配制成系列标准溶液（保证内标最终浓度一致）。各元素标准溶液系列参考浓度见表2，标准曲线的浓度范围可根据实际需要进行合理调整。内标标准使用液（5.11）可直接加入标准溶液中，也可以在样品雾化之前分别通过蠕动泵自动加入。

用电感耦合等离子体质谱仪测定标准溶液，以各元素的浓度为横坐标，以经内标校正后的对应元素信号响应值为纵坐标，建立标准曲线。

表2 各元素标准溶液系列参考浓度

元素	标准溶液浓度 /（μg/L）					
As	0	1.00	5.00	10.0	20.0	40.0
Sb	0	0.50	2.00	5.00	10.0	20.0
Bi	0	0.50	2.00	5.00	10.0	20.0

8.4 测定

8.4.1 空白试样的测定

按照与试样测定（8.4）相同的步骤进行空白试样（7.5）的测定。

8.4.2 试样测定

试样测定前，用硝酸溶液（5.5）冲洗系统，直到空白信号降至满足实验分析要求后开始测定。在制备好的试样中加入与标准曲线相同量的内标标准使用液（5.11），在相同的仪器分析条件下进行测定。

若试样中待测元素浓度超出标准曲线范围，用硝酸溶液（5.5）适当稀释后重新测定。

9 结果计算与表示

9.1 结果计算

9.1.1 土壤样品中待测元素的含量 w_i（mg/kg）按照公式（1）计算。

$$w_i = \frac{(\rho_i \times f - \rho_{0i}) \times V}{m \times w_{dm} \times 1\,000} \tag{1}$$

式中，w_i——土壤样品中待测元素的含量，mg/kg；

ρ_i——由标准曲线计算所得试样中待测元素的浓度，μg/L；

ρ_{0i}——空白试样中对应待测元素的浓度，μg/L；

V——试样的定容体积，mL；

f——试样的稀释倍数；

m——称取土壤样品的质量，g；

w_{dm}——土壤样品干物质含量，%。

9.1.2 沉积物样品中待测元素的含量 w_i（mg/kg）按照公式（2）计算。

$$w_i = \frac{(\rho_i \times f - \rho_{0i}) \times V}{m \times (1 - w_{H_2O}) \times 1\,000} \tag{2}$$

式中，w_i——沉积物样品中待测元素的含量，mg/kg；

ρ_i——由标准曲线计算所得试样中待测元素的浓度，μg/L；

ρ_{0i}——空白试样中对应待测元素的浓度，μg/L；

V——试样的定容体积，mL；

f——试样的稀释倍数；

m——称取沉积物样品的质量，g；

w_{H_2O}——沉积物样品含水率，%。

9.2 结果表示

测定结果小数点后位数的保留与方法检出限一致，最多保留 3 位有效数字。

10 准确度

10.1 精密度

实验室内采用水浴消解/电感耦合等离子体质谱法分别对6种土壤和沉积物有证标准样品（GSS-6、GSS-16、GSS-24、GSS-27、GSD-11、GSD-12）进行精密度测定（平行6次），实验结果表明：

采用水浴消解/电感耦合等离子体质谱法测定土壤和沉积物中砷、锑和铋的相对标准偏差分别为2.1%～4.3%、1.3%～4.9%和1.5%～4.5%。

10.2 正确度

实验室内采用水浴消解/电感耦合等离子体质谱法分别对6种土壤和沉积物有证标准样品（GSS-6、GSS-16、GSS-24、GSS-27、GSD-11、GSD-12）进行正确度测定（平行6次），实验结果表明：

采用水浴消解/电感耦合等离子体质谱法测定土壤和沉积物中砷、锑和铋的相对误差分别为-4.8%～7.2%、-8.0%～7.4%和-12.8%～2.7%。

11 质量保证和质量控制

11.1 空白实验

每批样品至少分析2个空白试样（7.5），对难消解样品可适当增加空白试样，各元素测定结果均应低于测定下限。

11.2 标准曲线

每次分析应建立标准曲线，相关系数应≥0.999。

11.3 分析仪器

（1）每次分析试样时，内标响应回收率应为70%～130%，否则说明仪器发生漂移或有干扰产生，应查明原因后重新分析。如果发生基体干扰，需要进行稀释后测定；如果发现样品中含有内标元素，需要更换内标或提高内标元素浓度。

（2）长时间分析样品时，建议每20个样品分析结束后，进行标准系列中间浓度点核查。中间浓度点测定值与标准值的相对误差应控制在±10%以内。

11.4　精密度

每 20 个样品或每批次（少于 20 个样品／批）应分析 1 个平行样；当测定结果大于方法测定下限时，平行样测定结果的相对偏差应≤10%。

11.5　正确度

每 20 个样品或每批次（少于 20 个样品／批）应同时测定 1 个有证标准物质；当测定结果大于方法测定下限时，测定结果与标准样品标准值的相对误差的绝对值应≤20%。

12　废物处理

实验过程中产生的废液和废物，应置于密闭容器中分类保管，委托有资质的单位进行处理。

13　注意事项

13.1　盐酸（5.2）等通常含有杂质砷，实验室可以购置高纯度的酸或蒸馏获得。

13.2　当向比色管中加入酸溶液时，应观察比色管内的反应情况，若有剧烈的化学反应，待反应结束后再将比色管塞子塞住。

13.3　（1+1）王水溶液（5.3）需临用现配，消解全过程确保水浴锅水面高于玻璃比色管消解液面。

13.4　仪器调谐（8.2）完成后，先采用低浓度实际样品对仪器接口系统进行老化 30 min，再使用硝酸溶液（5.5）冲洗系统，之后进行标准曲线的建立（8.3）和试样测定（8.4）；每次测试样品后应用硝酸溶液（5.4）清洗锥体和系统。

13.5　在测试样品中砷时，仪器需采碰撞模式，并适当通过调整载气流量等参数降低调谐时氧化物产率；为保护接口系统，样品中的酸度和盐分宜分别不高于 2% 和 0.3%。

《土壤和沉积物 镉的测定 微波消解／石墨炉原子吸收分光光度法》方法研究报告

1 方法研究的必要性和创新性

1.1 理化性质和环境危害

镉，化学符号 Cd，原子序数 48，相对原子质量 112.41，密度 8.65 g/cm³，熔点 320.9 ℃，沸点 765 ℃，在元素周期表中位于第五周期 Ⅱ B 族。镉是银白色有光泽的金属，有韧性和延展性。镉在潮湿空气中缓慢氧化并失去金属光泽，加热时表面形成棕色的氧化物层，若加热至沸点以上，则会产生氧化镉烟雾。高温下镉与卤素反应激烈，形成卤化镉。也可与硫直接化合，生成硫化镉。镉的氧化价态为 +1 价、+2 价，可形成多种配离子。镉溶于酸，但不溶于碱。

镉在自然界中常以化合物的形式存在，主要与锌矿、铅矿等金属矿共生或伴生，单一的镉矿床很少。镉在地壳中的丰度很低，世界范围内土壤镉含量的中位值为 0.35 mg/kg，我国土壤镉含量的中位值为 0.079 mg/kg，远低于世界镉含量的中位值，但镉在工农业生产活动中的广泛应用使土壤中的镉污染已经不容忽视。2014 年《全国土壤污染状况调查公报》显示，镉污染物点位超标率达到 7%，呈现从西北到东南、从东北到西南方向逐渐升高的态势，是耕地、林地、草地和未利用地的主要污染物之一。

土壤中镉的形态主要有水溶态、可交换态、碳酸盐态和有机结合态等，水溶态和可交换态镉可以被植物吸收，并通过食物链进入人体。镉是人体非必需的微量元素，具有较强的致癌、致畸和致突变作用，在人体内的半衰期长达 20～30 年。镉进入人体后通过血液传输至全身，基本无法有效排出，主要蓄积在肝脏与肾脏中，与体内低分子蛋白质结合后对肝、肾造成伤害，还会对骨骼、免疫系统和生殖系统等造成系列损伤，并诱发多种癌症。早在 1984 年，联合国环境规划署就已将镉列为 12 种全球范围内均具有危害意义的物质之首。20 世纪 60 年代发生在日本富士县神通川流域的"骨痛病"就是当地居民食用有毒的"镉米"造成的。

1.2　相关环保标准和环保工作需要

2016 年，国务院印发了《土壤污染防治行动计划》，要求原环境保护部牵头构建标准体系，健全土壤污染防治相关标准和技术规范，完善土壤中污染物分析测试方法。同时强调要全面强化监管执法，明确监管重点，指出要重点监测土壤中包括镉在内的多种重金属和有机污染物。

2018 年 6 月 22 日，生态环境部和国家市场监督管理总局正式发布了《土壤环境质量　建设用地土壤污染风险管控标准（试行）》（GB 36600—2018）和《土壤环境质量　农用地土壤污染风险管控标准（试行）》（GB 15618—2018），并于 2018 年 8 月 1 日正式实施。在以上两个环境质量标准中镉都是必测项目，具体的风险筛选值及风险管控值见表 8-1。

表 8-1　相关质量标准对土壤中镉的风险筛选值和管控值

标准名称	筛选值／（mg/kg）	管制值／（mg/kg）
《土壤环境质量　建设用地土壤污染风险管控标准（试行）》（GB 36600—2018）	第一类 20； 第二类 65	第一类 47； 第二类 172

续表

标准名称	筛选值 /（mg/kg）	管制值 /（mg/kg）
《土壤环境质量 农用地土壤污染风险管控标准（试行）》（GB 15618—2018）	pH≤5.5：0.3 5.5＜pH≤6.5：0.3，0.4（水田） 6.5＜pH≤7.5：0.3，0.6（水田） pH＞7.5：0.6，0.8（水田）	pH≤5.5：1.5 5.5＜pH≤6.5：2.0 6.5＜pH≤7.5：3.0 pH＞7.5：4.0

GB 36600—2018 和 GB 15618—2018 中要求测定土壤中镉的分析方法为《土壤质量 铅、镉的测定 石墨炉原子吸收分光光度法》（GB/T 17141—1997），该方法采用电热板消解法对土壤样品进行前处理，将制成的试样用石墨炉原子吸收分光光度计进行测定。目前还没有微波消解 / 石墨炉原子吸收分光光度法测定土壤和沉积物中镉的标准方法，微波消解法与电热板消解法相比，消解时间短，自动化程度高，不易引入污染，因此，为了准确、快速地测定土壤和沉积物中镉的含量，有必要尽快建立微波消解 / 石墨炉原子吸收分光光度法。

2 测定土壤中镉的分析方法研究现状

2.1 主要国家、地区及国际组织相关分析方法研究

查阅了国际标准化组织、美国国家环境保护局和美国材料与实验协会（ASTM）等关于测定土壤中镉的标准方法。在这些标准方法中，前处理方法以微波消解法居多，另有部分标准方法采用电热板消解法，测试方法主要有石墨炉原子吸收分光光度法、火焰原子吸收分光光度法、电感耦合等离子体－质谱法、电感耦合等离子体发射光谱法、便携式 X 射线荧光光谱法等，其中以石墨炉原子吸收分光光度法居多。如 ISO 11466 采用王水作为消解液，使用原子吸收分光光度法进行测定。EPA Method 3050B 采用硝酸和过氧化氢作为消解液，用石墨炉原子吸收分光光度法或电感耦合等离子体质谱法进行测定。EPA Method 3052 采用微波消解法进行前处理，测

定方法有火焰原子吸收光谱法、冷蒸气原子吸收光谱法、石墨炉原子吸收
光谱法、电感耦合等离子体发射光谱法和电感耦合等离子体质谱法。

Bettinelli 等采用盐酸－硝酸－氢氟酸作为消解液进行微波消解，用电
感耦合等离子体发射光谱仪分析，计算结果的回收率、重复性和再现性，
均取得满意结果；Sandroni 等采用硝酸－氢氟酸作为消解液进行微波消解，
用电感耦合等离子体发射光谱仪分析，分析结果与认证值一致，精确度和
准确度良好。

2.2 国内相关分析方法研究

2.2.1 国内相关标准方法分析

在我国现有的国家标准和环保行业标准中，关于土壤和沉积物中镉
的测定，主要有 1 个前处理分析方法和 5 个标准分析方法。其中 GB/T
17141—1997 作为 GB 36600—2018 和 GB 15618—2018 中规定的土壤中镉
的分析方法，在实际的环境监测工作中应用最为广泛。

《土壤和沉积物 金属元素总量的消解 微波消解法》（HJ 832—
2017）中只规定了土壤和沉积物样品的前处理方法为微波消解法，并未规
定测定方法。《土壤质量 铅、镉的测定 KI-MIBK 萃取火焰原子吸收分
光光度法》（GB/T 17140—1997）与 GB/T 17141—1997 一样，采用盐酸－
硝酸－氢氟酸－高氯酸全消解的方法，在电热板上对土壤样品进行消解，
不同的是，在 GB/T 17141—1997 中，消解后的试样直接用石墨炉原子吸
收分光光度计进行测定，而在 GB/T 17140—1997 中，消解后的试样经萃
取后用火焰原子吸收分光光度计进行测定。《土壤和沉积物 12 种金属元素
的测定 王水提取－电感耦合等离子体质谱法》（HJ 803—2016）采用王
水作为提取液，样品经电热板法或微波消解法消解后，用电感耦合等离子
体－质谱仪进行测定。《硅酸盐岩石化学分析方法 第 24 部分：镉量测定》
（GB/T 14506.24—2010）和《硅酸盐岩石化学分析方法 第 30 部分：44 个

元素量测定》（GB/T 14506.30—2010）适用于硅酸盐岩石中镉的测定，也适用于土壤和水系沉积物中镉的测定。其中 GB/T 14506.24—2010 采用盐酸－硝酸－氢氟酸－高氯酸进行消解，经离子交换分离富集后用示波极谱仪进行测定；GB/T 14506.30—2010 采用硝酸－氢氟酸在封闭溶样器中溶解，赶酸后用硝酸密封溶解，稀释后用电感耦合等离子体质谱仪进行测定。

2.2.2　国内文献报道分析方法

季天委等分别采用电热板消解和微波消解对土壤样品进行前处理，用石墨炉原子吸收法测定土壤中镉的含量，结果表明，微波消解的测定结果在精密度和正确度上均优于电热板消解；毛慧等的实验说明，在样品中加入硝酸和氢氟酸进行微波消解，即可在检出限、精密度和正确度上满足测定土壤中镉的要求；而张慧等的研究表明，微波消解法中样品加入硝酸和氢氟酸还需加入高氯酸，才适用于土壤中镉的测定；徐立松等的实验表明，微波消解土壤样品时加入盐酸、硝酸和氢氟酸，可获得满意的实验结果；陆建华等研究了逆王水压力消解全分解法测定土壤中的镉，表明该方法对测定土壤中镉有很好的适用性；刘珠丽等采用硝酸－氢氟酸－硼酸作为消解液用微波消解法对沉积物样品进行前处理，用电感耦合等离子体质谱仪和电感耦合等离子体光谱仪同时测定目标元素，证明该方法精密度高、重复性好，可快速、准确地测定沉积物中镉的含量。

2.2.3　国内相关分析方法与本方法的关系

本方法采用微波消解法对土壤和沉积物样品进行前处理，使用石墨炉原子吸收分光光度计对试样进行测定。在现有标准方法的基础上，参考专家学者的研究，结合自己的工作经验，确定了实验方案。其中，前处理借鉴了 HJ 832—2017 和 HJ 803—2016，并通过对比实验调整了消解液和微波消解程序。测定主要参照 GB/T 17141—1997，采用石墨炉原子吸收分光光度法，并对基体改进剂用量进行了优化。

3　方法研究报告

3.1　研究缘由

目前测定土壤和沉积物中镉的标准方法中，前处理过程大多比较老旧复杂。例如，GB/T 17140—1997 和 GB/T 17141—1997 采用传统湿法消解的方法在电热板上进行消解；GB/T 14506.24—2010 在电热板上消解后，用离子交换树脂分离出镉，再用热硝酸洗提；GB/T 14506.30—2010 的消解过程要使用封闭溶样器、烘箱和电热板，消解方法过程更加复杂。这些消解方法消解时间长、试剂消耗量大、易引入污染，对实验人员和环境很不友好。微波消解法是一种在密闭的容器里高温高压下消解样品的方法，具有消解快速完全、回收率高、节省试剂、对环境污染少等优点，在土壤消解中得到了广泛的应用。关于微波消解法消解土壤和沉积物中镉的标准方法有 HJ 803—2016 和 HJ 832—2017，其中 HJ 832—2017 未涉及分析测定部分。本方法采用微波消解法对土壤和沉积物样品进行消解，并设置 6 种不同的微波消解程序进行对比，选择最优程序。

土壤和沉积物样品是较为复杂的环境样品，主要成分为硅酸盐、氧化物和有机质。消解是为了破坏样品中的矿物、有机物及溶解悬浮性固体，将镉转变为易于分离、溶解态的无机化合物。在消解过程中，酸体系的选择和使用量对测定结果具有很大影响。硝酸、盐酸、氢氟酸、高氯酸和过氧化氢等都是常用的良好的微波吸收体，其中过氧化氢是强氧化剂，但极不稳定，需要采用硝酸进行预处理消解；硝酸能有效分解样品中的有机物，是消解方法中使用频率最高的酸之一；氢氟酸是唯一能够破坏土壤晶格，分解二氧化硅和硅酸盐的酸；盐酸的氯离子具络合性质，可与镉生成可溶的氯化物，与硝酸组合可加强溶解作用；高氯酸可以彻底分解有机物及有机质产生的碳。HJ 803—2016 使用王水作为提取液，HJ 832—2017 的消解液采用盐酸－硝酸－氢氟酸。本方法设置了 4 种消解液分别对土壤和沉积物样品进行消解，并测定镉的含量，从而确定最优的消解液。

镉在土壤和沉积物中的含量较低，石墨炉原子吸收分光光度法具有检出限低、灵敏度高、稳定性好的优点，在测定痕量金属元素时很有优势，故本方法选择石墨炉原子吸收分光光度法测定消解后试样中的镉。消解后的土壤和沉积物试样成分复杂，在使用石墨炉原子吸收分光光度法测定时常存在基体干扰。去除基体干扰常用的方法是在试样中加入基体改进剂使被测元素更耐高温，从而可以提高灰化温度，尽可能地去除干扰组分而不损失被测元素。常用的基体改进剂有磷酸氢二铵、磷酸钠、硝酸钯、硝酸镁等，国家环境保护总局编制的《水和废水监测分析方法（第四版）》中提到，硝酸钯是用于镉、铜、铅最好的基体改进剂。本方法设置不同浓度的硝酸钯溶液作为基体改进剂，选择效果最优的硝酸钯用量。

3.2　研究目标

本方法研究微波消解／石墨炉原子吸收分光光度法测定土壤和沉积物中镉的含量。在 GB/T 17141—1997、HJ 832—2017 和实际工作经验的基础上，优化消解液和微波消解程序，确定基体改进剂硝酸钯的用量，讨论微波消解／石墨炉原子吸收分光光度法测定土壤和沉积物中镉的适用性。

3.3　实验部分

3.3.1　方法原理

在样品中依次加入硝酸和氢氟酸，采用微波消解的方法，使试样中的镉元素全部进入试样。然后将试样注入石墨管，用电加热方式使石墨炉升温，试样蒸发离解形成原子蒸气，对来自光源的特征电磁辐射产生吸收。将测得的试样吸光度和标准吸光度进行比较，确定试样中镉的含量。

3.3.2　主要试剂

实验用水为新制备的二次去离子水，电阻率≥18 MΩ·cm（25 ℃）。

盐酸、硝酸、氢氟酸和过氧化氢均使用优级纯或纯度级别更高的试剂，要求镉含量低于方法检出限。

镉标准贮备溶液（$\rho = 100$ mg/L），可直接购买市售有证标准溶液。硝酸钯溶液（$\rho = 1\ 000$ mg/L），可直接购买市售溶液，也可使用硝酸钯固体自行配制，要求镉含量低于方法检出限。

3.3.3　仪器和设备

电子天平，精度为 0.000 1 g。

微波消解仪，采用密闭微波消解装置，感应温度控制精度为 ±2.5 ℃，罐内温度可实时监控。

温控电热板，控温精度为 ±5 ℃。

石墨炉原子吸收分光光度计，带有塞曼背景扣除装置，配有涂层石墨管。

3.3.4　样品

本实验采用地球物理、地球化学勘查研究所制备的土壤和沉积物标准物质和实验室制备的实际样品。考虑其类型、主要成分及镉含量，同时结合不同地域土壤和沉积物的特性差异，选取实验对象如下：

①参数优化所用样品：3 个实际样品和 3 个标准物质 GBW 07391、GBW 07428 和 GBW 07388。标准物质分别源于黑龙江、安徽、四川 3 个省份，其中 GBW 07391 来自黑龙江流域，有机质含量和碳含量都比较高；GBW 07428 的二氧化硅含量和有机质含量都处于中等水平；GBW 07388 的有机质含量和碳含量都较低，同时镉含量也较低。实际样品的镉含量分别处于低、中、高不同水平。

②方法适用性所用样品：6 个实际样品和 6 个标准物质 GBW 07386、GBW 07388、GBW 07456、GBW 07448、GBW 07426 和 GBW 07428。它

们分别源于河北、江苏、江西、青海、安徽、新疆、四川、天津和上海等地区。其中 GBW 07386、GBW 07388 的二氧化硅含量比较高，GBW 07456 的碳含量较高，GBW 07388 的有机质含量和碳含量都较低。GBW 07448、GBW 07426 和 GBW 07428 分别代表 3 种镉含量不同的土壤标准物质，GBW 07386、GBW 07388 和 GBW 07456 分别代表 3 种镉含量不同的沉积物标准物质；6 个实际样品分别代表镉含量处于低、中、高不同水平的土壤样品和沉积物样品。

③方法比对所用样品：7 个镉含量水平接近的实际样品。

3.3.5 样品前处理

称取 0.2 g（精确至 0.000 1 g）待测样品于微波消解罐内，加入 0.5 mL 实验用水，轻轻摇动使其充分润湿土样，依次加入 6 mL 硝酸和 3 mL 氢氟酸（优化过程见 3.4.1.1），并轻摇使其与样品充分混匀，没有明显气泡产生后加盖拧紧。将所用消解罐对称放入消解支架，然后将消解支架放入微波消解仪的炉腔中，确定仪器工作状态正常。设置消解程序，逐步到达消解温度 190 ℃，并保持 25 min（详细过程见 3.4.1.2），进行微波消解，消解程序完成后冷却。待消解罐内温度降至室温后在防酸通风橱中取出消解罐，慢慢打开消解罐盖。

将消解罐的盖子换成赶酸用盖，并将消解罐放回消解支架，将消解支架再次放入微波消解仪的炉腔中，将目标温度设置为 140 ℃进行赶酸，仔细观察罐内温度，待罐内温度开始下降时立刻手动停止赶酸程序，赶酸完成，冷却。此时罐内所剩溶液大约为 0.5 mL。待消解罐内温度降至室温后在防酸通风橱中取出消解罐，将消解液全部转移至 50 mL 容量瓶，再用 0.2% 硝酸溶液定容至标线，摇匀静置 1 h 后用石墨炉原子吸收分光光度计测定镉的浓度，从而计算样品中镉的含量。

不称取样品，采用与样品前处理相同的步骤和试剂，制备空白试样。

注 1：　由于土壤样品种类繁多，所含有机质差异较大，微波消解中的酸用量可根据实际情况
酌情增加。

注 2：　为保证安全及避免消解液损失，消解后的消解罐必须冷却至室温后才能开盖。

注 3：　若所使用的微波消解仪没有赶酸功能，则按照 HJ 832—2017 中的"7.1 消解方法一"
进行赶酸操作。

3.3.6　参考条件

制备的试样用石墨炉原子吸收分光光度计进行测定。仪器开机预热后
按照使用说明书设定灯电流、狭缝宽度、积分模式和石墨炉升温程序等工
作参数，将仪器调至最优状态。因仪器品牌型号、配件使用年限和实验室
环境等差别，仪器参数略有不同，本实验使用耶拿原子吸收光谱仪 ZEEnit
700P，部分参数推荐条件见表 8-2。

表 8-2　仪器主要参数

灯电流 /mA		3
狭缝宽度 /nm		0.8
积分模式		峰面积
背景校正方式		Zeeman2 磁场模式
进样体积 /μL		20
基体改进剂加入体积 /μL		5
基体改进剂加入方式		仪器自动加入
石墨炉升温程序	干燥温度 /℃	110
	干燥保持时间 /s	20
	第一步灰化温度 /℃	350
	第一步灰化保持时间 /s	20
	第二步灰化温度 /℃	600
	第二步灰化保持时间 /s	16
	原子化温度 /℃	1 600

续表

石墨炉升温程序	原子化保持时间 /s	3
	净化温度 /℃	2 450
	净化保持时间 /s	4

涂层石墨管可以有效降低记忆效应，重现性好，使用寿命长；塞曼背景校正的方式与氘灯背景校正法相比，效果更加显著，并且可以使基线在很长的测定时间内保持稳定。故本方法使用了涂层石墨管和塞曼背景校正。

石墨炉原子吸收分光光度法的基体效应比较显著和复杂，为了抑制基体干扰，通常需要在试样中加入基体改进剂。本方法选择 100 mg/L 的硝酸钯溶液作为基体改进剂，自动进样器在每次吸取样品的同时自动加入 5 μL，折合用量为 Pd 0.5 μg（确定过程见 3.4.1.4）。

3.3.7 样品测定

取静置后的上清液上机测定，根据输入的取样量、定容体积及稀释倍数，仪器可自动计算出土壤和沉积物样品中的镉含量。

按照与试样测定相同的仪器条件进行空白试样的测定。

3.4 结果讨论

3.4.1 实验参数优化

3.4.1.1 消解液的优化

本方法参考国内外土壤和沉积物的标准方法进行消解液的优化。在标准方法中，常用于微波消解的酸有盐酸、硝酸、氢氟酸和过氧化氢等。在 EPA Method 3050B 中，所用的消解液为硝酸＋盐酸＋过氧化氢；在 HJ 832—2017 中，消解土壤中镉时使用硝酸＋盐酸＋氢氟酸作为消解液。本方法分别设置了 4 种消解液对 3.3.4 中选取的标准物质和实际样品进行消解和测定，同时对实际样品做加标回收实验。消解液和消解程序见表 8-3。

表 8-3　消解液组成和消解程序

消解液		消解程序	
编号	组成	步骤 1	步骤 2
A	9 mL 逆王水	升温时间：12 min 消解温度：150 ℃ 保持时间：5 min	升温时间：4 min 消解温度：190 ℃ 保持时间：25 min
B	6 mL 硝酸 +3 mL 盐酸 +2 mL 氢氟酸		
C	6 mL 硝酸 +3 mL 氢氟酸		
D	6 mL 硝酸 +3 mL 氢氟酸 +2 mL 过氧化氢		

　　测定结果如表 8-4、图 8-1 和图 8-2 所示，前处理采用消解液 A 和 D 时，标准物质的测定结果不完全满意，实际样品的加标回收率均有部分在 120% 以上。采用消解液 B 时，标准物质的测定值可接受，但部分实际样品的加标回收率接近 120%。与消解液 B 相比，采用消解液 C 时的结果更为满意：标准物质的测定结果均落入标样值范围，回收率为 91.7%～103%，实际样品的加标回收率为 98.1%～113%。GBW 07391、GBW 07428、GBW 07388 3 种土壤标准物质的有机质含量和碳含量依次降低，二氧化硅含量依次升高，从图 8-1 中可以看出消解液 C 消解高有机质含量和高碳含量的土壤效果较好，对高二氧化硅含量的土壤消解效果也能令人满意。并且，此方法使用的酸种类少，用量小，赶酸时间短，还可以避免使用需要现用现配的逆王水，从而减少酸的浪费。因此，前处理采用消解液 C（6 mL 硝酸 +3 mL 氢氟酸）。

表 8-4　4 种消解液消解标准物质的测定结果

标准物质	标样值 / （mg/kg）	测定结果 / （mg/kg）			
		消解液 A	消解液 B	消解液 C	消解液 D
GBW 07391	0.11 ± 0.01	0.120	0.121	0.113	0.120
GBW 07428	0.20 ± 0.02	0.237	0.224	0.206	0.230
GBW 07388	0.066 ± 0.007	0.065	0.069	0.060	0.068

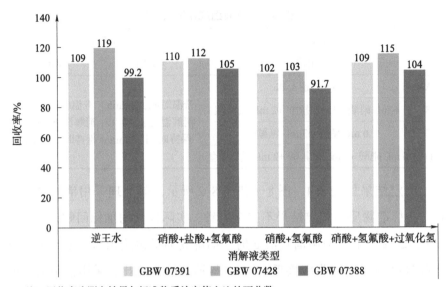

注：回收率为测定结果与标准物质认定值之比的百分数。

图 8-1　4 种消解液消解标准物质的回收率

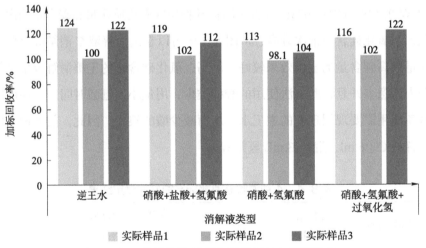

图 8-2　4 种消解液消解实际样品的加标回收率

3.4.1.2　微波消解程序优化

本方法在国内外相关标准方法和一些学者的研究基础上，结合实际工作中的经验进行微波消解程序的优化。采用硝酸＋氢氟酸作为消解液，分别设置了6种不同的微波消解程序（表8-5）对3.3.4中选取的标准物质和实际样品进行消解和测定，同时对实际样品做加标回收实验。

表8-5　6种微波消解程序

消解程序			消解液
编号	消解温度/℃	保持时间/min	
微波消解程序Ⅰ	170	25	6 mL硝酸＋ 3 mL氢氟酸
微波消解程序Ⅱ	180	25	
微波消解程序Ⅲ	180	30	
微波消解程序Ⅳ	190	20	
微波消解程序Ⅴ	190	25	
微波消解程序Ⅵ	190	30	

　　测定结果见表8-6、图8-3和图8-4，微波消解程序Ⅰ、Ⅱ和Ⅴ保持同样的消解时间，消解温度逐渐提高，由结果可知，在消解时间为25 min时，消解温度从170 ℃提高到190 ℃可明显改善消解效果；微波消解程序Ⅳ、Ⅴ和Ⅵ中设置的消解温度相同，保持时间依次增加，结果显示，当消解温度为190 ℃时，保持时间从20 min增加到30 min，测定结果并不呈趋势性变化，而是在保持时间为25 min时消解效果最好。

表8-6　6种消解程序消解标准物质的测定结果

标准物质	标样值/ （mg/kg）	测定结果/（mg/kg）					
		微波消解程序Ⅰ	微波消解程序Ⅱ	微波消解程序Ⅲ	微波消解程序Ⅳ	微波消解程序Ⅴ	微波消解程序Ⅵ
GBW 07391	0.11±0.01	0.095	0.103	0.092	0.134	0.113	0.123
GBW 07428	0.20±0.02	0.189	0.196	0.176	0.248	0.206	0.243
GBW 07388	0.066±0.007	0.051	0.059	0.049	0.071	0.061	0.069

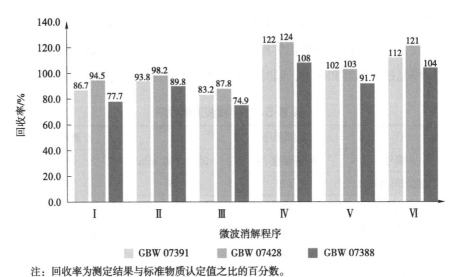

注：回收率为测定结果与标准物质认定值之比的百分数。

图 8-3　6 种消解程序消解标准物质的回收率

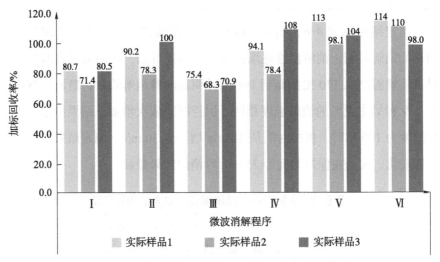

图 8-4　6 种消解程序消解实际样品的加标回收率

由表 8-6 可知，采用微波消解程序Ⅱ和Ⅴ时，标准物质的测定均取得满意结果，而采用其他 4 种微波消解程序时，均有部分标准物质的测定值不在认定值范围内，如图 8-4 所示，实际样品的加标回收率在采用微波消解程序 V 时为 113%、98.1% 和 104%，明显优于采用微波消解程序 Ⅱ 时的 90.2%、78.3% 和 100%。综合比较之下，采用微波消解程序 V（消解温度 190 ℃，保持时间 25 min）时，消解效果最佳。

3.4.1.3　校准曲线的确定

将现有的 90 个土壤标准物质和 41 个沉积物标准物质中的镉含量按照称样量 0.2 g、定容体积 50 mL 折算成镉溶液的浓度，土壤标准物质的最低值和中位值分别为 0.168 µg/L 和 0.56 µg/L，沉积物标准物质的最低值和中位值分别为 0.116 µg/L 和 1.04 µg/L。在此基础上结合实验空白、仪器灵敏度和线性范围等，确定镉校准曲线的最高点浓度为 2.0 µg/L。

以 0.2% 硝酸溶液为介质，将镉标准贮备溶液逐级稀释为浓度 2.0 µg/L 的镉标准使用液。使用原子吸收分光光度计的自动稀释功能用 0.2% 硝酸溶液将镉标准使用液进行稀释得到镉标准溶液序列：0 µg/L、0.2 µg/L、0.4 µg/L、0.8 µg/L、1.2 µg/L、1.6 µg/L、2.0 µg/L。以浓度为横坐标，以仪器测得的吸光度为纵坐标，建立校准曲线。

3.4.1.4　硝酸钯用量的确定

本方法参考行业权威方法和一些学者的研究，确定硝酸钯的用量。《水和废水监测分析方法（第四版）》中每次进样时硝酸钯的用量为 Pd 0.02 µg，但是土壤和沉积物样品经过消解后，试样的基体远比地下水和清洁地表水的基体复杂，因此，需提高 Pd 用量。本方法结合实际工作中的经验，设置了 Pd 0.5 µg、1.0 µg、3.0 µg、5.0 µg 作为基体改进剂进行实验，为了考察硝酸钯对基体干扰的抑制程度，同时做了不加硝酸钯的实验进行对比。在前处理时，消解液采用 6 mL 硝酸 +3 mL 氢氟酸，微波消解程序设置消解温度 190 ℃，保持时间 25 min。实验对象为 3.3.4 中选取的标准物质和实际样品，并对实际样品做加标回收实验。实验结果见表 8-7、图 8-5 和图 8-6。

表 8-7　硝酸钯不同用量下标准物质的测定结果

标准物质	标样值 / （mg/kg）	测定结果 /（mg/kg）				
		Pd （0 μg）	Pd （0.5 μg）	Pd （1.0 μg）	Pd （3.0 μg）	Pd （5.0 μg）
GBW 07391	0.11 ± 0.01	0.187	0.113	0.114	0.110	0.104
GBW 07428	0.20 ± 0.02	0.364	0.206	0.210	0.208	0.187
GBW 07388	0.066 ± 0.007	0.116	0.060	0.065	0.063	0.057

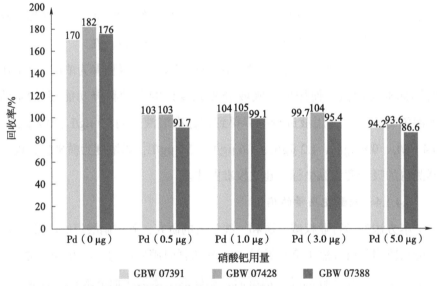

注：回收率为测定结果与标准物质认定值之比的百分数。

图 8-5　硝酸钯不同用量下标准物质的回收率

由结果可知，不加硝酸钯时，标准物质和实际样品的回收率都高达
200%，加入硝酸钯后，测定数据大幅降低，可见基体效应得到显著改善，
而硝酸钯的用量变化对测定结果的影响则不太明显。当用量为 Pd 5.0 μg 时，
GBW 07388 的测定值略低于标准物质认定值的下限；当用量为 Pd 1.0 μg 时，
实际样品 3 的加标回收率接近 120%；当用量为 Pd 0.5 μg 和 3.0 μg 时，测

定结果没有显著差异，标准物质的测定结果均落在认定值范围内，实际样品的加标回收率也都在可接受范围。考虑到实验成本和对环境的影响，建议硝酸钯的用量为 Pd 0.5 μg。

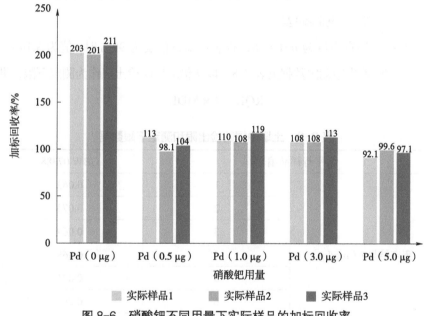

图 8-6　硝酸钯不同用量下实际样品的加标回收率

3.4.2　方法适用性

以 3.3.4 选取的样品为实验对象，采用 3.4.1 中确定的实验参数，验证微波消解／石墨炉原子吸收分光光度法测定土壤中镉的适用性。

3.4.2.1　检出限和测定下限

因 3.3.7 中的空白实验中未检测出镉，故按照《环境监测　分析方法标准制修订技术导则》（HJ 168—2020）的规定，选择含量为估计方法检出限值 3～5 倍的标准物质 GBW 07388 进行 7 次平行测定，并按照下列公式计算方法检出限。以 4 倍的方法检出限作为测定下限。

$$\text{MDL} = t_{(n-1,0.99)} \times S$$

式中，MDL——方法检出限；

n——样品平行测定次数；

t——自由度为 n-1，置信度为 99% 时的 t 分布（单侧）；

S——标准偏差。

其中，当自由度为 n-1 = 6，查表得知置信度为 99% 时 t 值为 3.143。

本方法检出限测定数据见表 8-8，以 4 倍的样品检出限作为测定下限，即

$$\text{RQL} = 4 \times \text{MDL}$$

表 8-8　土壤中镉的检出限和测定下限数据

平行样品编号		GBW 07388
测定结果 /（mg/kg）	1	0.063
	2	0.073
	3	0.064
	4	0.068
	5	0.071
	6	0.069
	7	0.073
平均值 /（mg/kg）		0.069
标准偏差 S		0.004
t 值		3.143
检出限 /（mg/kg）		0.013
测定下限 /（mg/kg）		0.052

　　当取样量为 0.2 g，定容体积为 50 mL 时，本方法检出限为 0.013 mg/kg，测定下限为 0.052 mg/kg。换算成与 GB/T 17141—1997 中镉的检出限要求（取样量为 0.5 g，定容体积为 50 mL）一致时，本方法检出限为 0.006 mg/kg，测定下限为 0.024 mg/kg。

结果表明，对于 GBW 07388 的选择合理，能够满足所有标准物质中低含量的镉测定，并且低于 GB/T 17141—1997 中镉的方法检出限。

3.4.2.2　精密度

在 3.3.4 中选取了土壤标准物质、沉积物标准物质、土壤实际样品和沉积物实际样品中各 3 个镉含量分别处于低、中、高不同水平的样品，按全程序对这 12 个样品进行 6 次平行测定，计算结果的相对标准偏差，验证本方法的精密度。

测定结果如表 8-9 所示，标准物质和实际样品相对标准偏差范围分别为 0.74%～5.8% 和 0.90%～5.6%，只有低含量的沉积物标准物质和沉积物实际样品的相对标准偏差略高于 5%，说明该方法精密度良好。

表 8-9　标准物质的精密度测定结果

| 样品类型 | 镉含量 | 编号 | 测定结果/（mg/kg） | | | | | | 测定均值/（mg/kg） | 相对标准偏差/% |
			1	2	3	4	5	6		
沉积物	低	GBW 07388	0.063	0.073	0.064	0.068	0.071	0.069	0.068	5.8
	中	GBW 07386	0.256	0.250	0.247	0.250	0.249	0.253	0.251	1.3
	高	GBW 07456	0.578	0.577	0.585	0.579	0.580	0.572	0.578	0.74
土壤	低	GBW 07448	0.100	0.097	0.097	0.101	0.098	0.099	0.099	1.7
	中	GBW 07426	0.151	0.145	0.145	0.141	0.144	0.147	0.146	2.3
	高	GBW 07428	0.197	0.207	0.203	0.206	0.209	0.212	0.206	2.6
实际土样	低	样品 1	0.067	0.070	0.067	0.066	0.066	0.062	0.066	3.9
	中	样品 2	0.127	0.124	0.129	0.130	0.125	0.129	0.127	2.0
	高	样品 3	0.260	0.261	0.256	0.259	0.258	0.255	0.258	0.90
实际沉积物	低	样品 4	0.065	0.075	0.066	0.070	0.073	0.071	0.070	5.6
	中	样品 5	0.137	0.136	0.137	0.140	0.137	0.140	0.138	1.3
	高	样品 6	0.284	0.283	0.278	0.287	0.278	0.273	0.280	1.9

3.4.2.3　正确度

为验证本方法的正确度，对 3.3.4 中选取的镉含量分别处于低、中、高不同水平的土壤和沉积物标准物质进行 6 次测定，计算结果的相对误差；对镉含量分别处于低、中、高不同水平的土壤和沉积物实际样品进行加标回收实验，计算加标回收率。

结果见表 8-10，标准物质的相对误差为 -8.6%～3.1%，均小于 10%，低含量的土壤标准物质的部分测定结果略低于认定值的下限，但均值仍在认定值范围内。实际样品的加标回收率为 88.0%～108%。

表 8-10　标准物质的正确度测定结果

样品类型	镉含量	编号	技术指标	结果 /%						均值 /%
				1	2	3	4	5	6	
沉积物	低	GBW 07388	相对误差	−4.5	11	−3.0	3.0	7.6	4.5	3.1
	中	GBW 07386		−1.5	−3.8	−5.0	−3.8	−4.2	−2.7	−3.5
	高	GBW 07456		−2.0	−2.2	−0.85	−1.9	−1.7	−3.0	−1.9
土壤	低	GBW 07448		−7.4	−10	−10	−6.5	−9.2	−8.3	−8.6
	中	GBW 07426		0.67	−3.3	−3.3	−6.0	−4.0	−2.0	−3.0
	高	GBW 07428		−1.5	3.5	1.5	3.0	4.5	6.0	2.8
实际加标土样	低	加标样品 1	加标回收率	90.0	93.3	96.7	96.7	96.7	102	95.9
	中	加标样品 2		108	104	100	101	104	103	103
	高	加标样品 3		99.3	100	102	101	101	105	101
实际加标沉积物	低	加标样品 4		106	92.0	118	104	108	108	106
	中	加标样品 5		109	107	106	109	109	109	108
	高	加标样品 6		86.3	88.0	91.3	84.3	89.0	89.3	88.0

3.5　方法比对

3.5.1　选取比对方法情况

GB/T 17141—1997 是 GB 36600—2018 和 GB 15618—2018 中测定土

壤中镉的指定分析方法，也是全国土壤污染状况详查时的推荐分析方法。该方法采用电热板消解法，盐酸＋硝酸＋氢氟酸＋高氯酸作为消解液，用石墨炉原子吸收分光光度计进行测定。按称取 0.5 g 试样消解定容至 50 mL 计算，镉的检出限为 0.01 mg/kg。用此方法分析 ESS-1 和 ESS-3，实验室内相对标准偏差为 3.6%～4.1%，相对误差为 -3.6%～2.3%。

3.5.2 方法比对方案及结论

选取 7 个镉含量水平接近的实际土壤样品，分别采用本方法和比对方法 GB/T 17141—1997 进行平行双样测定，平行双样测定的平均值分别记作本方法的测定值（A）和 GB/T 17141—1997 的测定值（B），获得 7 组配对测定数据，并计算测定结果的配对差值（d），结果如表 8-11 所示，$t_{(计算)} < t_{(6, 0.95)}$，说明两种方法没有显著性差异。

表 8-11　配对测定记录表

	本方法测定值（A）	GB/T 17141—1997 测定值（B）	配对差值（$d = A-B$）
1	0.15	0.13	0.02
2	0.15	0.14	0.01
3	0.14	0.15	−0.01
4	0.17	0.16	0.01
5	0.16	0.13	0.03
6	0.17	0.13	0.04
7	0.15	0.15	0.00
$\bar{d}$	0.0143		
S_d	0.0172		
$t_{(计算)}$	2.200		
$t_{(6, 0.95)}$	2.447		

3.6 实验结论

微波消解 / 石墨炉原子吸收分光光度法测定土壤中镉的含量，采用 6 mL 硝酸 +3 mL 氢氟酸作为消解液，消解温度为 190 ℃，保持 25 min，进行微波消解后制成的试样使用石墨炉原子吸收分光光度计进行测定，基体改进剂为硝酸钯，每次进样时用量为 Pd 0.5 μg。

按照称取 0.2 g 样品消解定容至 50 mL 计算，测得方法的检出限为 0.013 mg/kg，测定下限为 0.052 mg/kg。采用本方法对 6 个标准物质和 6 个实际样品进行测定，相对标准偏差为 0.74%～5.8%，6 个标准物质的相对误差为 -8.3%～3.0%，6 个实际样品的加标回收率为 88.3%～108%。方法检出限、测定下限、精密度和正确度统计结果能满足方法特性指标要求。

在土壤监测工作中，测定土壤中镉时广泛使用的国家标准方法为 GB/T 17141—1997，分别采用本方法和 GB/T 17141—1997 进行平行双样测定，结果显示，这两种方法没有显著性差异。

参考文献

［1］王业耀，夏新，田志仁，等 . 土壤环境监测技术要点分析［M］. 北京：中国环境出版社，2017.

［2］国家环境保护总局，水和废水监测分析方法编委会 . 水和废水监测分析方法（第四版）［M］. 北京：中国环境出版社，2002.

［3］许嘉林，杨居荣 . 陆地生态系统中的重金属［M］. 北京：中国环境科学出版社，1995.

［4］全国土壤污染状况调查公报［J］. 国土资源通讯，2014，(8): 26-29.

［5］袁姗姗，肖细元，郭朝晖 . 中国镉矿的区域分布及土壤镉污染风险分析［J］. 环境污染与防治，2012, 34(6): 51-56, 100.

［6］刘铁庚，张乾，叶霖，等 . 自然界中 ZnS-CdS 完全类质同象系列的发现和初步研

究〔J〕.中国地质，2004，31(1): 40-45.

〔7〕李婧，周艳文，陈森，等.我国土壤镉污染现状、危害及其治理方法综述〔J〕.安
　　徽农学通报，2015，21(24): 104-107.

〔8〕孟凡乔，史雅娟，吴文良.我国无污染农产品重金属元素土壤环境质量标准的制定
　　与研究进展〔J〕.农业环境保护，2000，19(6): 356-359.

〔9〕崔玉静，赵中秋，刘文菊，等.镉在土壤－植物－人体系统中迁移积累及其影响因
　　子〔J〕.生态学报，2003，23(10): 2133-2143.

〔10〕崔岩山，陈晓晨.土壤中镉的生物可给性及其对人体的健康风险评估〔J〕.环境
　　科学，2010，31(2): 403-408.

〔11〕张人俊，马萍，嵇辛勤，等.重金属镉的毒性研究进展〔J〕.贵州畜牧兽医，
　　2016，40(4): 27-32.

〔12〕王鸿飞.环境镉污染及镉对环境暴露人群影响的研究〔J〕.广州微量元素科学，
　　2002，9(7): 24-26.

〔13〕张娟萍，张喜凤.镉污染对人体危害的初探〔J〕.价值工程，2013, (25): 282-283.

〔14〕Johannes G, Franziska S, Christian G S, et al.The toxicity of cadmium and resulting
　　hazards for human health〔J〕. Journal of Occupational Medicine and Toxicology,
　　2006, 1(22): 1186.

〔15〕MariselaM'endez-Armenta, CamiloR'ios. Cadmium neurotoxicity〔J〕. Environmental
　　Toxicology and Pharmacology, 2007, 23: 350-358.

〔16〕刀谞，霍晓芹，张霖琳，等.我国土壤中主要元素监测技术及难点〔J〕.中国环
　　境监测，2018，34(5): 12-21.

〔17〕冯艳红，林玉锁，郑丽萍，等.不同消解方法测定土壤中镉含量的比较研究
　　〔J〕.中国环境科学学会学术年会论文集，2017: 1908-1915.

〔18〕张慧，钟宏波，程化鹏，等.微波消解－石墨炉原子吸收分光光度法测定生态土
　　壤中的镉〔J〕.广东化工，2016，43(15): 230-232.

〔19〕Bettinelli M, Beone C M, Spezia S, et al. Determination of heavy metals in soil and
　　sediments by microwave-assisted digestio, n and inductively coupled plasma optical

emission spectrometry analysis［J］. Anal Chim Acta, 2000, 424(2): 289-296.

［20］Sandroni V, Smith C M M. Microwave digestion of sludge, soil and sediment samples for memetal analysis by inductively coupled plasma-atomic emission spectrometry ［J］. Anal Chim Acta, 2002, 468(2): 335-344.

［21］季天委，张琴.微波消解－石墨炉原子吸收法在土壤铅、镉含量分析中的应用 ［J］.浙江农业学报，2009，21(2): 164-167.

［22］陆建华，顾志飞，钱卫飞，等.反王水消解法测定土壤中重金属的方法研究 ［J］.矿物岩石地球化学通报，2007，(1): 70-73.

［23］刘珠丽，李洁、杨永强，等.微波消解-ICP-AES/ICP-MS测定沉积物中23元素 的方法研究及应用［J］.环境化学，2013，32(12): 2370-2377.

［24］施柳，何瑶，李飞鹏，等.不同微波消解剂对沉积物重金属检测的影响［J］.净 水技术，2016，35(6): 62-766.

［25］刘文芳.土壤中镉测定的影响因素研究［J］.江西化工，2020(3): 106-111.

［26］张金碧，柯耀义.微波消解－石墨炉原子吸收光谱法测定土壤中铅、镉的研究 ［J］.广东化工，2021，48(5): 191-192.

［27］曹芳红，陈晓霞，丁锦春.微波消解－石墨炉原子吸收法测定土壤中铅和镉 ［J］.环境与职业医学，2012，29(8): 498-500.

［28］毛慧，姚军，吴晶.平板消解、微波消解和石墨消解－石墨炉原子吸收法测定土 壤中的镉［J］.资源与环境化学，2016，(20): 149-150, 152.

［29］王惠清，徐洪杰，马丽芳，等.土壤中铅镉的高压微波消解－三磁场塞曼石墨炉 原子吸收光谱法［J］.医学动物防制，2018，34(12): 1218-1221.

［30］万连印.微波消解－石墨炉原子吸收法测定土壤中铅和镉［J］.环保与分析， 2009，30(4): 51-53.

［31］梁志生.微波消解－石墨炉原子吸收法测定土壤中镉［J］.广州化工，2017， 45(15): 131-132.

［32］徐立松，曹寅莹.分析以微波消解石墨炉原子吸收法测定土壤中的铅和镉［J］. 环境与发展，2020，(10):125, 127.

［33］杨丽，张雪杰，胥艳.逆王水－氢氟酸混合体系消解－电感耦合等离子体质谱法
同时测定土壤中的 Pb、Cr 和 Cd［J］.预防医学，2021，(1): 104-106.

［34］艳丽.在原子吸收光谱分析中两种背景吸收干扰的比较［J］.光谱实验室，2008，
25(4): 708-710.

《土壤和沉积物　镉的测定　微波消解／石墨炉原子吸收分光光度法》方法文本

1　适用范围

本方法规定了测定土壤和沉积物中镉的微波消解／石墨炉原子吸收分光光度法。

本方法适用于土壤和沉积物中镉的测定。当取样量为 0.2 g，消解后定容体积为 50 mL 时：方法检出限为 0.013 mg/kg，测定下限为 0.052 mg/kg。

2　规范性引用文件

本方法引用了下列文件或其中的条款。凡是不注明日期的引用文件，其有效版本适用于本方法。

HJ/T 166　土壤环境监测技术规范

GB 17378.3　海洋监测规范　第 3 部分：样品采集、贮存与运输

GB 17378.5　海洋监测规范　第 5 部分：沉积物分析

HJ 613　土壤　干物质和水分的测定　重量法

HJ 832　土壤和沉积物　金属元素总量的消解　微波消解法

3　方法原理

在样品中依次加入硝酸和氢氟酸，采用微波消解的方法，使样品中的镉元素全部进入试样。然后将试样注入石墨管，用电加热方式使石墨炉升温，试样蒸发离解形成原子蒸气，对光源的特征谱线产生吸收。将测得的试样吸光度和标准吸光度进行比较，确定试样中镉的含量。

4　试剂和材料

警告：实验中使用的硝酸具有强腐蚀性和强氧化性，氢氟酸具有强挥发性和腐蚀性，溶液配制及前处理过程应在通风橱中进行，操作时应注意佩戴防护用具，避免吸入呼吸道或直接接触皮肤和衣物。

除非另有说明，分析时均使用符合国家标准的优级纯或纯度级别更高的

试剂，实验用水为新制备的二次去离子水，电阻率≥18 MΩ·cm（25 ℃）。

4.1　硝酸：ρ = 1.42 g/mL，优级纯。

4.2　氢氟酸：ρ = 1.16 g/mL，优级纯。

4.3　硝酸钯溶液：ρ = 1 000 mg/L，优级纯。

4.4　硝酸溶液：1+1。

4.5　硝酸溶液：1+499。

4.6　镉标准贮备溶液：ρ = 100 mg/L。

使用市售的镉标准溶液。

4.7　镉标准中间溶液：ρ = 0.5 mg/L。

准确吸取 5.00 mL 镉标准贮备溶液（4.6）于 1 000 mL 容量瓶中，用硝酸溶液（4.5）定容至标线，摇匀。4 ℃以下冷藏保存，有效期 1 年。

4.8　镉标准使用液：ρ = 2.0 μg/L。

准确吸取 2.00 mL 镉标准中间溶液（4.7）于 500 mL 容量瓶中，用硝酸溶液（4.5）定容至标线，摇匀。临用现配。

4.9　氩气：纯度≥99.999%。

5　仪器和设备

5.1　石墨炉原子吸收分光光度计：带有塞曼背景扣除装置，配有涂层石墨管。

5.2　微波消解仪：采用密闭微波消解装置，感应温度控制精度为 ± 2.5 ℃，罐内温度可实时监控。

5.3　分析天平：精度为 0.000 1 g。

5.4　一般实验室常用仪器和设备。

6　样品

6.1　样品采集和保存

按照 HJ/T 166 的相关规定采集和保存土壤样品，按照 GB 17378.3 的相关规定采集和保存水体沉积物样品。样品采集、运输和保存过程中应避免沾污和待测元素损失。

6.2 样品制备

按照 HJ/T 166 进行土壤样品的制备,按照 GB 17378.5 进行水系沉积物样品的制备。样品的制备过程应避免沾污和待测元素损失。

6.3 水分的测定

土壤样品干物质含量的测定按照 HJ 613 执行,沉积物样品含水率的测定按照 GB 17378.5 执行。

6.4 试样的制备

称取 0.2 g(精确至 0.000 1 g)待测样品(6.2)于微波消解罐内,加入 0.5 mL 实验用水,轻轻摇动使其充分润湿土样,再依次加入 6 mL 硝酸(4.1)和 3 mL 氢氟酸(4.2),并轻摇使其与样品充分混匀,待没有明显气泡产生后加盖拧紧。将所用消解罐对称放入消解支架中,然后将消解支架放入微波消解仪的炉腔中,确定仪器工作状态正常。参考表 1 的升温程序进行微波消解,消解程序完成后冷却。待消解罐内温度降至室温后在防酸通风橱中取出消解罐,慢慢打开消解罐盖。

表 1 微波消解升温程序

步骤	升温时间	消解温度 /℃	保持时间 /min
1	12	室温～150	5
2	4	150～190	25

将消解罐的盖子换成赶酸用盖,并将消解罐放回消解支架,将消解支架再次放入微波消解仪的炉腔中,将目标温度设置为 140 ℃进行赶酸。仔细观察罐内温度,待罐内温度开始下降时立刻手动停止赶酸程序,赶酸完成,冷却。此时罐内所剩溶液大约为 0.5 mL。待消解罐内温度降至室温后

334

在防酸通风橱中取出消解罐，将消解液全部转移至 50 mL 容量瓶，再用硝酸溶液（4.5）定容至标线，摇匀静置 1 h 后用石墨炉原子吸收分光光度计测定镉的浓度，从而计算待测样品中镉的含量。

注1：由于土壤样品种类繁多，所含有机质差异较大，微波消解中的酸用量可根据实际情况酌情增加。

注2：为保证安全及避免消解液损失，消解后的消解罐必须冷却至室温后才能开盖。

注3：若所使用的微波消解仪没有赶酸功能，则按照 HJ 832 中的"7.1 消解方法一"进行赶酸操作。

6.5 空白试样制备

不称取样品，按照与试样制备（6.4）相同的步骤进行空白试样的制备。

7 分析步骤

7.1 仪器操作参考条件

仪器开机预热后按照使用说明书设定灯电流、狭缝宽度、积分模式和石墨炉升温程序等工作参数，部分参数推荐条件见表 2。

表 2 仪器主要参数

	灯电流 /mA	3
	狭缝宽度 /nm	0.8
	积分模式	峰面积
	扣背景方式	Zeeman2 磁场模式
	进样体积 /μL	20
	基体改进剂加入体积 /μL	5
	基体改进剂加入方式	仪器自动加入
石墨炉升温程序	干燥温度 /℃	110
	干燥保持时间 /s	20
	第一步灰化温度 /℃	350

石墨炉升温程序	第一步灰化保持时间 /s	20
	第二步灰化温度 /℃	600
	第二步灰化保持时间 /s	16
	原子化温度 /℃	1 600
	原子化保持时间 /s	3
	净化温度 /℃	2 450
	净化保持时间 /s	4

7.2　校准曲线的建立

使用原子吸收分光光度计的自动稀释功能用硝酸溶液（4.5）将镉标准使用液（4.8）进行稀释得到镉标准溶液序列：0 µg/L、0.2 µg/L、0.4 µg/L、0.8 µg/L、1.2 µg/L、1.6 µg/L、2.0 µg/L。以浓度为横坐标，以仪器测得的吸光度为纵坐标，建立校准曲线。

7.3　试样测定

7.3.1　试样测定

取制备好的试样（6.4）的上清液上机测定，若试样中待测元素镉浓度超出校准曲线范围，用硝酸溶液（4.5）适当稀释后重新测定。

7.3.2　空白试样测定

按照与试样测定（7.3.1）相同的仪器条件进行空白试样（6.5）的测定。

8　结果计算与表示

8.1　结果计算

8.1.1　土壤样品中镉的含量 W_1（mg/kg）按照公式（1）计算。

$$W_1 = \frac{(\rho - \rho_0) \times V \times f}{m \times w_{dm}} \times 10^{-3} \tag{1}$$

式中，W_1——土壤样品中镉的含量，mg/kg；

ρ——由校准曲线计算所得试样中镉的浓度，µg/L；

ρ_0——实验室空白试样中镉的浓度，μg/L；

V——试样的定容体积，mL；

f——试样的稀释倍数；

m——称取的土壤样品量，g；

w_{dm}——土壤样品的干物质含量，%。

8.1.2 沉积物样品中镉的含量 W_2（mg/kg）按照公式（2）计算。

$$W_2 = \frac{(\rho - \rho_0) \times V \times f}{m \times (1 - w_{H_2O})} \times 10^{-3} \tag{2}$$

式中，W_2——沉积物样品中镉的含量，mg/kg；

ρ——由校准曲线计算所得试样中镉的浓度，μg/L；

ρ_0——实验室空白试样中镉的浓度，μg/L；

V——试样的定容体积，mL；

f——试样的稀释倍数；

m——称取的沉积物样品量，g；

w_{H_2O}——沉积物样品含水率，%。

8.2 结果表示

测定结果小数点位数的保留与方法检出限一致，最多保留 3 位有效数字。

9 精密度和正确度

9.1 精密度

实验室内采用微波消解 / 石墨炉原子吸收分光光度法对 6 种有证标准物质和 6 种实际样品分别进行 6 次平行测定，相对标准偏差分别为 0.74%～5.8% 和 0.90%～5.6%。

9.2 正确度

实验室内采用微波消解 / 石墨炉原子吸收分光光度法对 6 种有证标

准物质进行 6 次平行测定，并对 6 种实际样品进行加标回收实验。标准物质的相对误差为 −8.6%～3.1%，6 个实际样品的加标回收率为 88.0%～108%。

10 质量控制和质量保证

10.1 空白实验

每批样品至少分析 2 个空白试样（6.5），测定结果应低于检出限。

10.2 校准曲线

每次分析应建立校准曲线，相关系数应≥0.999。

10.3 精密度

每批样品应至少测定 10% 的平行双样，样品数量少于 10 个时，应测定一个平行双样，两个平行样品测定结果的相对偏差应≤20%。

10.4 正确度

每批样品应至少测定 10% 的有证标准物质，样品数量少于 10 个时，应测定一个有证标准物质，测定结果与标准样品标准值的相对误差的绝对值应≤20%。

11 废物处理

实验室中产生的废物应分类收集，集中保管，并清楚地做好标记贴上标签，危险废物应依法委托有资质的单位进行处理。

12 注意事项

12.1 实验所用器皿需先用洗涤剂洗净，再用硝酸溶液（4.4）浸泡 24 h，使用前再依次用自来水和实验用水洗净。

12.2 对所有试剂均应做空白检查。

12.3 配制标准溶液与样品消解应使用同一瓶试剂。

《土壤和沉积物 总汞的测定 微波消解/冷原子吸收法》方法研究报告

1 方法研究的必要性

1.1 理化性质和环境危害

汞，俗称水银，银白色液体金属，化学符号是 Hg，原子序数 80，相对原子质量 200.59，密度 13.6 g/cm³，凝固点 -38.8 ℃，沸点 356.7 ℃。汞是唯一在常温下呈液态并易流动的金属，质感犹如果冻。汞的内聚力很强，在空气中稳定，汞蒸气有剧毒。自然界中，汞多以化合物形式存在，以 +1 价、+2 价最常见，易与大部分普通金属形成合金，形成汞齐。汞及化合物都具有强毒、强致癌性，可在人体内蓄积。进入水体的无机汞离子可转变为毒性更大的有机汞，经食物链进入人体，引起全身中毒。汞已被各国政府及 UNEP、WHO 及 FAO 等国际组织列为优先控制且最具毒性的环境污染物之一。2019 年 7 月 23 日，汞及其化合物被列入有毒有害水污染物名录（第一批）。

土壤中汞含量高低既反映环境系统汞污染程度，又表明汞通过食物链影响人体和生物的可能性，是当前环境分析中的重要内容。随着"土十条"颁布，土壤环境质量日益成为环境保护工作的重点工作，成为社会广泛关注的热点问题之一。土壤环境质量监测、土壤污染调查和土壤详查等工作推进中，汞是重点关注和必测的元素。

1.2 相关环保标准和环保工作的需要

1.2.1 重金属汞的环境质量标准

我国现行土壤环境质量风险管控标准中，汞风险管控筛选值和管控值
见表 9-1。

表 9-1 建设用地、农用地、展览用地土壤中汞的限值

标准名称	元素	筛选值 /（mg/kg）	管控值 /（mg/kg）
《土壤环境质量 建设用地土壤污染风险管控标准（试行）》（GB 36600—2018）	汞	第一类 8；第二类 38	第一类 33；第二类 82
《土壤环境质量 农用地土壤污染风险管控标准（试行）》（GB 15618—2018）	汞（水田）	pH≤5.5，0.5；5.5＜pH≤6.5，0.5；6.5＜pH≤7.5，0.6；pH＞7.5，1.0	pH≤5.5，2.0；5.5＜pH≤6.5，2.5；6.5＜pH≤7.5，4.0；pH＞7.5，6.0
	汞（其他）	pH≤5.5，1.3；5.5＜pH≤6.5，1.8；6.5＜pH≤7.5，2.4；pH＞7.5，3.4	

1.2.2 环保工作的需要

目前，我国尚无微波消解/冷原子吸收法测定土壤中总汞的环境监测
标准方法。现有测定土壤中总汞的标准方法有微波消解/原子荧光法、水
浴消解/原子荧光法、湿法消解/冷原子吸收法和固体进样/冷原子吸收
法等。

冷原子吸收法相比原子荧光法，具有仪器操作简单、稳定性较好，方
法空白值低、精密度高、正确度好，对实验室环境条件要求不苛刻等优
势。微波消解相比湿法消解，具有空白值低，消解过程中可以无人值守解
放人力，较少使用酸性、氧化性试剂，实验废水的处理成本较低等优点。
方法具有一定的研究应用价值。

2　国内外相关分析方法研究

2.1　主要国家、地区及国际组织相关分析方法研究

国际上，关于土壤中汞的分析方法，已报道的有电感耦合等离子体发射光谱法（ICP-OES）、电感耦合等离子体质谱法（ICP-MS）、原子吸收法（AAS）、原子荧光法（AFS）等。土壤和沉积物中重金属前处理多采用电热板和微波消解方式。土壤中总汞测定国外相关标准分析方法见表 9-2，以湿法消解／原子荧光法为主。

表 9-2　国外相关标准分析方法

序号	标准号	标准名称	测定元素	检出限	备注
1	CEN/TS 16175-2—2013	《污泥、处理的生物废物和土壤　汞的测定　第2部分：冷蒸气原子荧光光谱法》	汞	0.003 mg/kg	硝酸／电热板消解或王水萃取
2	ISO/TS 16727—2013	《土质　汞的测定　冷蒸气原子荧光光谱法》	汞	0.003 mg/kg	硝酸／电热板消解或王水萃取
3	ISO 16772—2004	《土质　水蒸气原子光谱法或冷蒸气原子荧光光谱法测定　王水土壤萃取物中的汞》	汞	0.1 mg/kg	王水萃取
4	EPA Method 200.8	*Determination of Trace Elments in Waters and Wastes by Inductively Coupled Plasma-Mass Spectrometry*	汞、砷、硒、铋、锑	—	适用于地下水、地表水、饮用水及污水、底泥和土壤样品中元素总量的测定

2.2　国内相关分析方法研究

2.2.1　国内相关标准分析方法

国内现有土壤中汞测定的标准分析方法见表 9-3。

表9-3 国内土壤中汞测定相关标准分析方法

序号	标准名称	检出限	备注
1	《土壤和沉积物 汞、砷、硒、锑、铋的测定 微波消解/原子荧光法》（HJ 680—2013）	取样量为0.5 g时，检出限为0.002 mg/kg	王水，微波消解
2	《土壤质量 总汞、总砷、总铅的测定 原子荧光法 第一部分：土壤中总汞的测定》（GB/T 22105.1—2008）	0.002 mg/kg	王水（1+1），沸水浴
3	《土壤检测 第10部分：土壤总汞的测定》（NY/T 1121.10—2006）	取样量为0.5 g时，检出限为0.002 mg/kg	王水（1+1），沸水浴
4	《土壤质量 总汞的测定 冷原子吸收分光光度法》（GB/T 17136—1997）	取样量为2 g时，检出限为0.005 mg/kg	硫酸-硝酸-高锰酸钾消解或硝硫-硫酸-五氧化二钒消解
5	《土壤和沉积物 总汞的测定 催化热解/冷原子吸收分光光度法》（HJ 923—2017）	取样量为0.1 g时，检出限为0.000 2 mg/kg	固体直接进样
6	《海洋监测规范 第5部分：沉积物分析 总汞 5.1原子荧光法》（GB 17378.5—2007）	0.002 mg/kg	王水，水浴消解
7	《海洋监测规范 第5部分：沉积物分析 总汞 5.2冷原子吸收光度法》（GB 17378.5—2007）	0.005 mg/kg	硝酸-过氧化氢湿法消解
8	《海洋监测技术规程 第2部分 沉积物分析 总汞 热分解冷原子吸收光度法》（HY/T 147.2—2013）	0.005 mg/kg	固体直接进样

上述标准特点：

（1）王水消解/原子荧光法（HJ 680—2013、GB/T 22105.1—2008、GB 17378.5—2007）。该类方法有两点不容易掌握：一是王水消解过程产生的氮氧化物对荧光测定产生干扰，该类实验的精密度和准确度不易稳定实现；二是原子荧光仪漂移性大，对环境温度等要求高，仪器需要的稳定时间较长。

（2）电热板消解/冷原子吸收法（GB/T 17136—1997、GB 17378.5—2007）。该方法发布于1997年，现在应用较少。该方法特点：一是消解过程过于烦琐，所用化学试剂较多，引进误差的可能性增大。二是对所用化学试剂的纯度要求较高，由于是电热板敞口消解，实验室空白值、精密度和准确度不太理想，不适合大批量样品分析。

（3）催化热解/冷原子吸收分光光度法（HJ 923—2017、HY/T 147.2—2013）。该方法相比其他几种方法有很大的优势，直接固体进样分析，操作简单，测定结果的精密度和准确度较好。但该类仪器在地方环境监测机构普及度不高。

2.2.2　国内文献报道分析方法

土壤中汞的测定方法主要有原子荧光法、冷原子吸收法、原子发射光谱法、原子发射光谱质谱法等。前处理方式主要采用水浴、电热板、石墨、微波等湿法消解。传统的水浴浸提、酸溶电热板消解等方法存在分析时间长、操作烦琐、实验重现性差等问题。近年来发展起来的微波消解新技术，具有快速、高效、操作简单、空白值低的优点，得到较好的应用。

土壤中汞的微波消解常用溶剂有硝酸、盐酸、王水、氢氟酸、双氧水等，消解体系有王水、王水－双氧水体系、硝酸－双氧水体系、硝酸－氢氟酸，但单独用硝酸单一体系对土壤样品微波消解后，用冷原子吸收法测汞尚未见报道。

2.2.3　国内相关分析方法与本方法的关系

本方法采用微波消解/冷原子吸收法测定土壤和沉积物中的总汞，是在现有分析方法基础上，通过优化消解溶剂和微波程序升温条件，从而得到较优的测定条件。本方法采用硝酸对土壤样品进行微波消解，在一定的微波消解条件下汞提取完全。用硫酸作为反应载流，氯化亚锡为还原剂，将消解液直接定容后用冷原子测汞仪测定汞。方法具有较好的灵敏度和准确度，干扰因素少，消解试剂用量少，分析过程简单，分析成本低，全程序空白值低，对进样溶液的纯净度要求不高，即使有少许消解残渣也不影响测定，具有一定的推广应用价值。

3 方法研究报告

3.1 研究缘由

土壤中总汞测定的现行标准方法主要是原子荧光法和冷原子吸收法。原子荧光法具有成本低、灵敏度高的特点，被广泛运用于环境、地质、食品、药品等行业，但灯漂移问题一直是该仪器方法的痛点，尤其是在样品量大的情况下，样品稳定性测定面临很大挑战。冷原子吸收法具有操作简单、选择性高的特点，但前处理采用湿法消解，所用试剂量大，存在空白高、实验废水含有大量重金属离子的问题，该方法实际应用相对较少。

本研究前处理采用微波消解，是一种全封闭消解模式，不受外界环境干扰，所用试剂量少，确保空白值低；检测仪器采用冷原子吸收仪，具有操作简单、稳定性好、对汞的选择性强、不需要单独载气供应的特点。微波消解和冷原子吸收的组合模式，既具有上述仪器方法的优点也克服其不足，是一种操作简单、空白值低、所用试剂量少、稳定性好、正确度高的方法，有较好的推广应用价值。

3.2 研究目标

（1）条件优化研究

采用一定的方法对微波消解条件和消解试剂进行优化。

（2）方法适用性分析

在优化条件下，研究微波消解/冷原子吸收测定土壤和沉积物中总汞的方法检出限、精密度和正确度等技术指标。

最终目标是研究一种操作简单、空白值低、所用试剂量少、稳定性好、正确度高的土壤和沉积物中总汞测定的方法。

3.3　实验部分

3.3.1　主要仪器设备

Mars 5 密闭微波消解仪；Hg-400 测汞仪；超纯水机。

3.3.2　主要试剂

汞标准溶液：100 mg/L（德国 Merck 公司生产）。

汞标准中间液：100 μg/L（由汞标准溶液直接稀释而来，3% 硝酸定容）。

汞标准液的保存：汞标准溶液、汞标准中间液均用硼硅玻璃瓶避光保存于 4 ℃冰箱内备用。其他低浓度的汞标准溶液现用现配。

浓硝酸（优级纯），浓盐酸（优级纯），浓硫酸（优级纯），双氧水（优级纯）。

10% 氯化亚锡：称取 10 g 氯化亚锡固体，置于 100 mL 烧杯中，在通风橱内加入 20 mL 浓盐酸，微热助溶后，搅拌溶解，用超纯水稀释至 100 mL 烧杯刻度，摇匀。

10%（V/V）硫酸：烧杯内量取 90 mL 纯水，将 10 mL 浓硫酸慢慢加入烧杯内，边加边搅拌。

土壤标准物质 GSS-16、ESS-4、ESS-3、ESS-1。

本实验所用的玻璃和塑料器皿均用（1+1）HNO_3 浸泡 24 h 以上，去离子水洗涤干净后备用。

3.3.3　样品测试

准确称取土壤样品 0.250 0 g，置于微波消解罐中，加入 8 mL 一定浓度的硝酸溶液，轻轻摇动后，盖好内外塞，放入微波消解仪，按一定的微波条件进行消解。消解完成后，直接转移定容至 25 mL 容量瓶，静置 2 小时，取上清液直接上测汞仪测试。同时做全程序空白实验。

3.4　结果讨论

3.4.1　实验条件优化

（1）微波消解条件优化

采用土壤标准物质 ESS-3 和不同浓度硝酸对微波消解条件进行正交实验优化。微波消解系统通过温度、时间和功率来控制消解过程。选择具有程序升温功能的微波消解仪，采用两步程序升温，可使样品消解更充分，能减少加热过快和高压所带来的危险。硝酸在 120 ℃时处于沸腾状态、氧化能力较强。因此，程序升温第一步温度设定在 120 ℃，升温速率 20 ℃/min，第二步温度由实验优化确定，升温速率 10 ℃/min。

以消解保持时间、浓硝酸与水体积比和第二步程序升温温度为主要考察因素，设计正交实验 L16（4^3），实验结果见表 9-4：以汞的提取率为评价指标，影响因素大小顺序为硝酸浓度＞保持时间＞第二步程序升温温度。在第 8 组和第 14 组两种实验条件下，汞的提取率达 99%。综合考虑消解时间及实验成本，微波消解条件为微波消解保持时间 15 min、浓硝酸：水（体积比）3：1，第二步程序升温温度 160 ℃。在该条件下对 ESS-3 做 5 组重复实验，汞提取率都在 99% 以上。

表 9-4　正交实验结果

实验号	保持时间 / min	浓硝酸：水 （体积比）	第二步程序 升温温度 /℃	汞提取率 / %
1	5	1+3	140	40
2	5	1+1	150	51
3	5	3+1	160	86

续表

实验号	保持时间 / min	浓硝酸：水（体积比）	第二步程序升温温度 /℃	汞提取率 / %
4	5	浓硝酸	170	90
5	10	1+3	150	61
6	10	1+1	140	85
7	10	3+1	170	94
8	10	浓硝酸	160	99
9	15	1+3	160	75
10	15	1+1	170	95
11	15	3+1	140	89
12	15	浓硝酸	150	95
13	20	1+3	170	80
14	20	1+1	160	99
15	20	3+1	150	94
16	20	浓硝酸	140	92
K1	267	256	306	
K2	339	330	301	
K3	354	363	359	
K4	365	376	359	
K1/4	67	64	76	
K2/4	85	82	75	
K3/4	88	91	90	
K4/4	91	94	90	
R	24	30	14	

（2）消解体系的选择

按照微波消解优化条件选择消解体系，筛选常用的几类消解体系，

8 mL 王水、8 mL（3+1）硝酸、8 mL 硝酸 - 双氧水（6 mL 浓硝酸 +2 mL 双氧水）对标准物质 GSS-16 和 ESS-4 进行消解，同时做全程序空白实验，结果如表 9-5 和表 9-6 所示：可见（3+1）硝酸体系的空白值最低；3 种体系对高汞土壤的消解效果相当，测定值都在误差范围内；对低汞土壤消解，（3+1）硝酸体系最好，准确度和精密度都较好。所以，本研究采用（3+1）硝酸。

表 9-5　不同消解体系对高汞土壤 GSS-16 的消解效果

消解体系	空白值 /（μg/L）	GSS-16 测定值 /（μg/g）	RSD/%	保证值 /（μg/g）
王水	0.480 0.482 0.485	0.440 0.420 0.450 0.430	3.0	
硝酸 - 双氧水	0.350 0.345 0.355	0.450 0.420 0.490 0.440	6.5	0.460 ± 0.05
硝酸（3+1）	0.110 0.112 0.115	0.480 0.460 0.500 0.470	7.5	

表 9-6　不同消解体系对低汞土壤 ESS-4 的消解效果

消解体系	空白值 /（μg/L）	ESS-4 测定值 /（μg/g）	RSD/%	保证值 /（μg/g）
王水	0.480 0.482 0.485	0.026 0.018 0.013 0.015	32	
硝酸 - 双氧水	0.350 0.345 0.355	0.025 0.016 0.018 0.024	21	0.021 ± 0.004
硝酸（3+1）	0.110 0.112 0.115	0.020 0.023 0.022 0.024	6.7	

3.4.2　方法适用性研究

（1）适用范围

在优化条件下，对不同类型不同浓度的土壤、沉积物进行测定，实验结果见表 9-7。由表 9-7 可知，对汞含量在 0.02 ～ 0.46 μg/g 的土壤和沉积物，消解充分，汞提取完全。

表9-7 适用范围

标准样品	保证值／ （μg/g）	测定值／（μg/g）	平均值／ （μg/g）	RSD/%
ESS-4（褐土）	0.021 ± 0.004	0.020 0.023 0.022 0.024 0.022 0.022	0.022	6.1
GSS-16（珠江土）	0.460 ± 0.050	0.450 0.440 0.445 0.468 0.470 0.455	0.454	2.7
GSD-4a（矿区沉积物）	0.078 ± 0.006	0.082 0.077 0.080 0.072 0.083 0.079	0.079	5.0

注：高于此最大浓度的样品，经验证后也可应用此研究方法。

（2）检出限和测定下限

根据 HJ 168—2020 检出限确定方法，取 7 个干净的微波消解罐，分别加入 8 mL（1+3）硝酸溶液，盖好内外塞，进行消解，消解完成后，分别转移定容至 25 mL 容量瓶，测定 7 个全程序空白样品，用于检出限的计算。具体结果见表9-8，计算 7 次测定值标准偏差，算出方法检出限为 0.05 μg/L，测定下限为 0.20 μg/L。当称样量为 0.25 g，定容体积为 25.0 mL 时，土壤、沉积物样品汞方法检出限为 0.005 μg/g，测定下限为 0.02 μg/g。

表9-8 检出限计算

7次空白测定值／（μg/L）	均值／（μg/L）	标准偏差／（μg/L）	检出限／（μg/L）
0.100 0.115 0.112 0.115 0.110 0.117 0.116	0.112	0.005 8	0.05

（3）正确度和精密度

有证标准物质的测定。在优化条件下，采用标准物质 ESS-4、GSS-13 和 GSS-16，对方法进行正确度和精密度实验，平行测定 6 次，实验结果见表9-9，说明该方法对不同浓度的土壤和沉积物样品进行测定，正确度在保证值范围，相对标准偏差为2.7%～6.4%。

表 9-9　正确度和精密度实验

标准样品	保证值 / （μg/g）	测定值 / （μg/g）	标准偏差 / （μg/g）	RSD/%
ESS-4（土壤）	0.021 ± 0.004	0.020 0.023 0.022 0.024 0.022 0.022	0.001	6.1
GSS-13（土壤）	0.052 ± 0.006	0.052 0.056 0.048 0.049 0.055 0.050	0.003	6.4
GSS-16（土壤）	0.460 ± 0.050	0.450 0.440 0.445 0.468 0.470 0.455	0.012	2.7
GSD-4a（沉积物）	0.078 ± 0.006	0.082 0.077 0.080 0.072 0.083 0.079	0.004	5.0

实际样品精密度和正确度测定。在优化条件下，对实际土壤样品和沉积物样品各平行测定6次，结果见表9-10。分别称量0.1 g土壤样品和0.1 g有证标准土壤样品混合后放置于微波消解罐消解；分别称量0.1 g沉积物样品和0.1 g有证标准沉积物样品混合后放置于微波消解罐消解；消解后，分别转移定容至25 mL容量瓶，结果见表9-11。可知，实际样品的精密度和正确度都较好。

表 9-10　实际样品精密度实验

实际样品	测定值 / （μg/g）	平均值 / （μg/g）	标准偏差 / （μg/g）	RSD/%
土壤样品	0.045 0.046 0.045 0.044 0.046 0.048	0.046	0.001	3.0
沉积物样品	0.098 0.092 0.094 0.090 0.094 0.091	0.093	0.003	3.1

表 9-11　实际样品准确度实验

实际样品	0.1 g 实际样品 /µg	加标量 /µg	加标后测定值 /µg	回收率 /%
土壤样品	0.004 6	0.005 2	0.010	104
沉积物样品	0.009 3	0.007 8	0.016 5	92.3

（4）方法比对实验

为进一步验证研究方法的可靠性，选择部分实际样品做方法比对实验，本研究方法与国家标准方法《土壤和沉积物　汞、砷、硒、锑、铋的测定　微波消解/原子荧光法》（HJ 680—2013）比对结果见表 9-12，两种方法相对偏差为 1.3%～4.0%，均在较低水平，两种方法无显著性差异。

表 9-12　方法比对实验

实际样品	微波消解/冷原子吸收法/（µg/g）	微波消解/原子荧光法/（µg/g）	相对偏差 /%
土壤样品 1	0.065	0.067	2.1
土壤样品 2	0.055	0.052	4.0
土壤样品 3	0.037	0.035	3.9
沉积物样品 1	0.134	0.130	2.1
沉积物样品 2	0.115	0.110	3.1
沉积物样品 3	0.076	0.074	1.3

3.4.3　干扰的消除

由冷原子吸收测汞仪的原理可知，汞原子蒸气对波长为 253.7 nm 的紫外光具有强烈的吸收作用，易挥发的有机物和水蒸气在 253.7 nm 处有吸收而产生干扰，其他金属在此波长干扰较少。土壤中少量易挥发有机物在硝酸消解过程中可除去，水蒸气的干扰可通过仪器本身的电子除湿功能解决。同时，一定要保证实验室环境中不能有苯、甲苯、丙酮等易挥发有机溶剂。

3.5 实验结论

（1）通过正交实验，微波消解优化条件为：浓硝酸与水体积比（3：1），微波消解保持时间为 15 min，第二步程序升温温度 160 ℃，汞提取率可达 99%。该优化条件对汞含量为 0.02～0.46 μg/g 的土壤和沉积物样品，汞提取完全。

（2）当称样量为 0.25 g，定容体积为 25.0 mL 时，土壤、沉积物样品汞方法检出限为 0.005 μg/g，测定下限为 0.02 μg/g。

（3）对不同浓度的土壤和沉积物样品进行测定，标准土壤样品正确度在保证值范围，相对标准偏差为 2.7%～6.4%；实验样品相对标准偏差为 2.7%～6.4%，加标回收率为 92.3%～104%。选择实际样品做方法比对实验，本方法与国家标准方法（HJ 680—2013）比对结果相对偏差为 1.3%～4.0%，均在较低水平，两种方法无显著性差异。

参考文献

[1] 赵立红，刘亚丽.水浴浸提－氢化物发生－原子荧光光谱法检测土壤中痕量砷和汞 [J].光谱实验室，2007，24(6): 1091-1095.

[2] 谢锋，何锦林，谭红，等.硝酸一次消解同时测定土壤中 Cd、As、Hg 的方法研究 [J].土壤通报，2006，37(2): 340-343.

[3] 罗国兵.冷原子吸收光谱法测定污水中总汞的两种消解方法比较 [J].理化检验（化学分册），2005，41(3): 167-169.

[4] 冷庚，杨嘉伟，谢晴.微波消解－氢化物发生原子荧光光度法测定土壤中的汞 [J].环境工程学报，2011，5(8): 1893-1896.

[5] 周利萍，赵秀兰，王正银，等.冷原子吸收法测水体汞的影响因素 [J].微量元素与健康研究，2004，21(6): 45-48.

[6] 刘桂英，王少斌.微波消解－氢化物发生－原子荧光光谱法测定中药材中痕量砷 [J].理化检验（化学分册），2012，48(1): 53-55.

《土壤和沉积物　总汞的测定　微波消解／冷原子吸收法》方法文本

1　适用范围

本方法规定了测定土壤和沉积物中总汞的微波消解／冷原子吸收法。

本方法适用于土壤和沉积物中总汞的测定。

当称样量为 0.25 g，定容体积为 25.0 mL，土壤和沉积物样品中汞的检出限为 0.005 μg/g，测定下限为 0.02 μg/g。

2　规范性引用文件

本方法引用了下列文件或其中的条款。凡是不注明日期的引用文件，其有效版本适用于本方法。

GB/T 32722　土壤质量　土壤样品长期和短期保存指南

GB/T 36197　土壤质量　土壤采样技术指南

HJ/T 166　土壤环境监测技术规范

GB 17378.3　海洋监测规范　第 3 部分：样品采集、贮存与运输

GB 17378.5　海洋监测规范　第 5 部分：沉积物分析

HJ 613　土壤　干物质和水分的测定　重量法

JJG 548　测汞仪检定规程

3　方法原理

土壤样品经微波消解后，消解液进入测汞仪，在氯化亚锡溶液还原剂作用下，消解液中各种形式汞转化成汞蒸气，汞被还原成原子态。用空气作载气将汞蒸气载入冷原子吸收测汞仪吸收池，利用汞蒸气对波长为 253.7 nm 紫外光具有强烈的吸收作用，汞蒸气浓度和吸光度成正比原理进行测定。

4 试剂和材料

警告：实验中使用的部分试剂和标准样品具有挥发性和毒性，试剂配制过程应在通风橱内进行；操作时应按要求佩戴防护器具，避免吸入呼吸道或接触皮肤和衣物。

除非另有说明，分析时均使用符合国家标准的优级纯试剂。实验用水为新制备的去离子水或同等纯度的水。

4.1　硝酸（HNO_3），$\rho = 1.42$ g/mL。

4.2　3% 硝酸（HNO_3）：移取 3 mL 硝酸（4.1），实验用水定容至 100 mL 容量瓶。

4.3　盐酸（HCl），$\rho = 1.19$ g/mL。

4.4　硫酸（H_2SO_4），$\rho = 1.84$ g/mL。

4.5　汞（Hg）标准溶液

4.5.1　汞标准储备溶液：$\rho = 100$ mg /L

可直接购买市售有证标准溶液，参照标准溶液证书进行保存。

4.5.2　汞标准中间液：$\rho = 1.00$ mg/L

移取 5.00 mL 汞标准储备溶液（4.5.1），置于 500 mL 容量瓶中，用 3% 硝酸（4.2）溶液定容至刻度。转移至硼硅玻璃瓶，4 ℃冰箱内保存。

4.5.3　汞标准使用液：$\rho = 10.0$ mg/L

移取 5.00 mL 汞标准中间溶液（4.5.2），置于 500 mL 容量瓶中，用 3% 硝酸（4.2）溶液定容至刻度。该溶液现用现配。

4.6　氯化亚锡（$SnCl_2 \cdot 2H_2O$）：分析纯。

4.7　10% 氯化亚锡：称取 10 g 氯化亚锡（4.6），置于 100 mL 烧杯中，在通风橱内加入 20 mL 浓盐酸（4.3），微热助溶后，搅拌溶解，用实验用水稀释至 100 mL，摇匀。该溶液现用现配。

4.8　10%（V/V）硫酸溶液：烧杯内量取 90 mL 纯水，将 10 mL 硫酸（4.4）借助移液棒慢慢加入烧杯内，边加边搅拌。

4.9 （3+1）硝酸溶液：将硝酸（4.1）和超纯水按 3：1 的体积混合。

5 仪器和设备

5.1 微波消解仪：具有温控和程序升温功能。

5.2 分析天平：精度 0.000 1 g。

5.3 测汞仪：符合 JJG 548—2018 规定。

5.4 实验室其他常用设备。

6 样品

6.1 样品采集和保存

按照 HJ/T 166、GB/T 36197 和 GB/T 32722 的相关规定进行土壤样品的采集和保存。采集后的样品保存于洁净的玻璃瓶中，4 ℃ 以下冷藏保存，可保存 28 天。

HJ/T 91、HJ/T 166 和 HJ 494 的相关规定进行水体沉积物样品的采集和保存。

6.2 样品的制备

将样品置于风干盘中，平摊成 2～3 cm 厚的薄层，先剔除异物，适时压碎和翻动，自然风干。按四分法取混匀的风干样品，研磨，过 2 mm（10 目）尼龙筛。取粗磨样品研磨，过 0.149 mm（100 目）尼龙筛，装入样品袋或聚乙烯样品瓶中。

6.3 水分的测定

土壤样品干物质含量按照 HJ 613 执行。沉积物样品含水率的测定按照 GB 7378.5 执行。

6.4 试样的制备

称取样品 0.250 0 g，置于微波消解罐中，加入 8 mL（3+1）硝酸（4.9），轻轻摇动后，盖好内外塞，放入微波消解仪。微波消解推荐条件：两步程序升温，第一步程序升温温度 120 ℃，保持时间为 6 min；第二步程序升温温度 160 ℃，保持时间为 15 min。消解完成后，转移定容至 25.0 mL 容量瓶，静置 2 h，取上清液测试。

6.5 空白试样的制备

除不称取土壤样品外，采用和试样制备相同的步骤和试剂，制备空白试样，即全程序空白样品。

7 分析步骤

7.1 仪器参考条件

不同品牌仪器条件有差异，按厂家推荐设置。

测汞仪开机预热 30 min 以上。积分方式：峰面积；样品测定体积：5 mL；压缩空气流量：0.10 L/min；载流：10% 硫酸，2.0 mL；还原剂：10% 氯化亚锡，2.0 mL。

7.2 标准曲线的建立

配制 0.0 μg/L、0.2 μg/L、0.5 μg/L、1.0 μg/L、2.0 μg/L、5.0 μg/L、10.0 μg/L 汞标准曲线点，以 10% 硫酸溶液为载流，10% 氯化亚锡溶液为还原剂，按照从低浓度到高浓度顺序依次测定吸光度，校准系列原子吸光度为纵坐标，溶液中相对应的元素浓度（μg/L）为横坐标，绘制校准曲线。

7.3 测定

7.3.1 空白试样测定

除不称取土壤样品外，采用和试样制备（6.4）相同的步骤和试剂，制备空白试样。

7.3.2 试样测定

取 6.4 试样上清液 5 mL 上机测定。如果超出曲线则取适量上清液，用纯水稀释后按照与绘制标准曲线相同仪器分析条件测定。

8　结果计算与表示

8.1　结果计算

8.1.1　土壤样品的结果计算

土壤样品中待测金属的含量 w（mg/kg）按照公式（1）计算。

$$w = \frac{(\rho - \rho_0) \times V \times f}{m \times W_{dm}} \times 10^{-3} \tag{1}$$

式中，w——土壤样品中金属元素的含量，mg/kg；

ρ——由标准曲线查得的试样中金属元素的质量浓度，μg/L；

ρ_0——实验室空白试样中对应金属元素的质量浓度，μg/L；

V——消解后试样的定容体积，mL；

f——试样的稀释倍数；

m——称取过筛后样品的质量，g；

W_{dm}——土壤样品干物质的含量，%。

8.1.2　沉积物样品的结果计算

沉积物中元素（汞、砷、硒、铋、锑）含量 w_2（mg/kg）按照公式（2）计算。

$$w_2 = \frac{(\rho - \rho_0) \times V_0 \times V_2}{m \times (1-f) \times V_1} \times 10^{-3} \tag{2}$$

式中，w_2——沉积物中元素的含量，mg/kg；

ρ——由校准曲线查得测定试液中元素的浓度，μg/L；

ρ_0——空白溶液中元素的测定浓度，μg/L；

V_0——微波消解后试液的定容体积；

V_1——分取试液的体积，mL；

V_2——分取后测定试液的定容体积，mL；

m——称取样品的质量，g；

f——样品的含水率，%。

8.2 结果表示

当测定结果小于 1 mg/kg 时，小数点后数字最多保留至 3 位；当测定结果大于 1 mg/kg 时，保留 3 位有效数字。

9 正确度和精密度

对不同浓度的土壤和沉积物样品进行测定，正确度在保证值范围，相对标准偏差为 2.7%～6.4%。选择实际样品做方法比对实验，本方法与国家标准方法（HJ 680—2013）比对结果相对偏差为 1.3%～4.0%，均在较低水平，两种方法无显著性差异。

10 质量控制和质量保证

10.1 空白实验

每批样品至少要带 2 个全程序空白。空白样品需使用和样品完全一致的消解程序，测定结果应低于方法测定下限。

10.2 标准曲线

本标准规定校准曲线的相关系数应≥ 0.995。

10.3 精密度

在每批次（小于 10 个）或每 10 个样品中，应至少做 10% 样品的重复消解。平行样测定结果的相对偏差应≤ 20%。

10.4 正确度

每批次（小于 10 个）或每 10 个样品中，应至少做 10% 土壤和沉积物标准样品，测定结果须在质控保证值范围内。

11 废物处理

实验过程中产生的废液和废物，应置于密闭容器中分类保管，委托有资质的单位进行处理。

12 注意事项

（1）配制汞剧毒物质的标准溶液时，应避免与皮肤直接接触。实验中使用的硝酸具有腐蚀性和强氧化性，操作时应按规定要求佩戴防护用品，相关实验过程须在通风橱中进行操作，避免酸雾吸入呼吸道和接触皮肤或衣物。

（2）分析过程中，样品酸度、标准曲线酸度及全程序空白酸度应保持一致。

（3）实验所有器皿都需要用 10% 硝酸溶液浸泡 24 小时后使用，用去离子水洗净后方可使用。

《土壤和沉积物　砷、铋、汞、锑和硒的测定　水浴消解／原子荧光分光光度法》方法研究报告

1　方法研究的必要性

1.1　目标元素的理化性质和环境危害

砷，化学符号是 As，原子序号 33，相对原子质量 74.92，密度 5.727 g/cm³，熔点 817 ℃（28 大气压），加热到 613 ℃直接升华成为蒸气，砷蒸气具有一股难闻的大蒜臭味。砷属于类金属，主要以硫化物的形式存在，有 3 种同素异形体：黄砷、黑砷、灰砷。此元素剧毒，且无臭无味。砷可与 O_2、S、X_2 等直接化合成三价化合物，和 F_2 反应有五价化合物生成，其三价砷化合物比五价砷化合物毒性强。砷在地壳中的平均含量，一般为 $1.7 \times 10^{-4}\%$～$5 \times 10^{-4}\%$。通常以硫砷矿（AsS）、雌黄（As_2S_3）、雄黄（As_4S_4）、砷硫铁矿（FeAsS）存在或者伴生于 Cu、Pb、Zn 等硫化物。砷随岩石的风化，砷矿与有色金属矿的开采和冶炼，还有煤炭燃烧而被带入空气、土壤和水环境中，是重要的环境污染物之一，是我国实施排放总量控制的指标之一。它是一种具有较强毒性和致癌作用的元素，可引起皮肤癌、膀胱、肝脏、肾、肺和前列腺及冠状动脉等疾病。国际癌症研究机构（IARC）确认砷化物是人类致癌物和神经毒物。

　　铋，化学符号是 Bi，原子序数 83，相对原子质量 208.98，密度 9.8 g/cm³，熔点 271.3 ℃，沸点 1 560 ± 5 ℃。铋为灰白色并带有粉红色的脆性金属，质脆易粉碎，化学性质较稳定。以前铋被认为是相对原子质量最大的稳定元素，但在 2003 年，发现了铋有极其微弱的放射性。自然界中以游离金属和矿物两种形式存在，除用于医药行业外，也广泛应用于半导体、超导体、阻燃剂、颜料、化妆品、化学试剂、电子陶瓷等领域，但医疗用量过大或长期饮用铋剂均可引起中毒。铋属微毒类，大多数以化合物特别是盐基性盐类存在，在消化道中难吸收，不溶于水，仅稍溶于组织液，不能经完整皮肤黏膜吸收。铋是人体非必需的有毒元素，主要累积在哺乳动物的肾脏，肝次之，大部分贮存在体内的铋，在数周以至数月内由尿排出，接触高浓度的铋会引起肾脏、肝脏、神经系统和皮肤等部位的损伤。铋是土壤背景调查元素，有实验表明，用含一定浓度铋的废水浇灌作物，会使作物中毒枯死。

　　汞，俗称水银，为银白色液体金属，化学符号是 Hg，原子序数 80，相对原子质量 200.59，密度 13.6 g/cm³，凝固点 −38.8 ℃，沸点 356.7 ℃。汞是唯一在常温下呈液态并易流动的金属，质感犹如果冻。一般汞化合物的化合价是 +1 价、+2 价、+3 价，以 +1 价、+2 价最常见。汞的内聚力很强，在空气中稳定，汞蒸气有剧毒。汞及其化合物都具有强毒、强致癌性，可在人体内蓄积。进入水体的无机汞离子可转变为毒性更大的有机汞，经食物链进入人体，引起全身中毒。因其具有污染持久性、生物富集性和剧毒性等特点，已被国外若干环境机构确认为"环境激素"。当前汞已被各国政府及 UNEP、WHO 及 FAO 等国际组织列为优先控制且最具毒性的环境污染物之一。

　　锑，化学符号是 Sb，原子序数 51，相对原子质量 121.75，密度 6.68 g/cm³，熔点 630.5 ℃，沸点 1 440 ℃。锑是银白色金属，负三价锑的氢化物毒性剧烈，在自然界中不稳定，易氧化分解为金属和水。锑在地壳中的含量为 0.000 1%，主要以单质或辉锑矿、方锑矿的形式存在。世界目前已探明的锑矿储量为 400 多万吨，中国占了一半多。中国锑的储量、产量、出口量均居世界第一位。水中锑的污染主要来自选矿、冶金、电镀、制药、铅字印刷、皮革等行业排放的废水。动物实验表明，老鼠长时间暴露在含高浓度锑的空气中，肺部会产生炎症，进而染上肺癌。锑会刺激人的眼、鼻、喉咙及皮肤，持续接触可破坏心脏及肝脏功能，吸入高含量的锑会导致锑中毒，症状包括呕吐、头痛、呼吸困难，严重者可能死亡。锑被人体吸收后会导致癌症，锑被吸收后可导致脑病，急性有机锑中毒可导致血钾降低。

硒，化学符号是 Se，原子序数 34，相对原子质量 78.96，密度 4.81 g/cm³，熔点 217 ℃，沸点 684.9 ℃。硒在化学元素周期表中位于第四周期 VIA 族，是一种非金属，可以用作光敏材料、电解锰行业催化剂，是动物体必需的营养元素和植物有益的营养元素等。硒与硫共存于金属硫化物的矿床中。水中硒主要是以无机的六价硒、四价硒、负二价硒及某些有机硒的形式存在，在自然界中，一般天然水中硒含量甚微、多数在 1 μg/L 以下，个别水体流经含硒高的地层或受含硒废水的污染，使水中硒含量升高。高硒地区水中硒的含量可高达 100 μg/L 以上。关于不同价态硒的毒性不同，一般认为负二价硒的毒性最大，其次为四价硒，六价硒的毒性略低于四价硒（但也有文献报道六价硒的毒性高于四价硒），元素硒毒性最小。含硒废水主要源于硒矿山开采、冶炼、炼油、精炼铜、制造硫酸及特种玻璃等行业。微量硒是生物体必须的营养元素，但其有用性和致毒性之间界限很窄，过量的硒能引起中毒，使人脱发、脱指甲、四肢发麻甚至偏瘫等病症。

1.2 相关环保标准和环保工作的需要

《土壤环境质量　农用地土壤污染风险管控标准（试行）》（GB 15618—

2018）中风险筛选值和风险管控值涉及砷和汞；《土壤环境质量 建设用
地土壤污染风险管控标准（试行）》（GB 36600—2018）中风险筛选值和风
险管控值涉及砷、汞和锑，具体限值参见表 10-1。砷、铋、汞、锑和硒均
为环境背景调查必测元素。

《土壤和沉积物 汞、砷、硒、铋、锑的测定 微波消解／原子荧光
法》（HJ 680—2013）采用微波消解／原子荧光光谱法测定土壤和沉积物
中汞、砷、硒、锑、铋。目前，水浴消解／原子荧光光谱法尚没有完全用
于测定土壤及沉积物中砷、铋、汞、锑和硒；水浴消解法相较于微波消解
法，具有仪器设备简单、操作简便、无须容器转移等优势。

表 10-1 农用地和建设用地土壤中砷、汞和锑的限值

标准名称	元素	筛选值／（mg/kg）	管控值／（mg/kg）
《土壤环境质量 建设用地土壤污染风险管控标准（试行）》（GB 36600—2018）	砷	第一类 20；第二类 60	第一类 120；第二类 140
	汞	第一类 8；第二类 38	第一类 33；第二类 82
	锑	第一类 20；第二类 180	第一类 40；第二类 360
《土壤环境质量 农用地土壤污染风险管控标准（试行）》（GB 15618—2018）	汞（水田）	pH≤5.5，0.5；5.5＜pH≤6.5，0.5；6.5＜pH≤7.5，0.6；pH＞7.5，1.0	pH≤5.5，2.0；5.5＜pH≤6.5，2.5；6.5＜pH≤7.5，4.0；pH＞7.5，6.0
	汞（其他）	pH≤5.5，1.3；5.5＜pH≤6.5，1.8；6.5＜pH≤7.5，2.4；pH＞7.5，3.4	
	砷（水田）	pH≤5.5，30；5.5＜pH≤6.5，30；6.5＜pH≤7.5，25；pH＞7.5，20	pH≤5.5，200；5.5＜pH≤6.5，150；6.5＜pH≤7.5，120；pH＞7.5，100
	砷（其他）	pH≤5.5，40；5.5＜pH≤6.5，40；6.5＜pH≤7.5，30；pH＞7.5，25	

2 国内外相关分析方法研究

2.1 主要国家、地区及国际组织相关分析方法研究

国际上，关于土壤和沉积物重金属监测方法，大多采用电感耦合等离子体发射光谱法（ICP-OES）、电感耦合等离子体质谱法（ICP-MS）、原子吸收法（AAS）等，原子荧光法（AFS）主要用于测定汞，相关分析方法见表10-2。土壤和沉积物中重金属前处理多采用电热板和微波消解方式。

表 10-2　国外相关标准分析方法

序号	标准号	标准名称	测定元素	检出限	备注
1	CEN/TS 16175：2—2013	《污泥、废物和土壤 汞的测定 第2部分：冷蒸气原子荧光光谱法》	汞	0.003 mg/kg	硝酸/电热板消解或王水消解
2	ISO/TS 16727—2013	《土质 汞的测定 冷蒸气原子荧光光谱法》	汞	0.003 mg/kg	硝酸/电热板消解或王水消解
3	ISO 16772—2004	《土质 汞的测定 王水消解/冷蒸气原子荧光光谱法》	汞	0.1 mg/kg	王水消解
4	EPA 200.8：5.4	《水和废物 痕量元素的测定 电感耦合等离子体质谱法》	汞、砷、硒、铋、锑	—	适用于地下水、地表水、饮用水及污水、底泥和土壤样品中元素总量的测定

2.2 国内相关分析方法研究

我国原子荧光的理论和应用研究始于20世纪70年代，而今原子荧光光谱分析在我国得到普及和推广，已经在卫生防疫、冶金、食品药品、地矿、环保等系统建立了国家标准、行业标准和地方标准。在国际标准中原子荧光法也有一些应用，但相对应用较少。目前，国内实验室使用的原子

荧光光谱仪绝大多数为我国生产的仪器，我国原子荧光光谱法技术明显领先于国外。

目前，国内采用原子荧光法测定土壤、沉积物或固体废物中金属的标准方法，包括国家标准、环保行业标准以及农业行业标准和地矿相关标准等，详细内容见表10-3。大多数标准分析方法针对单元素测定，标准分析方法 HJ 680—2013、HJ 702—2014 实现了砷、铋、汞、锑、硒 5 个元素的测定，采用微波前处理方式，微波消解设备比较昂贵，普及性不强。本方法推荐水浴消解法，具有设备简单且价格便宜、操作过程简便、无须转移容器（降低污染）、普及性更强等优点。

表 10-3　国内相关标准方法

序号	标准号	标准名称	测定元素	备注
1	GB/T 22105.1—2008	《土壤质量　总汞、总砷、总铅的测定　原子荧光法　第1部分：土壤中总汞的测定》	汞	王水（1+1），沸水浴
2	GB/T 22105.2—2008	《土壤质量　总汞、总砷、总铅的测定　原子荧光法　第2部分：土壤中总砷的测定》	砷	王水（1+1），沸水浴
3	HJ 702—2014	《固体废物　汞、砷、硒、铋、锑的测定　微波消解/原子荧光法》	汞、砷、硒、铋、锑	王水，微波
4	HJ 680—2013	《土壤和沉积物　汞、砷、硒、铋、锑的测定　微波消解/原子荧光法》	汞、砷、硒、铋、锑	王水，微波
5	NY/T 1121.11—2006	《土壤检测　第11部分：土壤总砷的测定》	砷	王水（1+1），沸水浴
6	NY/T 1121.10—2006	《土壤检测　第10部分：土壤总汞的测定》	汞	王水（1+1），沸水浴

续表

序号	标准号	标准名称	测定元素	备注
7	NY/T 1104—2006	《土壤中全硒的测定》	硒	硝酸－高氯酸，自动控温消化炉
8	DZ/T 0279.13—2016	《区域地球化学样品分析方法 第13部分：砷、锑和铋量测定 氢化物发生原子荧光光谱法》	砷、锑、铋	王水分解，适用于区域地球化学样品中水系沉积物和土壤样品
9	DZ/T 0279.14—2016	《区域地球化学样品分析方法 第14部分：硒量测定 氢化物发生原子荧光光谱法》	硒	硝酸－高氯酸分解，适用于区域地球化学样品中水系沉积物和土壤样品

3 方法研究报告

3.1 研究缘由

国产原子荧光光谱仪（AFS）具有成本低、灵敏度高等特点，被广泛运用于地质、药品、生物、空气、水质、金属、固体废物等样品中元素总量及形态分析。

（1）王水水浴消解/AFS 是否适用于测定土壤及沉积物中 As、Bi、Hg、Sb 和 Se？

AFS 测定土壤和沉积物中砷、铋、汞、锑和硒的标准分析方法有6项：NY/T 1104—2006 采用硝酸－高氯酸过夜/消化炉处理土壤中全硒，GB/T 22105—2008 选取（1+1）王水/水浴锅提取土壤样品中总汞、总砷和总铅，HJ 680—2013 采用王水/微波消解土壤和沉积物中汞、砷、硒、铋和锑，DZ/T 0279.13—2016 选用王水/电热板分解地球化学样品中砷、锑和铋，DZ/T 0279.14—2016 使用硝酸－高氯酸/电热板法消化地球化学样品中硒，DZ/T 0279.17—2016 运用王水/电热板法分解地球化学样品中

汞；它们为农业、环境保护、国土等系统的土壤检测提供了有力的技术支
撑，推动了 AFS 技术的发展和应用。现有标准分析方法在实际工作中尚有
不足，NY/T 1104、DZ/T 0279.14、DZ/T 0279.17 仅适合一种元素；HJ 680
适合多元素一次消解，然而微波设备价格较贵、样品处理需要转移，不适
合大批量样品制备处理；GB/T 22105 水浴锅设备价格低、操作简单，适宜
大批量样品制备处理，但是砷、汞的消解方法不同，汞用重铬酸钾作保护
剂，对实验人员损害大，对环境不友好，其六价铬浓度是一类污染物限值
的近百倍；DZ/T 0279.13、DZ/T 0279.14、HJ 680 消耗盐酸量大。王水水
浴消解 /AFS 实现了土壤中 Hg、As、Pb 的测定，该方法能否推广到土壤
中 Bi、Sb 和 Se 及沉积物中 Hg、As 测试？从而实现一次消解土壤及沉积
物样品，适合 AFS 测定 As、Bi、Hg、Sb 和 Se，大大减少样品制备处理
的烦琐及酸试剂消耗。

（2）AFS 测定土壤及沉积物中 Se 存在的干扰及消除？

AFS 测定 Se 存在的主要化学干扰为 Cu、Co 等过渡金属元素，Ag、
Au、Pt 等贵金属元素以及与 As、Bi 等能形成氢化物的元素，此类元素的
共同特点是还原电势在 H^+/H_2 以下或 H^+/H_2 和 Se^{4+}/Se^0 之间。GBW 系列
35 个土壤标准物质、40 个水系沉积物标准物质中 Ag 含量最高值 / 中位数
分别为 4.4/0.078 mg/kg、3.2/0.097 mg/kg，Cu 含量中位数 / 最高值分别为
26/390 mg/kg、27/1230 mg/kg，几乎不含 Au、Pt，因此土壤和水系沉积物
中的贵金属元素对 AFS 测定 Se 的干扰可忽略；还原剂（硼氢化钠）溶液
浓度为 1.0%～3.0% 时 Se 的荧光强度稳定，充足的还原剂使得 As、Bi 竞
争造成的液相干扰可能是非常次要的原因。鉴于土壤和水系沉积物标准
物质及实际样品中 Cu 普遍存在且含量较高，需重点关注 Cu 对 AFS 测定
土壤和水系沉积物中 Se 的干扰。硒空心阴极灯（以下简称硒灯）的阴极
材质为 Se、Pb 合金，对无色散系统的 AFS 也存在光谱干扰，但尚未引起

关注。

（3）AFS 测定土壤及沉积物中 Bi、Hg、Sb 和 Se 是否需要加入硫脲－抗坏血酸溶液？

AFS 测定砷和锑时需使用硫脲－抗坏血酸溶液，用于掩蔽消除过渡元素离子干扰，同时把 +5 价砷和锑还原为 +3 价，以提高后续氢化反应速率。对于 AFS 测定铋、汞和硒，是否使用硫脲－抗坏血酸溶液尚有很大争议。在 AFS 相关标准分析方法中，HJ 680、DZ/T 0279.13 采用硫脲－抗坏血酸溶液还原铋，GB/T 22105、HJ 680、DZ/T 0279.17 测定土壤和沉积物中汞时没有使用硫脲－抗坏血酸溶液，HJ 680 标准文本没有使用但编制说明提及 "硒（Ⅵ）完全不与硼氢化钾反应，会导致测定结果偏低。解决途径：将消解好的样品用 10%～20% 盐酸或 5% 硫脲 +5% 抗血酸混合液将硒（Ⅵ）还原成硒（Ⅳ）"。对于铋，吴峥、贺攀红、李波等实验认为应使用硫脲－抗坏血酸溶液，而曹静、辛文彩等认为无须使用；对于汞，贺攀红、李波、李自强等认为应使用硫脲－抗坏血酸溶液还原汞，辛文彩、钱微等没有添加该预还原剂；对于硒，李湘、张立新等采用硫脲－抗坏血酸溶液消除干扰，辛文彩、钱微等没有使用，赵宗生实验表明，硫脲－抗坏血酸影响 AFS 测定硒的结果。

3.2 研究目标

3.2.1 王水水浴消解 /AFS 测定土壤及沉积物中砷、硒、锑、汞和铋的适用性

以 GB/T 22105—2008 水浴消解法和辛文彩、赵宗生等的研究成果为基础，摸索土壤和水系沉积物中砷、铋、汞、锑和硒的一次水浴消解方法，实验该方法的检出限、精密度及正确度等技术指标，同时探讨该方法在自然资源、生态环境等相关检测行业中的适用性。

3.2.2 AFS 测定样品 Se 干扰及解决途径

目前，降低 Cu 对 AFS 测定 Se 干扰的主要途径有两种：一种是采用阳离子柱（如 OnGuard Ⅱ M 柱）交换吸附消解液中的干扰离子，此途径增加了分析流程，测试成本高且不易监控柱子的饱和状态。另一种是加入 Fe^{3+} 提高氧化电位避免干扰元素单质的生成。相关研究表明，DZ/T 0279.14—2016 中铁盐去除干扰条件苛刻且抑制干扰能力有限。硒灯的阴极材质为 Se、Pb 合金，Pb 也能发生氢化反应生成 PbH_4，土壤及沉积物特别是矿区、冶炼区土壤中干扰物 Pb 含量较高，需采取适当措施降低干扰。讨论 AFS 测定 Se 存在的干扰及对测试结果的影响，以含不同浓度盐酸的上机液为对象，研究盐酸对 AFS 测定 Se 的干扰消除效果。

3.2.3 硫脲－抗坏血酸对 AFS 测定样品硒、汞和铋的影响

样品经王水水浴消解后，以 As 和 Sb 上机液中硫脲－抗坏血酸溶液浓度和不加硫脲－抗坏血酸溶液为对象，实验 AFS 测定样品中 Se、Hg 和 Bi 的情况，通过惰性电子对效应、氧化／还原标准电位等理论对实验结果进行了解释。

3.3 实验部分

3.3.1 仪器设备

AFS9320（北京吉天仪器），空心阴极灯（北京有色金属研究总院）；恒温数显水浴锅 HH-DZ-40（常州未来仪器），万分之一分析天平 MSE125P-100-DU（德国赛多利斯）等。

3.3.2 主要试剂

（1）样品制备试剂

①盐酸及硝酸：含量分别为 37% 及 65%，德国默克分析纯级试剂。②消解液：（1+1）王水溶液。③硫脲－抗坏血酸溶液：质量浓度均为 5.0%；硫脲和抗坏血酸为西陇科学分析纯试剂。

（2）标准使用液

①砷：介质为（1+19）王水溶液和2.5%硫脲和抗坏血酸溶液，浓度为40.00 μg/L；母液浓度为10 mg/L（5183—4688，美国安捷伦）。②铋：介质为（1+19）王水溶液，浓度为10.00 μg/L；母液浓度为100 μg/mL［GBW（E）082137，中国计量科学研究院］。③汞：介质为（1+9）王水溶液，浓度为1.00 μg/L；母液浓度为10 mg/L（8500—6940，美国安捷伦）。④锑：介质为（1+19）王水和2.5%硫脲和抗坏血酸溶液，浓度为10.00 μg/L；母液浓度为10 mg/L（5183—4688，美国安捷伦）。⑤硒：介质为（1+9）王水溶液，浓度为5.000 μg/L；母液浓度为10 mg/L（5183—4688，美国安捷伦）。

（3）仪器所用试剂

①硼氢化钾溶液：介质为0.50%的氢氧化钾溶液，质量浓度为1.0%；氢氧化钾、硼氢化钾分别为国药集团优级纯试剂、西陇科学分析纯试剂。②载流溶液：（1+19）王水溶液。

注意事项：载流溶液的酸度、标准溶液的酸度、上机溶液的酸度最好保持一致。硼氢化钾溶液需要用碱性溶液介质，最好临用现配，其浓度过高会导致过渡元素 Cu、Co、Ni 干扰。硼氢化钾溶液作用：一是作为还原剂，为元素发生蒸汽反应提供自由基氢，并促使氢化物的原子化——如果硼氢化钾溶液浓度低，反应可能不完全；二是与酸反应生成氢气，在石英炉原子化器出口形成 Ar-H$_2$ 火焰，提供原子化阶段的能量——硼氢化钾溶液还原剂浓度高产生大量氢气，形成很大火焰，稀释了原子化区基态原子浓度，反而使灵敏度降低。

（4）土壤和水系沉积物标准物质

①消解时间实验标准物质：国家标准物质 GBW 07430（GSS-16 珠江三角洲土壤）、GBW 07457（GSS-28 益阳市湘江沉积物）。

②方法适用性实验标准物质：结合土壤和水系沉积物标准物质的类型和来源、主成分及待测物含量，筛选 GBW 07406（GSS-6）、GBW 07430（GSS-16）、GBW 07453（GSS-24）、GBW 07456（GSS-27）和 GBW 07307a

（GSD-7a）、GBW 07311（GSD-11）、GBW 07312（GSD-12）、GBW
07362（GSD-19）等 8 个国家标准物质。其中，GSD-1、GSS-2、GSS-
24、GSS-27、GSD-7a 和 GSD-11、GSD-12 分别代表低、中、高含量的砷
标准物质；GSD-19、GSS-2 和 GSS-11 分别代表低、中和高含量的铋标准
物质；GSS-2、GSD-19、GSD-11、GSD-12 和 GSS-16、GSD-7a 分别代
表低、中、高含量的汞标准物质；GSD-19、GSS-24、GSS-27 和 GSD-12
分别代表低、中、高含量的锑标准物质；GSS-24、GSD-11 和 GSS-16 分
别代表中、高含量的硒标准物质；GSS-2、GSD-11、GSD-12、GSS-16、
GSS-27、GSD-7a、GSD-19 分别代表土壤和水系沉积物中二氧化硅、三
氧化二铝及有机质含量高的标准物质。它们源于内蒙古、辽宁、青海、江
苏、湖南、广东等省份，既包括典型的土壤和水系沉积物样品，又包括
Cu、Ni、Pb、Zn 等金属矿区样品。

③硒干扰实验标准物质：GBW 07453（Ag、Bi、Cu 和 Pb 含量分别
为 0.092 ± 0.013 mg/kg、0.98 ± 0.03 mg/kg、28 ± 1 mg/kg 和 40 ± 2 mg/kg），
GBW 07311（Ag、Bi、Cu 和 Pb 含量分别为 3.2 ± 0.4 mg/kg、50 ± 4 mg/kg、
79 ± 3 mg/kg 和 636 ± 22 mg/kg），GBW 07312（Ag、Bi、Cu 和 Pb 含量分别
为 1.15 ± 0.11 mg/kg、10.9 ± 0.9 mg/kg、1 230 ± 33 mg/kg 和 285 ± 11 mg/kg）。
本实验所选用的土壤和水系沉积物标准物质中，Bi、Cu 和 Pb 含量中位
数／最高值分别为 0.548/50 mg/kg、26.6/1 230 mg/kg 和 29.5/636 mg/kg。
其中 GBW 07453、GBW 07311、GBW 07312 分别代表干扰物含量中位数
水平、Bi 和 Pb 干扰物含量最高、Cu 干扰物含量最高。

④硫脲－抗坏血酸溶液对铋、汞和硒测定结果影响实验标准物质：随
机选择 GBW 07408（GSS-8）、GBW 07430（GSS-16）、GBW 07386（GSS-
30）、GBW 07383（GSS-32）和 GBW 07311（GSD-11）、GBW 07312
（GSD-12）、GBW 07380（GSD-29）、GBW 07383（GSD-32）等 8 个国家

标准物质。

注：实验涉及的沉积物是指水系沉积物，不包括海洋沉积物。

3.3.3　样品测试

（1）样品消解

称取过 0.149 mm 尼龙筛的混匀样品 0.20 g（记录精确至 0.1mg）于干燥、具塞的 50.0 mL 比色管底部，沿管壁加入新配制的（1+1）王水溶液 10.0 mL，充分轻摇后盖塞、放置水浴锅。待水沸后计时 180 min，每间隔 30 min 摇匀消解液一次；样品消解完成后，自然冷却、超纯水定容。同时做实验空白。

注意事项：水浴锅内加纯水为好，避免结垢影响传热；并且在消解前要加充足水，保持消解过程水面高于消解液，不要二次加水，更不要蒸干。

建议：样品从室温加热，减少比色管哺盖；摇匀消解液时，戴上里为棉线、外为橡胶的手套，以免烫伤。

（2）试样制备

a.消解时间实验。将样品消解的沸水浴时间由 180 min 调整为 120 min（GB/T 22105—2008 规定时间）、150 min 等两个消解时间，试样制备同方法适用性实验［3.3.3（2）b］。

b.方法适用性实验。①砷和锑：移取 5.0 mL 上清液于进样小管，加入 5.0 mL 硫脲-抗坏血酸溶液，摇匀，放置 30 min；若实验室温度低于 20 ℃，置于 25～30 ℃水浴锅加速反应 30 min、凉至室温后上机分析。上清液通过离心、过滤或充分放置定容液获得。②铋和汞：直接取上清液于进样小管上机测试，建议汞采用玻璃材质。③硒：受铅、铜污染样品如矿区、冶炼区土壤，移取 4.0 mL 上清液于进样小管，加入 1.0 mL 浓盐酸，摇匀，上机。若铜、铅含量小于 30 mg/kg，直接取上清液上机分析。

c.消除硒干扰效果实验。①上清液上机测试。②移取 5.0 mL 上清液于进样小管，加入 1.0 mL 浓盐酸，摇匀，上机测试。③移取 5.0 mL 上清液于进样小管，加入浓盐酸、氯化铁溶液各 1.0 mL，摇匀直接上机测试；移取 5.0 mL 上清液于进样小管，加入 1.0 mL 氯化铁溶液，摇匀直接上机测试。

d. 硫脲－抗坏血酸溶液对铋、汞和硒测定结果影响的实验。移取 5.0 mL 上清液于进样小管，加入 5.0 mL 硫脲－抗坏血酸溶液，摇匀，放置 30 min 后上机测定铋、汞和硒；对照实验同方法适用性实验［3.3.3（2）b］。

（3）样品测试

AFS 仪器参数见表 10-4，仪器充分预热（在灯电流 30 mA 下，汞空心阴极灯预热至荧光信号稳定）后，依次建立标准曲线、测试实验空白及试样。

表 10-4　AFS 工作参数

元素	灯道	灯电流	负高压	原子化高度	载气／屏蔽气流量	延迟／积分时间	积分方式
As	—*	60 mA	270 V	8.0 mm	400/800 mL/min	0.5/8.0 sec	峰面积
Bi	A道	60 mA	270 V	8.0 mm	300/800 mL/min	0.5/8.0 sec	峰面积
Hg	—	20 mA	270 V	10.0 mm	400/800 mL/min	0.5/8.0 sec	峰面积
Sb	A道	80 mA	280 V	8.0 mm	400/800 mL/min	0.5/8.0 sec	峰面积
Se	A道	80 mA	280 V	8.0 mm	300/800 mL/min	0.5/8.0 sec	峰面积

注：* 表示对待测元素测试通道不作要求，样品中 Bi、Sb、Se 含量较低，建议使用光程短的通道以提高灵敏度。

随着负高压和灯电流的增加，荧光强度也会随之大幅增加，仪器的噪声也会随之提高；负高压较大时精密度相对较差，并产生暗电流导致光电倍增管使用寿命缩短，激发光源过强也影响空心阴极灯的寿命。原子化器高度是指原子化器的顶部与光电倍增管中心距离，原子化器高度较低氢化物质量浓度增加，同时石英炉炉口与发射光束距离较短会引起光的反射导致较高的基线；高度增加，火焰不稳定，精密性较差。载气流量和屏蔽气流量将影响仪器的灵敏度和数据的正确度及精密性——载气流量和屏蔽气流量过大，将稀释氢化物质量浓度从而使仪器的测定灵敏度下降；载气流量过小，难以将反应物有效载入原子化炉而使结果偏低，屏蔽气流量过小可能产生荧光猝灭。

　　无荧光信号原因查找：采样管是否移入待测样品溶液位置，进样针是否能够吸入待测样品溶液，空心阴极灯是否开启、炉丝是否亮、氩气是否充足、气液分离器水封是否无水。灵敏度偏低（标准曲线斜率小）：是否能够足够吸入待测样品溶液，气路是否漏气、蠕动泵泵管是否卡合适（硅油）、还原剂浓度是否失效、标准溶液过期、空心阴极灯质量（关闭电源情况下更换 HCL 或调整位置，切勿手指接触石英窗口）、管路及原子化系统是否清洁（尽量让原子化器不积盐）、仪器参数是否合适、实验室温湿度。背景信号高：试剂质量、管路及器皿是否污染。

注意事项：通过合适浓度的标准溶液或待测溶液的原子化峰型判断故障。

　　正常峰型如图 10-1-a 所示，峰型正态、光滑、尖锐、完整，读数时间或积分时间可以减少以提升测试效率。

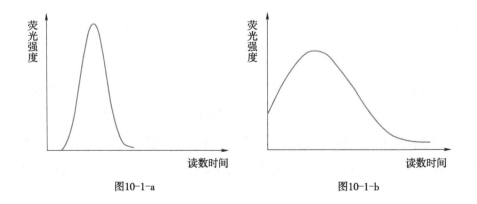

图10-1-a　　　　　　　　　　　　　　图10-1-b

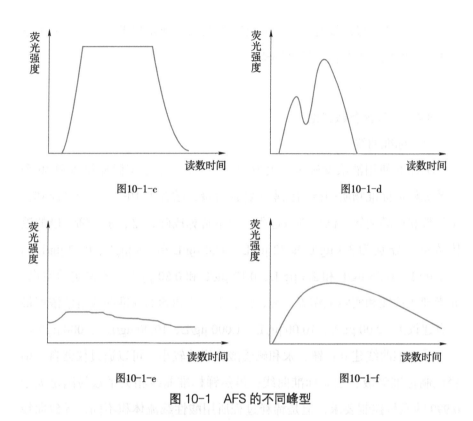

图 10-1　AFS 的不同峰型

　　如出现图 10-1-b 所示峰型（部分峰），左侧峰不完整则意味着延迟时间太长，右侧峰不完整则表明读数时间（积分时间或原子化时间）太短。如出现图 10-1-c 所示梯形峰型，则说明待测溶液浓度太高。如出现图 10-1-d 所示双峰及多峰型，则说明待测溶液不洁净有微粒，应确保待测溶液、硼氢化钾溶液等澄清透明，无悬浮物、微粒；通过实验用水冲洗进样针、进样管路、硼氢化钾溶液管路、二级气液分离器至原子化器管路、混合器、原子化器等，确保管路、器件洁净，此有利于大大提高仪器的灵敏度。如出现图 10-1-e 所示锯齿型峰，可能是没有进样或还原剂，二级气液分离器没有水封、氩气压力不足、泵管调的松紧不合适，对于汞也可能是空心阴极灯没有点火。如出现图 10-1-f 所示扁平型峰，则说明原子化温度偏低，需要仪器厂家调整。

3.4 结果讨论

3.4.1 仪器参数讨论

（1）标准曲线

①标准使用液浓度确定：表 10-5 为 35 个土壤国家标准物质和 40 个水系沉积物标准物质中待测元素的特征含量，结合表 10-2 中元素最小值、中位数和样品消解、试样制备过程，含量折算成砷、铋、汞、锑、硒的液体浓度，分别为 3.4 μg/L 和 32 μg/L、0.24 μg/L 和 2.8 μg/L、0.02 μg/L 和 0.21 μg/L、0.26 μg/L 和 2.3 μg/L、0.12 μg/L 和 0.80 μg/L。考虑实验空白、元素理化特性和实际工作等，砷、铋、汞、锑和硒的标准曲线溶液浓度最高点建议为 40.00 μg/L、10.00 μg/L、1.000 μg/L、10.00 μg/L、5.000 μg/L。

②标准曲线建立：铋、汞和硒受酸度影响较小，可以通过仪器自动稀释配制标准溶液、建立标准曲线；虽然锑标准曲线相关系数易满足大于 0.999 的质量控制要求，但是稀释过程所用酸性载流体积不同，导致曲线截距为负且绝对值相比斜率较大，致使低含量样品测定结果偏低，因此需实验人员配制锑各标准曲线溶液。砷的荧光强度受载流酸度影响较小且样品中含量较高，可选择仪器自动建立标准曲线。

③溶液介质要求：标准曲线溶液与样品溶液、预还原剂浓度等应尽可能一致，以减少氧化还原反应条件不一带来的差异；如果汞标准曲线溶液使用重铬酸钾溶液保存，而试样制备过程没有添加，测定结果会明显偏高。测定样品特别是大批量样品过程中，应保证载流酸度、硼氢化钾浓度与建立标准曲线时相同，避免引起操作误差。

表 10-5　75 个土壤及水系沉积物标准物质中待测元素含量特征值

单位：mg/kg

元素	土壤标准物质			水系沉积物标准物质		
	最小值	中位值	最大值	最小值	中位值	最大值
As	4.4	11.8	412	1.7	15.75	304
Bi	0.15	0.34	49	0.06	1.4	50
Hg	0.007	0.052	0.59	0.004 7	0.046 5	1.68
Sb	0.42	1.05	60	0.13	1.18	25
Se	0.084	0.2	1.6	0.038	0.2	8.75

（2）参数优化

《水质　汞、砷、硒、铋和锑的测定　原子荧光法》（HJ 694—2014）规定，砷、铋、汞、锑和硒的测定下限分别为 1.2 μg/L、0.8 μg/L、0.16 μg/L、0.8 μg/L 和 1.6 μg/L，可见汞的灵敏度远高于砷、铋、锑、硒；土壤和水系沉积物中砷的含量可以满足 AFS 测定要求，铋、汞和锑的最小值含量对应的液体浓度略低于测定下限，而硒的最小值含量 0.038 mg/kg 对应的液体浓度 0.12 μg/L 明显低于 HJ 694—2014 的测定下限 1.6 μg/L 甚至低于检出限 0.4 μg/L。因此，需通过优化样品制备流程、AFS 参数等降低铋、汞和锑特别是硒的检出限。①样品处理方面：减少转移流程、缩小定容体积，以增加低含量样品的上机溶液浓度；但赵宗生、张锦茂等的实验表明，增加样品称样量会增加 AFS 测定硒的干扰。②仪器参数条件优化方面：增加灯电流、提高检测器负高压、缩短光程（A 道光程通常短）、减少载气流速、增加屏蔽气流量等参数提高仪器灵敏度。如载气流量／屏蔽气流量分别为 300/600 mL/min、300/800 mL/min、400/800 mL/min 时，1.00 μg/L 硒标准溶液荧光强度分别为 147、156、130；其原因是提高屏蔽气流量能减少荧光猝灭，适当降低载气流量可使氢化物充分原子化。③其他方面：应减少微粒对 AFS 测定的影响，还原剂溶液、样品溶液应通过超声、离心等方式保持澄清；仪器进样、载流和还原剂管路及三通阀、原子化器应及时维护保持清洁，避免微粒吸附、撞击、包裹氢化物和原子蒸气，减少气相、液相干扰。优化措施能大大提高仪器的灵敏度，如锑、硒的标准曲线斜率由仪器默认条件的 64、66 升至 120、286，同浓度不同条件下荧光信号值提高了数倍；同时，不能过度追求提高灵敏度，荧光信号值高于 3 000 会出现光谱平峰，导致测定结果比真实值偏低。因此，需结合仪器和样品实际，选择 AFS 参数。

3.4.2 方法适用性分析

（1）样品消解时间优化

该实验样品取样量和（1+1）王水消解液使用量分别是 0.2 g 和 10 mL，与国家标准分析方法 GB/T 22105—2008 测定汞和砷一致。沸水浴时间对测定结果的影响见表 10-6，无论消解 120 min 还是 150 min，AFS 测定结果基本能落入标样值范围，回收率为 80%～110%，初步说明沸水浴消解方法不仅能满足 GB/T 22105—2008 测定土壤中砷和汞，也对土壤中铋、锑和硒以及水系沉积物中砷、铋、汞、锑和硒等 5 种元素有一定的适用性；同时，有效避免了标准分析方法在样品消解后加重铬酸钾溶液保护汞而污染环境，实现了 AFS 测定土壤和水系沉积物中多元素的一次消解。同时，沸水浴消解 150 min 测定样品中锑的结果比 120 min 更接近质控范围，回收率由 80% 升至 90%，提高了近 10%；两个沸水浴消解时间对砷、铋、汞和硒等 4 种元素的测定结果没有显著差异；王水之所以高效提取样品中待测元素，其原因是酸能够溶解样品中金属及其氧化物、碳酸盐、氢氧化物，盐酸氯离子强络合汞、铋和锑等金属离子和置换砷、硒等非金属离子，王水强氧化样品中有机质和溶解硫化汞等。为兼顾锑的分析、样品粒径及复杂土壤和水系沉积物，沸水浴消解时间设定为 180 min。

表10-6　水浴消解时间对测定结果的影响

标准物质	消解时间	技术指标	As	Bi	Hg	Sb	Se
GSS-16	—	标样值（mg/kg）	18 ± 2	1.44 ± 0.11	0.46 ± 0.05	1.7 ± 0.2	0.51 ± 0.05
	120 min	测定结果（mg/kg）/回收率	18.2/101%	1.59/110%	0.474/103%	1.41/82.9%	0.477/93.5%
	150 min	测定结果（mg/kg）/回收率	17.8/98.9%	1.64/114%	0.483/105%	1.52/89.4%	0.464/91.0%
GSS-28	—	标样值（mg/kg）	28.5 ± 2.0	1.53 ± 0.08	0.143 ± 0.013	3.6 ± 0.2	0.44 ± 0.05
	120 min	测定结果（mg/kg）/回收率	26.7/93.7%	1.46/95.4%	0.139/97.2%	2.93/81.4%	0.459/104%
	150 min	测定结果（mg/kg）/回收率	27.1/95.1%	1.54/101%	0.132/92.3%	3.27/90.8%	0.434/98.6%

注：回收率为测定结果与标准物质认定值之比的百分数。

（2）方法适用性

①检出限：通过7份实验空白的测定和计算见表10-7，水浴消解／原子荧光光谱法测定土壤和水系沉积物中砷、铋、汞、锑和硒的检出限分别为0.1 mg/kg、0.02 mg/kg、0.002 mg/kg、0.03 mg/kg和0.008 mg/kg，满足所有标准物质中5种元素低含量的测定；与现有标准方法的检出限相比，该方法铋、汞、锑和硒等4种元素的检出限较低，其原因是水浴消解操作简单、转移环节少；砷的检出限较高，与酸试剂背景含量较大有关。

表10-7　检出限实验结果　　　　　　　　　　单位：mg/kg

元素	1	2	3	4	5	6	7	检出限
As	0.082	0.053	0.038	0.047	0.117	0.032	0.055	0.1
Bi	0.003	0.006	0.002	0.004	0.011	0.018	0.011	0.02
Hg	0.007	0.006	0.007	0.006	0.007	0.007	0.007	0.002

续表

元素	1	2	3	4	5	6	7	检出限
Sb	0.005	0.013	0.003	0.004	0.015	0.01	0.026	0.03
Se	0.007	0.008	0.006	0.009	0.006	0.011	0.004	0.008

②精密度：标准物质测定结果见表 10-8，砷、铋、汞、锑和硒的相对标准偏差分别为 2.5%～7.7%、0.4%～4.1%、2.2%～14.3%、2.5%～7.5% 和 2.4～7.1%，大部分相对标准偏差小于 5%，该方法之所以具有良好的精密度，是因为水浴消解简单、仪器灵敏度高。对于测定低含量样品如 GSD-19 中汞需适当增加取样量以提高精密度，此外高含量样品如 GSS-2 中砷、铋和锑因增加稀释环节，测定结果精密度反而较差。该方法精密度均满足《土壤环境监测技术规范》（HJ/T 166—2004）以及《多目标区域地球化学调查规范（1∶250 000）》（DZ/T 0258—2014）的最严要求"检测项目含量介于检出限三倍以上与 1% 之间，精密度不大于 15%" 的质量控制要求。

③正确度：由表 10-8 可知，该方法分析砷、铋、汞、锑和硒的对数误差（$\overline{\Delta \lg C(\text{GBW})}$）最大值分别为 0.048、0.050、0.109、0.030 和 0.077，除 GSD-19 汞因参考值和精密度差致使 $\overline{\Delta \lg C(\text{GBW})}$ 结果 0.109 略大于准确度要求 0.10 外，所有砷、铋、锑和硒以及其他 7 个标准物质中汞的测定结果均满足 DZ/T 0258—2014 的准确度要求；砷、铋、汞、锑和硒测定结果的平均相对误差分别为 -10.5%～5.0%、-10.9%～10.9%、-8.9%～28.6%、-6.7%～-1.9% 和 -16.3～9.5%，虽然部分测定结果如 GSS-2 中砷、GSS-16 中锑、GSS-24 中铋及 GSD-19 中硒不在标样值范围，但是包括 GSD-19 中汞在内的所有测定结果均满足 HJ/T 166—2004 室内分析相对误差要求；此外，该方法锑的测定结果皆呈现负平均相对误差，与其同主族的砷、铋没有此现象，需要进一步剖析原因并解决。

表10-8　标准物质中砷、铋、汞、锑和硒测定结果

单位：mg/kg

标准物质		GSS-2	GSS-16	GSS-24	GSS-27	GSD-7a	GSD-11	GSD-12	GSD-19
As	标样值	220±14	18±2	15.8±0.9	13.3±1.1	11.3±1.0	188±13	115±6	3.0±0.4
	6次测试均值	197	18.9	15.8	13.9	11.8	171	104	2.79
	相对标准偏差	4.2%	3.9%	3.1%	7.7%	2.5%	3.9%	2.5%	3.7%
	相对误差	-10.5%	5.0%	0	4.5%	4.5%	-9.0%	-9.6%	-7.0%
	$\overline{\Delta \lg C}$(GBW)	0.048	0.021	0	0.019	0.019	0.041	0.044	0.032
Bi	标样值	49±5	1.44±0.11	0.98±0.03	0.79±0.02	0.18±0.05	50±4	10.9±0.9	0.22±0.01
	6次测试均值	54.3	1.56	1.07	0.866	0.179	51.6	11.6	0.196
	相对标准偏差	3.4%	1.2%	1.7%	1.4%	2.9%	0.4%	4.1%	5.7%
	相对误差	10.9%	8.3%	9.2%	9.6%	-0.4%	3.3%	6.4%	-10.9%
	$\overline{\Delta \lg C}$(GBW)	0.045	0.035	0.038	0.040	0.002	0.014	0.027	0.050
Hg	标样值	0.072±0.007	0.46±0.05	0.075±0.007	0.116±0.012	1.68±0.27	0.072±0.009	0.056±0.006	0.014*
	6次测试均值	0.078	0.462	0.075	0.128	1.59	0.075	0.051	0.018

续表

标准物质		GSS-2	GSS-16	GSS-24	GSS-27	GSD-7a	GSD-11	GSD-12	GSD-19
Hg	相对标准偏差	7.3%	2.5%	2.9%	3.9%	2.2%	2.9%	3.7%	14.3%
	相对误差	8.3%	0.4%	0	10.3%	-5.4%	4.2%	-8.9%	28.6%
	$\overline{\Delta \lg C(\text{GBW})}$	0.035	0.002	0	0.043	0.024	0.018	0.041	0.109
	标样值	60±7	1.7±0.2	1.05±0.05	1.21±0.04	2.1±0.2	14.9±1.2	24±3	0.15±0.04
	6次测试均值	58.4	1.59	1.03	1.17	1.97	13.9	23.4	0.144
Sb	相对标准偏差	5.4%	4.4%	3.4%	4.4%	7.5%	2.9%	3.8%	2.5%
	相对误差	-2.7%	-6.5%	-1.9%	-3.4%	-6.2%	-6.7%	-2.5%	-4.0%
	$\overline{\Delta \lg C(\text{GBW})}$	0.012	0.029	0.008	0.015	0.028	0.030	0.011	0.018
	标样值	1.34±0.17	0.51±0.05	0.20±0.03	0.29±0.04	0.26*	0.20±0.05	0.25±0.03	0.24±0.02
	6次测试均值	1.44	0.477	0.174	0.285	0.251	0.219	0.241	0.201
Se	相对标准偏差	4.3%	2.4%	6.4%	6.6%	4.9%	7.1%	4.8%	3.8%
	相对误差	7.5%	-6.5%	-13.0%	-1.7%	-3.5%	9.5%	-3.6%	-16.3%
	$\overline{\Delta \lg C(\text{GBW})}$	0.031	0.029	0.060	0.008	0.015	0.039	0.016	0.077

注：＊为标准物质的参考值；下表同。

$\overline{\Delta \lg C(\text{GBW})}$为对数误差。

3.4.3 AFS 测定样品硒的干扰来源及消除分析

（1）干扰来源

根据干扰产生的原因和来源，本文将 AFS 测定 Se 的干扰分为两类：
一类是 Cu 的干扰：硼氢化钾在酸性条件下产生大量活性基态氢，还原
Cu^{2+} 为 Cu^0 单质；单质微粒以碰撞、吸附、包裹等形式与寿命极短的目
标氢化物发生气固相反应，从而减少传输至原子化器目标氢化物，因此
造成测试结果偏低，该负干扰在 AFS 测定 Se、As、Sb 等元素中普遍存
在。另一类是 Pb 的干扰：硒灯阴极材质为 Se、Pb 合金，Pb 在特定条件
也可发生氢化反应，生成 PbH_4 在氩氢火焰中经热分解、氢自由基碰撞形
成基态铅原子，吸收空心阴极灯中经溅射、激发的铅特征谱线跃迁至高能
激发态，在返回至低能级过程中辐射 Pb 的特征荧光谱线 205.3 nm（3.4%，
相对灵敏度）、217.0 nm（100%）、261.4 nm（2.1%）、283.3 nm（42%）、
368.3 nm（0.48%）。Pb 的特征荧光谱线与待测元素 Se 的分析线 196.0 nm
（100%）、204.0 nm（16%）、206.3 nm（3.8%）、207.5 nm（0.83%）的荧光
信号，均进入光电倍增管检测器被转化为电信号输出，因而样品中 Pb 对
Se 形成正干扰。该干扰由硒灯材质、样品基体元素和 AFS 无分光系统共
同造成，具有专一性。

（2）干扰消除

AFS 测定 Se 存在 Pb 的干扰，尚未引起阴极灯制造商、AFS 制造商以
及学者的注意。郭小伟等最先发现 AFS 测定 Se 存在 Cu 干扰并通过 Fe^{3+}
控制；此后一些研究进一步佐证了该干扰，发现 Fe^{3+} 需要与酸度保持合适
比例才能控制干扰。以干扰物含量处于所有标准物质中位数水平的 GBW
07453 和 Pb、Cu 含量最高的标准物质 GBW 07311、GBW 07312 为研究对
象，采用 Fe^{3+}、浓盐酸、Fe^{3+}+浓盐酸、不处理 4 种处理方式验证 Fe^{3+} 的
去除干扰效果和浓盐酸抑制干扰情况，测定结果见表 10-9。

由表10-9可知，对于Cu、Pb含量处于标准物质中位数水平的GBW 07453，各处理方式结果无显著差异且均能满足质控要求；对于Pb、Cu含量分别最高的标准物质GBW 07311、GBW 07312，只有浓盐酸的处理方式均能满足认定值要求，此时盐酸浓度为23%，因此保证样品溶液盐酸浓度不低于23%可以有效抑制Cu、Pb两类干扰对AFS测定Se的影响。①Pb的干扰控制：对于Pb含量最高的标准物质GBW 07311和较高的标准物质GBW 07312，Se含量随上机溶液中酸度的增加而减少，与陈曦等测试BW 07358（Pb含量为210 ± 16 mg/kg）结果现象一致；上机溶液盐酸含量超过23%时，测试结果落在标准物质不确定度范围。初步说明，对Pb含量较高的样品，AFS测定Se的结果随着盐酸体积分数增加而减小，最终能准确分析。该实验规律佐证了戴亚明研究结论，氢化反应溶液酸度pH为8.50时PbH_4产率最高，当pH<2.0时几乎不产生PbH_4，因而可以通过提高上机溶液酸度控制Pb的正干扰。②Cu的干扰控制：对Cu含量最高的标准物质GBW 07312，Se测试结果随上清液、盐酸+铁盐、铁盐3种处理方式中Fe^{3+}含量的增加而增加。AFS测定Se结果与Fe^{3+}含量呈正相关，表明采用高氧化电位的Fe^{3+}竞争硼氢化钾能够减缓Cu^0的生成；值得注意的是，并非Fe^{3+}含量越高测试结果越好，需盐酸、铁盐合适搭配；Fe^{3+}含量高时测试结果明显偏离认定值，其原因可能是Fe^{3+}与酸度比例不合适。同时，经盐酸处理的测试结果比未经处理的上清液略高且与认定值吻合，说明采用盐酸即可有效降低Cu^{2+}的负干扰，其原因可能是Cl^-的络合作用提高了Cu^{2+}氧化电位，实现了Fe^{3+}的部分功能，即牵制了Cu^{2+}还原为Cu^0。

综上所述，增加溶液酸度、Cl^-浓度，可以有效降低AFS测定Se时Pb的正干扰和Cu^{2+}等离子的负干扰；浓盐酸可同时增加酸度和提供Cl^-，盐酸浓度达23%时可以有效控制AFS测定土壤和水系沉积物中Se的干扰。

表 10-9 不同处理方式对样品硒的测定结果影响 单位：mg/kg

样品处理方式	Fe³⁺ 含量	盐酸浓度 / %③	GBW 07453	GBW 07311	GBW 07312
标样认定值	—	—	0.20 ± 0.03	0.20 ± 0.05	0.25 ± 0.03
铁盐	0.83x%+1.17%（1.20%）	6.25	0.179 0.171 0.175	0.502 0.463 0.448	0.324 0.310 0.330
上清液	x%①（0.04%）②	7.50	0.162 0.163 0.172	0.341 0.331 0.340	0.178 0.185 0.176
盐酸＋铁盐	0.86x%+1.00%（1.03%）	19.6	0.170 0.164 0.166	0.328 0.339 0.339	0.288 0.298 0.300
盐酸	0.83x%（0.03%）	22.9	0.165 0.161 0.168	0.230 0.232 0.229	0.245 0.253 0.254

注：①x% 为样品中溶出的 Fe^{3+} 含量；

②括号内取值为所有土壤及水系沉积物中 Fe_2O_3 中位数 5.00% 折算后 Fe^{3+} 含量；

③未考虑消解过程盐酸损失。

3.4.4 硫脲－抗坏血酸对 AFS 测定硒、汞和铋的影响分析

（1）结果分析

经水浴消解的 4 个土壤标准物质、4 个水系沉积物标准物质，分别采用硫脲－抗坏血酸溶液、非硫脲－抗坏血酸溶液处理，铋、汞和硒测试结果见表 10-10 和表 10-11：对于铋，直接取上清液和加入硫脲－抗坏血酸溶液两种处理方式，测定结果的回收率均满足日常分析质量控制要求；对于低含量样品如 GSD-29，加入硫脲－抗坏血酸溶液进一步降低了上机溶液浓度，直接取上清液上机分析相对较好。对于汞，两种处理方式的结论与铋一致，即 AFS 测定土壤和水系沉积物中铋、汞，无须加入硫脲－抗坏血酸溶液；同时，硫脲－抗坏血酸的使用必然稀释试样溶液酸度，其酸

度变化对测定结果的准确度影响也很小。对于硒，硫脲－抗坏血酸溶液会造成 AFS 测定土壤和水系沉积物中硒的结果明显偏低，且回收率差异较大，部分回收率不足 20%。其原因可能是硫脲－抗坏血酸溶液和亚硒酸（H_2SeO_3）、亚硒酸根（SeO_3^{2-}）发生了化学副反应，导致后续氢化反应产物 SeH_4 明显降低。

综上所述，AFS 测定土壤和水系沉积物中砷、铋、汞、锑和硒时，样品消解方法一致；试样制备环节，测定砷、锑必须采用，铋、汞无须使用，而硒不能应用硫脲和抗坏血酸溶液；即 AFS 测定土壤和水系沉积物时，可一次消解样品，加入硫脲－抗坏血酸溶液预还原消解液，测定砷和锑、铋和汞，原液可直接测定铋、汞、硒等。因此，实验人员可以兼顾负高压、原子化高度等仪器参数和载流酸度、硼氢化钾浓度等，以实现砷、铋、汞、锑或铋、汞、硒多通道同测，以节省分析试剂、载气、时间、人力等成本。

表 10-10　硫脲－抗坏血酸处理方式对测定土壤中铋、汞和硒的影响

单位：mg/kg

	标准物质	GSS-8	GSS-16	GSS-30	GSS-32
Bi	标样值	0.30 ± 0.04	1.44 ± 0.11	1.2 ± 0.1	0.34 ± 0.05
	上清液测定值及回收率	0.294/98%	1.56/108%	1.32/110%	0.332/98%
	硫－抗处理测定值及回收率	0.259/86%	1.58/110%	1.29/108%	0.292/86%
Hg	标样值	0.017 ± 0.003	0.46 ± 0.05	0.091 ± 0.007	0.026 ± 0.003
	上清液测定值及回收率	0.021/122%	0.495/108%	0.097/106%	0.030/115%
	硫－抗处理测定值及回收率	0.013/76%	0.464/101%	0.078/86%	0.035/135%
Se	标样值	0.10 ± 0.01	0.51 ± 0.05	0.30 ± 0.01	0.11*

续表

标准物质		GSS-8	GSS-16	GSS-30	GSS-32
Se	浓盐酸处理 测定值及回收率	0.083/83%	0.491/96%	0.294/98%	0.082/75%
	硫－抗处理 测定值及回收率	0.021/21%	0.114/22%	0.045/15%	0.006/5%

注：＊硫－抗表示硫脲－抗坏血酸溶液。

表10-11　硫脲－抗坏血酸处理方式对测定沉积物中铋、汞和硒的影响

单位：mg/kg

标准物质		GSD-11	GSD-12	GSD-29	GSD-32
Bi	标样值	50 ± 4	10.9 ± 0.9	0.06 ± 0.01	3.98 ± 0.21
	上清液 测定值及回收率	51.6/103%	11.6/106%	0.071/118%	4.28/108%
	硫－抗处理 测定值及回收率	52.3/105%	10.8/99%	0.037/62%	4.22/106%
Hg	标样值	0.072 ± 0.009	0.056 ± 0.006	0.012 2 ± 0.001 3	0.266 ± 0.024
	上清液 测定值及回收率	0.075/104%	0.052/93%	0.010/82%	0.280/105%
	硫－抗处理 测定值及回收率	0.090/125%	0.062/110%	0.007/57%	0.247/93%
Se	标样值	0.20 ± 0.05	0.25 ± 0.03	0.089 ± 0.010	0.652 ± 0.066
	浓盐酸处理 测定值及回收率	0.232/116%	0.249/100%	0.082/92%	0.686/105%
	硫－抗处理 测定值及回收率	0.064/32%	0.059/24%	0.017/19%	0.080/12%

（2）理论探讨

理论实验均表明，砷酸根（AsO_4^{3-}）、砷酸（H_3AsO_4）由 +5 价被硫脲－抗坏血酸溶液完全还原为 +3 价，继而亚砷酸根（AsO_3^{3-}）、亚砷酸

（H_3AsO_3）被硼氢化钾溶液还原为氢化物 AsH_3。据能斯特方程和热力学第三定律可知，E^θ（硫脲－抗坏血酸溶液对应的氧化态／硫脲－抗坏血酸溶液还原态）$<E^\theta$（H_3AsO_4/H_3AsO_3）。查询标准电极电位可知，E^θ（$HgCl_2/Hg^0$）= 0.362V、E^θ（H_2SeO_3/Se^0）= 0.740 V、E^θ（H_3AsO_4/H_3AsO_3）= 0.559 V。对于汞，E^θ（$HgCl_2/Hg^0$）$<E^\theta$（H_3AsO_4/H_3AsO_3），但不清楚 E^θ（$HgCl_2/Hg^0$）和 E^θ（硫脲－抗坏血酸溶液对应的氧化态／硫脲抗坏血酸还原态）孰高孰低，更无法获得其准确的标准电位；结合表10-5实验结果以及电化学和热力学知识推断，硫脲－抗坏血酸无法还原 $HgCl_2$ 为单质 Hg^0，即：E^θ（$HgCl_2/Hg^0$）$<E^\theta$（硫脲－抗坏血酸对应的氧化态／硫脲抗坏血酸还原态）；陈丽萍等证实含硫脲官能团的咔唑席夫碱衍生物 L 与 Hg^{2+} 能形成配合物，宋志敏等采用硫脲提取血样中汞，进一步证明硫脲不能将 Hg^{2+} 还原为 Hg^0。因此，AFS 测定土壤和水系沉积物中汞时，硫脲－抗坏血酸溶液不影响分析结果。对于硒，E^θ（硫脲－抗坏血酸溶液对应的氧化态／硫脲抗坏血酸溶液还原态）$<E^\theta$（H_3AsO_4/H_3AsO_3）$<E^\theta$（H_2SeO_3/Se^0），因此硫脲－抗坏血酸溶液能将 H_2SeO_3、SeO_3^{2-} 直接还原为单质 Se^0；李倩等采用硫脲＋亚硫酸钠工艺从硒酸泥中制备粗硒，李小芳等选用抗坏血酸还原亚硒酸钠获得纳米硒，进一步佐证了硫脲、抗坏血酸可以与 SeO_3^{2-} 发生氧化还原反应生成单质 Se^0。因此，AFS 测定土壤和水系沉积物中硒时不可加入硫脲－抗坏血酸溶液，否则明显造成分析结果偏低；同理，其他光谱仪器如火焰原子吸收光谱仪、电感耦合等离子体－光谱仪等测定溶液中硒离子时亦不能添加硫脲－抗坏血酸。对于铋，其同主族元素砷、锑+5价均需要硫脲－抗坏血酸溶液还原为+3价，按元素周期律铋亦应经过硫脲－抗坏血酸溶液还原，似乎与表10-5的实验结论相悖，这与铋电子排布［Xe］$4f^{14}5d^{10}6s^26p^3$ 有关，6s、4f、5d、6p 亚轨道的电子能量依次升高。按照能量最低原则，首先 $6p^3$ 的 3 个电子先失去形成 Bi^{3+} 离子，其次 $5d^{10}$、

$4f^{14}$ 的电子依次失去，最后 $6s^2$ 的 2 个电子再失去——5d、4f 亚轨道电子处于全部排满组态，根据洪特规则，其非常稳定而不易丢失电子；事实上，处于第六周期 p 区的元素铊、铅和铋，6s 亚轨道被 5d、4f 亚轨道所屏蔽，其电子被原子核正电荷质子强吸引而不易失去（即使在特殊实验条件下 $6s^2$ 的电子丢失，因其能量较 4f、5d 亚轨道电子能力低，也可强力夺回电子），即惰性电子对效应，因此自然界中铋离子以 +3 价形式存在，所以 AFS 测定铋无须硫脲－抗坏血酸溶液还原。

3.5 实验结论

（1）沸水浴消解 /AFS 测定土壤及沉积物中砷、铋、汞、锑、硒等 5 种元素主要技术指标。采用 13 个国家标准物质对测定方法进行实验：方法检出限、最大相对标准偏差、最差 $\overline{\Delta\lg C}$（GBW）分别为砷 0.1 mg/kg、7.7%、0.048， 铋 0.02 mg/kg、4.1%、0.050， 汞 0.002 mg/kg、14.3%、0.109，锑 0.03 mg/kg、7.5%、0.030，硒 0.008 mg/kg、7.1%、0.077；检出限满足现有国家标准物质中待测元素最小值的测定，精密度和正确度符合生态环境监测日常分析质量控制要求。

（2）AFS 测定土壤及沉积物中硒的干扰分类及消除。AFS 测定土壤及沉积物中 Se 的主要干扰分为 Cu 和 Pb 两大类。根据实验提出在水浴消解液加入浓盐酸，不宜加入硫脲＋抗坏血酸，通过增加溶液酸度和 Cl⁻ 浓度，即保持样品中盐酸浓度高于 23%，可抑制 Cu^{2+} 还原为 Cu^0 和 Pb^{4+} 生成 PbH_4，有效降低了 Cu 的负干扰和 Pb 的正干扰，提高了 AFS 测定 Se 的精密度和正确度。

（3）硫脲－抗坏血酸溶液对 AFS 测定铋、汞硒的影响。添加硫脲－抗坏血酸溶液对原子荧光光谱仪测定铋和汞没有本质影响，但明显影响测定硒结果的准确度，且使测定结果不同程度的偏低。通过相关氧化 / 还原标准电位数据剂能斯特方程理论，硫脲－抗坏血酸溶液可以还原 $Se_2O_3^-$ 为单质 Se^0，继而导致测试结果偏低；惰性电子对效应理论说明，自然界中铋离子以 +3 价形式存在而非 +5 价，因此 AFS 测定铋无须硫脲－抗坏血酸溶液还原。

参考文献

［1］王业耀，夏新，姜晓旭，等.土壤环境监测前沿分析测试方法研究［M］.北京：中国环境出版集团，2018: 199-233.

［2］赵小学，王芳，刘丹，等.沸水浴消解－原子荧光光谱法测定土壤及水系沉积物中5 种元素［J］.理化检验（化学分册），2020，56(12): 1307-1312.

［3］李刚，胡斯宪，陈琳玲.原子荧光光谱分析技术的创新与发展［J］.岩矿测试，2013，32(3): 358-376.

［4］申玉民，罗治定，郭小彪，等.泡塑分离富集－火焰原子荧光光谱法测定地球化学样品中的痕量金［J］.岩矿测试，2020，39(1): 127-134.

［5］赵小学，成永霞，王玲玲，等.盐酸溶样－原子荧光光谱法测定土壤和沉积物中的砷［J］.理化检验（化学分册），2016，52(6): 709-711.

［6］周世龙，张榴萍，钱国平，等.ICP-MS 和原子荧光光谱测定油脂中总砷的关键点控制和差异性研究［J］.中国油脂，2019，44(7): 140-143.

［7］吴峥，熊英，王龙山，等.自制氢化物发生系统与电感耦合等离子体发射光谱法联用测定土壤和水系沉积物中的砷锑铋［J］.岩矿测试，2015，34(5): 533-538.

［8］贺攀红，吴领军，杨珍，等.氢化物发生－电感耦合等离子体发射光谱法同时测定土壤中痕量砷锑铋汞［J］.岩矿测试，2013，32(2): 240-243.

［9］李波，崔杰华，刘东波，等.微波消解－氢化物发生原子荧光法同时测定土壤中的砷汞［J］.分析实验室，2008，27(7): 106-108.

［10］曹静，袁金华，李建新.微波消解－原子荧光法测定土壤中铋［J］.环境与职业医学，2015，32(4): 366-369.

［11］辛文彩，张波，夏宁，等.氢化物发生－原子荧光光谱法测定海洋沉积物中砷、锑、铋、汞、硒［J］.理化检验（化学分册），2010，46(2): 143-145.

［12］李自强，胡斯宪，李小英，等.水浴浸提－氢化物发生－原子荧光光谱法同时测定土壤污染普查样品中砷和汞［J］.理化检验（化学分册），2018，54(4): 480-483.

［13］钱薇，唐昊治，王如海，等.一次消解土壤样品测定汞、砷和硒［J］.分析化学，2017，45(8): 1215-1221.

［14］李湘，王雪枫，王奎，等.氢化物发生－原子荧光光谱法同时测定铜精矿中硒和碲的含量［J］.理化检验（化学分册），2017，53(1): 64-67.

［15］张立新，陈志勇，周新青.氢化物发生原子荧光法在测定土壤中浸出硒、总硒的应用［J］.中国环境监测，2006，22(2): 29-31.

［16］赵宗生，赵小学，姜晓旭，等.原子荧光光谱测定土壤和水系沉积物中硒的干扰来源及消除方法［J］.岩矿测试，2019，38(3): 333-340.

［17］成永霞，安永生，赵小学，等.原子荧光法测试汞的漂移对策及比色管材质选择［J］.化学分析计量，2018，27(2): 108-111.

［18］赵东阳，刘丹.原子荧光法同时测定土壤中的砷、锑［J］.黄金，2013，34(12): 78-80.

［19］莫永涛，王琦，谢意南，等.水浴消解－原子荧光法同时测定沉积物中锑与硒［J］.广东化工，2015，42(7): 167-169.

［20］张锦茂，范凡，任萍.氢化物－原子荧光法测定岩石中痕量硒的干扰及消除［J］.岩矿测试，1993，12(4): 264-267.

［21］刘明钟，汤志勇，刘霁欣，等.原子荧光光谱分析［M］.北京：化学工业出版社，2007: 229-233.

［22］赵振平，张怀成，冷家峰，等.王水消解蒸气发生－原子荧光光谱法测定土壤中的砷、锑和汞［J］.中国环境监测，2004，20(1): 44-46.

［23］B.Welz, M.Melcher. Determination of Antimony, Arsenic, Bismuth, Selenium, Tellurium, and Tin in Metallurgical Samples Using the Hydride AA Technique—I:

Analysis of Low-alloy Steels ［J］. Spectrochimica Acta Part B：Atomic Spectroscopy, 1981, 36(5)：439-462.

［24］魏俊发，张安运，杨祖培，等译. 兰氏化学手册［M］. 15 版. 北京：科学出版社，2003：8.121-8.136.

［25］陈丽萍，殷芳芳，周鹏妹，等. 含咔唑基氨基硫脲类汞离子探针的合成及其性能研究［J］. 功能材料，2015，46(21)：21041-21044.

［26］宋志敏，肖安山，姜素霞，等. 血中汞的硫脲提取 - 原子荧光光谱测定［J］. 环境与健康杂志，2009，26(7)：633-634.

［27］李倩，张宝，申文前，等. 硒酸泥制备粗硒新工艺［J］. 中南大学学报（自然科学版），2011，42(8)：2209-2214.

［28］李小芳，冯小强，章志典，等. 羧甲基壳聚糖软模板法制备纳米硒［J］. 材料科学与工程学报，2013，31(6)：886-890.

［29］刘宗怀，何学侠，陈沛. 无机化学课程中 $6s^2$ 惰性电子对效应教学实践与体会［J］. 大学化学，2018，33(6)：48-52.

［30］朱国贤，谢木标，陈静，等. 关于氮族元素教学改革的几点建议［J］. 大学化学，2019，34(9)：50-56.

《土壤和沉积物　砷、铋、汞、锑和硒的测定　水浴消解 / 原子荧光分光光度法》方法文本

1　适用范围

本方法规定了测定土壤和沉积物中金属元素的水浴消解 / 原子荧光分光光度法。

本方法适用于土壤和沉积物中的砷（As）、铋（Bi）、汞（Hg）、锑（Sb）和硒（Se）等 5 种金属元素的测定。

当称样量为 0.2 g 时，砷、铋、汞、锑和硒等 5 种金属元素的方法检出限分别为 0.1 mg/kg、0.02 mg/kg、0.002 mg/kg、0.03 mg/kg 和 0.008 mg/kg，测定下限分别为 0.4 mg/kg、0.08 mg/kg、0.008 mg/kg、0.12 mg/kg 和 0.032 mg/kg。

2　规范性引用文件

本方法引用了下列文件或其中的条款。凡是不注明日期的引用文件，其有效版本适用于本方法。

GB/T 32722　土壤质量　土壤样品长期和短期保存指南

GB/T 36197　土壤质量　土壤采样技术指南

HJ 25.2　建设用地土壤污染风险管控和修复监测技术导则

HJ/T 166　土壤环境监测技术规范

HJ 494　水质　采样技术指导

HJ 495　水质　采样方案设计技术规定

HJ 613　土壤　干物质和水分的测定　重量法

GB/T 21191　原子荧光光谱仪

GB 17378.5　海洋监测规范　第 5 部分：沉积物分析

3 方法原理

土壤和沉积物样品经王水沸水浴消解，在盐酸介质中将硒（Ⅵ）还原为硒（Ⅳ），加入硫脲＋抗坏血酸混合溶液将砷（Ⅴ）还原为砷（Ⅲ）、锑（Ⅴ）还原为锑（Ⅲ）。

在氢化物发生器中，以酸溶液为载流，用硼氢化钾溶液作为还原剂，砷、铋、硒和锑分别还原生成砷化氢、铋化氢、硒化氢和锑化氢气体；汞被还原成原子态，由载气带入石英原子化器中，并在氩氢火焰中原子化。基态原子受元素灯（砷、铋、汞、锑、硒）的发射光激发产生原子荧光，通过原子荧光光度计测量其原子荧光的相对强度。在一定元素含量范围内，原子荧光强度与试样中元素含量呈线性关系。

4 干扰和消除

4.1 液相干扰：对于砷、锑，通过硫脲溶液掩蔽镍离子等过渡金属元素减轻的干扰；对于硒，通过增加溶液中盐酸浓度，降低铜、铅离子的干扰。

4.2 气相干扰：通过减少气液分离器与原子化器之间的管路，保持原子化器输送管路和原子化器洁净度，降低传输过程氢化物的损失。

4.3 荧光猝灭：在屏蔽器中适当增加氩气流量，避免氧气、二氧化碳等与待测元素发射荧光碰撞。

5 试剂和材料

警告：配制砷和汞等剧毒物质的标准溶液时，应避免与皮肤直接接触。实验中使用的硝酸具有腐蚀性和强氧化性，盐酸具有强挥发性和腐蚀性，操作时应按规定要求佩戴防护用品，相关实验过程须在通风橱中进行操作，避免酸雾吸入呼吸道和接触皮肤或衣物。

除非另有说明，分析时均使用符合国家标准的优级纯试剂，实验用水为新制备的去离子水或同等纯度的水。

5.1 硝酸：ρ（HNO_3）＝ 1.42 g/mL。

5.2　盐酸：ρ（HCl）= 1.19g/mL。

5.3　王水（1+1）：临用现配。

用量筒移取 100 mL 实验用水于硬质聚丙烯瓶内，分别量取 75 mL 盐酸（5.2）和 25 mL 硝酸（5.1）于硬质聚丙烯瓶内，摇匀。

5.4　载流溶液：（1+19）王水。

5.5　盐酸溶液：1+1。

5.6　砷（As）标准溶液

5.6.1　砷标准贮备液：ρ = 100.0 mg/L

购买市售有证标准物质 / 有证标准样品，或称取 0.132 0 g 经过 105 ℃干燥 2 h 的优级纯三氧化二砷（As_2O_3）溶解于 5 mL、1 mol/L 氢氧化钠溶液中，用 1 mol/L 的盐酸溶液中和至酚酞红色褪去，实验用水定容至 1 000 mL，混匀。

5.6.2　砷标准中间液：ρ = 1.00 mg/L

量取砷标准贮备液（5.6.1）5.00 mL，置于 500 mL 的容量瓶中，加入 100 mL 盐酸溶液（5.5），用实验用水定容至标线，混匀。

5.6.3　砷标准使用液：ρ = 100.0 μg/L

量取砷标准中间液（5.6.2）10.00 mL，置于 100 mL 容量瓶中，加入 20 mL 盐酸溶液（5.5），用实验用水定容至标线，混匀。用时现配。

5.7　铋（Bi）标准溶液

5.7.1　铋标准贮备液：ρ = 100.0 mg/L

购买市售有证标准物质 / 有证标准样品，或称取高纯金属铋 0.100 0 g，置于 100 mL 烧杯中，加入 20 mL 硝酸（5.1），低温加热至溶解完全，冷却，移入 1 000 mL 容量瓶中，用实验用水定容至标线，混匀。

5.7.2　铋标准中间液：ρ = 1.00 mg/L

量取铋标准贮备液（5.7.1）5.00 mL，置于 500 mL 的容量瓶中，加入 100 mL 盐酸溶液（5.5），用实验用水定容至标线，混匀。

5.7.3 铋标准使用液：$\rho = 100.0\ \mu g/L$

量取铋标准中间液（5.7.2）10.00 mL，置于 100 mL 容量瓶中，加入 20 mL 盐酸溶液（5.5），用实验用水定容至标线，混匀。用时现配。

5.8 汞（Hg）标准溶液

5.8.1 汞标准贮备液：$\rho = 100.0\ mg/L$

购买市售有证标准物质 / 有证标准样品，或称取在硅胶干燥器中放置过夜的氯化汞（$HgCl_2$）0.135 4 g，用适量实验用水溶解后移至 1 000 mL 容量瓶中，最后定容至标线，混匀。

5.8.2 汞标准中间液：$\rho = 1.00\ mg/L$

量取汞标准贮备液（5.8.1）5.00 mL，置于 500 mL 容量瓶中，用实验用水定容至标线，混匀。

5.8.3 汞标准使用液：$\rho = 10.0\ \mu g/L$

量取汞标准中间液（5.8.2）5.00 mL，置于 500 mL 容量瓶中，用实验用水定容至标线，混匀。用时现配。

5.9 锑（Sb）标准溶液

5.9.1 锑标准贮备液：$\rho = 100.0\ mg/L$

购买市售有证标准物质 / 有证标准样品，或称取 0.119 7 g 经过 105 ℃干燥 2 h 的三氧化二锑（Sb_2O_3）溶解于 80 mL 盐酸（5.2）中，转入 1 000 mL 容量瓶中，补加 120 mL 盐酸（5.2），用实验用水定容至标线，混匀。

5.9.2 锑标准中间液：$\rho = 1.00\ mg/L$

量取锑标准贮备液（5.9.1）5.00 mL，置于 500 mL 的容量瓶中，加入 100 mL 盐酸溶液（5.5），用实验用水定容至标线，混匀。

5.9.3 锑标准使用液：$\rho = 100.0\ \mu g/L$

量取 10.00 mL 锑标准中间液（5.9.2），置于 100 mL 容量瓶中，加入

20 mL 盐酸溶液（5.5），用实验用水定容至标线，混匀。用时现配。

5.10　硒（Se）标准溶液

5.10.1　硒标准贮备液：$\rho = 100.0$ mg/L

购买市售有证标准物质／有证标准样品，或称取 0.100 0 g 高纯硒粉，置于 100 mL 烧杯中，加 20 mL 硝酸（4.1）低温加热溶解后冷却至温室，移入 1 000 mL 容量瓶中，用实验用水定容至标线，混匀。

5.10.2　硒标准中间液：$\rho = 1.00$ mg/L

量取硒标准贮备液（5.10.1）5.00 mL，置于 500 mL 的容量瓶中，用实验用水定容至标线，混匀。

5.10.3　硒标准使用液：$\rho = 50.0$ μg/L

量取硒标准中间液（5.10.2）5.00 mL，置于 100 mL 容量瓶中，用实验用水定容至标线，混匀。用时现配。

5.11　硫脲溶液

称取硫脲（分析纯）5.0 g，用 100 mL 水溶解，混匀。

5.12　硼氢化钾溶液 A

称取 0.5 g 氢氧化钠（或氢氧化钾）放入盛有 100 mL 水的烧杯中，玻璃棒搅拌待完全溶解后再加入称好的 1.0 g 硼氢化钾，搅拌溶解。用时现配。

5.13　硼氢化钾溶液 B

量取 0.5 g 氢氧化钠（或氢氧化钾）放入盛有 100 mL 水的烧杯中，玻璃棒搅拌待完全溶解后再加入称好的 2.0 g 硼氢化钾，搅拌溶解。用时现配。

5.14　稀释溶液：（1+19）王水。

6　仪器和设备

6.1　原子荧光光度计：仪器性能指标应符合 GB/T 21191 的规定。

6.2 分析天平：精度为 0.1 mg。

6.3 氩气：纯度＞99.99%。

6.4 元素空心阴极灯（砷、铋、汞、锑、硒）。

6.5 数显恒温水浴锅。

6.6 尼龙筛：10 目和 100 目。

6.7 其他实验室常用仪器和设备。

7 样品

7.1 样品采集和保存

按照 HJ/T 166、HJ 25.2、GB/T 36197 和 GB/T 32722 的相关规定进行土壤样品的采集和保存；按照 HJ 494 和 HJ 495 的相关规定进行水体沉积物样品的采集。

采集后的样品保存于洁净的玻璃容器中，4 ℃以下保存，砷、铋和锑可以保存 180 天。

7.2 样品的制备

除去样品中的枝棒、叶片、石子等异物，按照 HJ/T 166 的要求，将采集的样品进行风干、粗磨、细磨，过尼龙筛（6.6），装入样品袋或玻璃样品瓶中备用。

7.3 水分的测定

土壤样品干物质含量的测定按照 HJ 613 执行，沉积物样品含水率的测定按照 GB 17378.5 执行。

7.4 试样的制备

称取过 0.149 mm 尼龙筛的混匀样品 0.20 g（记录精确至 0.1 mg）于干燥、具塞的 50.0 mL 比色管底部，沿管壁加入新配制的（1+1）王水溶液 10.0 mL，充分轻摇后盖塞、放置水浴锅。待水沸后计时 180 min，每间隔 30 min 摇匀消解液一次；样品消解完成后，自然冷却、实验用水定容；放置过夜，获得上清液，备测。

注意事项：水浴锅内加纯水为好，避免结垢影响传热；并且在消解前要加充足水，保持消解过程水面高于消解液，不要二次加水，更不要蒸干。

建议：样品从室温加热，减少比色管嘭盖；摇匀消解液时，戴里为棉线、外为橡胶的手套，以免烫伤。

7.5 空白试样的制备

不称取样品，采用与实际样品制备相同的步骤和试剂，制备空白试样。

8 分析步骤

8.1 仪器操作参考条件

原子荧光光度计开机预热，按照仪器使用说明书设定灯电流、负高压、载气流量、屏蔽气流量等工作参数，仪器参考条件见表1。

表1 仪器参考条件

元素	灯电流 / mA	负高压 / V	原子化温度 /℃	载气流量 / （mL/min）	屏蔽气流量 / （mL/min）	波长 /nm
砷	40～80	230～300	200	300～400	400～800	193.7
铋	40～80	230～300	200	300～400	400～700	306.8
汞	10～30	230～300	200	400	800～1 000	253.7
锑	40～80	230～300	200	300～400	400～700	217.6
硒	40～80	230～300	200	300～400	400～700	196.0

8.2 标准曲线的建立

8.2.1 标准系列的制备

8.2.1.1 砷的标准系列

分别量取 2.00 mL、4.00 mL、8.00 mL、16.00 mL、20.00 mL 砷标准使用液（5.6.3）于 50 mL 容量瓶中，分别加入 5.0 mL 盐酸（5.2）、10.0 mL 硫脲溶液（5.11），室温放置 30 min（室温低于 15 ℃时，置于 30 ℃水浴中

保温 20 min），用实验用水定容至标线，混匀。

8.2.1.2 铋的标准系列

分别量取 0.50 mL、1.00 mL、2.00 mL、3.00 mL、5.00 mL 铋标准使用液（5.7.3）于 50 mL 容量瓶中，分别加入 5.0 mL 盐酸（5.2）、10.0 mL 硫脲溶液（5.11），用实验用水定容至标线，混匀。

8.2.1.3 汞的标准系列

分别量取 0.50 mL、1.00 mL、2.00 mL、3.00 mL、5.00 mL 汞标准使用液（5.8.3）于 50 mL 容量瓶中，分别加入 2.5 mL 盐酸（5.2），用实验用水定容至标线，混匀。

8.2.1.4 锑的标准系列

分别量取 0.50 mL、1.00 mL、2.00 mL、3.00 mL、5.00 mL 锑标准使用液（5.9.3）于 50 mL 容量瓶中，分别加入 5.0 mL 盐酸（5.2）、10.0 mL 脲溶液（5.11），室温放置 30 min（室温低于 15 ℃时，置于 30 ℃水浴中保温20 min），用实验用水定容至标线，混匀。

8.2.1.5 硒的标准系列

分别量取 0.50 mL、1.00 mL、2.00 mL、3.00 mL、5.00 mL 硒标准使用液（5.10.3）于 50 mL 容量瓶中，分别加入 10.0 mL 盐酸（5.2），室温放置30 min（室温低于 15 ℃时，置于 30 ℃水浴中保温 20 min），用实验用水定容至标线，混匀。

砷、铋、汞、锑和硒的校准系列溶液参考浓度见表2。

表2 各元素校准系列溶液参考浓度　　　　　　　　　单位：μg/L

元素	标准系列				
砷	4.00	8.00	16.00	32.00	40.00
铋	1.00	2.00	4.00	6.00	10.00

元素	标准系列				
汞	0.10	0.20	0.40	0.60	1.00
锑	1.00	2.00	4.00	6.00	10.00
硒	0.50	1.00	2.00	3.00	5.00

8.2.2 标准曲线的绘制

按照表1中的仪器参考条件，以硼氢化钾溶液（5.12或5.13）为还原剂、5%盐酸为载流，由低浓度到高浓度顺次测定标准系列标准溶液的原子荧光强度。用扣除零浓度空白的标准系列的原子荧光强度为纵坐标，溶液中相对应的元素浓度（μg/L）为横坐标，绘制标准曲线。

注：硼氢化钾溶液A（5.12）适用于测定砷、铋、硒、锑的含量，硼氢化钾溶液B（5.13）适用于测定汞的含量。

8.3 空白样品测定

按照与试样测定（8.4）相同的步骤进行空白试样（7.5）的测定。

8.4 试样测定

（1）汞、铋、硒：取上清液（7.4）直接上机测定；如果浓度超出曲线范围，用稀释溶液（5.14）稀释上清液后，按照与绘制标准曲线相同仪器分析条件测定。

注：测试汞最好采用玻璃材质进样管，也可采用一次性塑料管。

（2）砷、锑：量取一定量如5.0 mL上清液（7.4）置于10.0 mL塑料管中，加入1 mL硫脲溶液（5.11），实验用水定容至标线，混匀、放置30 min，上机测定；如果浓度超出曲线范围，用稀释溶液稀释上清液后，按照与绘制标准曲线相同仪器分析条件测定。

注：当室温低于15 ℃时，应置于30 ℃水浴中保温20 min。

9 结果计算与表示

9.1 结果计算

土壤样品中待测金属的含量 w（mg/kg）按照公式（1）计算。

$$w_1 = \frac{(\rho - \rho_0) \times V \times f}{m \times W_{dm}} \times 10^{-3} \tag{1}$$

式中，w_1——土壤样品中金属元素的含量，mg/kg；

ρ——由标准曲线查得的试样中金属元素的质量浓度，µg/L；

ρ_0——实验室空白试样中对应金属元素的质量浓度，µg/L；

V——消解后试样的定容体积，mL；

f——试样的稀释倍数；

m——称取过筛后样品的质量，g；

W_{dm}——土壤样品干物质的含量，%。

沉积物样品中待测金属的含量 w（mg/kg）按照公式（2）计算。

$$w_2 = \frac{(\rho - \rho_0) \times V \times f}{m \times (1 - W_{H_2O})} \times 10^{-3} \tag{2}$$

式中，w_2——沉积物样品中金属元素的含量，mg/kg；

ρ——由标准曲线查得的试样中金属元素的质量浓度，µg/L；

ρ_0——实验室空白试样中对应金属元素的质量浓度，µg/L；

V——消解后试样的定容体积，mL；

f——试样的稀释倍数；

m——称取过筛后样品的质量，g；

W_{H_2O}——沉积物样品含水率，%。

9.2 结果表示

测定结果小数位数与方法检出限保持一致，最多保留 3 位有效数字。

10 准确度

10.1 精密度

实验室内采用水浴消解/原子荧光分光光度法分别对 8 种土壤和沉积物有证标准样品（GSS-2、GSS-16、GSS-24、GSS-27、GSD-7a、GSD-11、GSD-12、GSD-19）进行精密度测定（平行 6 次），实验结果表明，采用水浴消解/原子荧光分光光度法测定土壤和沉积物中砷、铋、汞、锑和硒的相对标准偏差分别为 2.5%～7.7%、0.4%～4.1%、2.2%～14.3%、2.5%～7.5% 和 2.4～7.1%。

10.2 正确度

实验室内采用水浴消解/原子荧光分光光度法分别对 8 种土壤和沉积物有证标准样品（GSS-2、GSS-16、GSS-24、GSS-27、GSD-7a、GSD-11、GSD-12、GSD-19）进行正确度测定（平行 6 次），实验结果表明，采用水浴消解/原子荧光分光光度法测定土壤和沉积物中砷、铋、汞、锑和硒的相对误差分别为 -10.5%～5.0%、-10.9%～10.9%、-8.9%～28.6%、-6.7%～-1.9% 和 -16.3～9.5%。

11 质量保证和质量控制

11.1 空白实验

每批样品至少应分析 2 个空白试样。空白值应符合下列情况之一：①低于方法测定下限；②低于标准限值的 10%。

11.2 标准曲线

每次分析应建立标准曲线，曲线的相关系数应 ≥ 0.999。每分析 20 个样品，应分析一次标准曲线中间浓度点，其测定结果与实际浓度值相对误差应为 -10%～10%，否则应查找原因或重新建立标准曲线。

11.3 精密度

每 20 个样品或每批样品（少于 20 个/批）测定 1 个平行样；当测定

结果大于方法测定下限时，平行样测定结果的相对偏差应≤20%。

11.4　正确度

每20个样品或每批样品（少于20个/批）插入1个土壤或沉积物标准样品；当测定结果大于方法测定下限时，测定结果与标准样品标准值的相对误差的绝对值应≤25%。

12　废物处理

实验过程中产生的废液和废物，应置于密闭容器中分类保管，委托有资质的单位进行处理。

13　注意事项

13.1　盐酸（5.2）等通常含有杂质汞等，实验室可以购置高纯度的酸或蒸馏获得。

13.2　当向比色管中加入酸溶液时，应观察比色管内的反应情况，若有剧烈的化学反应，待反应结束后再将比色管塞子塞住。

13.3　（1+1）王水溶液（5.3）需临用现配，消解全过程确保水浴锅水面高于玻璃比色管消解液面。

13.4　分析过程中，样品酸度、标准曲线酸度及全程序空白酸度应保持一致。

13.5　原子荧光光谱仪测定汞存在热漂移和空心阴极灯漂移，仪器需充分预热，对汞空心阴极灯要采用大电流预热小电流测试。

13.6　实验所有器皿都需要用（1+9）硝酸浸泡24 h后，依次用自来水、去离子水洗净后方可使用。

13.7　实验操作过程中应注意防护。